Tableau 数据可视化

优阅达 / 著

電子工業出版社
Publishing House of Electronics Industry
北京•BEIJING

内容简介

本书基于 Tableau 2020 版本（Prep 2021 版本）编写，适合 Tableau 新手学习。

学完本书，读者可以应对实际工作中可能遇到的绝大部分 Tableau 数据可视化问题。本书有一个非常显著的特点——完全实战。全书共有 77 个实例，有的实例是针对某个知识点的专项练习，有的实例是综合应用。本书所有实例都提供了"素材文件"和"结果文件"，非常便于读者学习。读者利用"素材文件"，按照书中的步骤，一步步操作即可得到结果。而且，这样读者不会因为前面的内容没学会而无法学习后面的内容，可以选择任意章节开始学习。

本书介绍了 Tableau 的绝大部分功能，包括：数据准备、数据连接、可视化图表创建、多人多组织发布协作，以及数据连接与管理、基础与高阶图形分析、地图分析、进阶数据操作、高阶统计分析、企业云端服务器部署与管控、可扩展性 API 连接与运用等。本书还结合具体的业务分析场景，带领读者快速掌握 Tableau 数据可视化分析技巧，读者将获得业务分析思路与实践能力。

本书由优阅达公司编写，是一本汇集优阅达公司多年经验、实用性强的工具书，相信对 Tableau 感兴趣的读者都能从中获益。

图书在版编目（CIP）数据

跟阿达学 Tableau 数据可视化 / 优阅达著 .—北京：电子工业出版社，2020.1
ISBN 978-7-121-37446-3

Ⅰ．①跟…　Ⅱ．①优…　Ⅲ．①可视化软件 – 数据分析　Ⅳ．① TP317.3

中国版本图书馆 CIP 数据核字（2019）第 207485 号

责任编辑：吴宏伟
印　　刷：北京东方宝隆印刷有限公司
装　　订：北京东方宝隆印刷有限公司
出版发行：电子工业出版社
　　　　　北京市海淀区万寿路 173 信箱　邮编：100036
开　　本：720 × 1 000　1/16　印张：18.25　字数：438 千字
版　　次：2020 年 1 月第 1 版
印　　次：2022 年 1 月第 8 次印刷
定　　价：109.00 元

凡所购买电子工业出版社图书有缺损问题，请向购买书店调换。若书店售缺，请与本社发行部联系，联系及邮购电话：（010）88254888，88258888。

质量投诉请发邮件至 zlts@phei.com.cn，盗版侵权举报请发邮件至 dbqq@phei.com.cn。

本书咨询联系方式：（010）51260888-819，faq@phei.com.cn。

前言

大数据时代，在人们的日常生活和工作中，每时每刻都在产生数据。数据的价值在于：通过科学的方法对其进行分析，可以探索和洞察其背后的真相，最终让数据说话，让数据帮助人们精准营销及管理决策。数据不再是枯燥的存在，它能为人类社会创造巨大价值。

“帮助人们看到并理解数据！”或许你听过这句话，它是 Tableau 的商业理念。是什么让 Tableau 风靡全球，成为一款世界领先的数据分析及可视化软件呢？答案是 Tableau 优秀的可视化效果和简单易用的交互功能，可以让不懂技术的业务人员也能轻松分析日常业务。Tableau 可以帮助人们发现数据之美！

Tableau 通过分布在全球的用户社区倾听真实使用者的声音，并投入巨额的研发费用，所以其产品越来越容易使用，越来越切合用户的实际需求。Tableau 每个季度都进行至少一次的产品迭代，并且每次迭代都会给用户带来很多惊喜，这也是很多人喜欢使用 Tableau 的原因之一。

作为商业智能分析平台，Tableau 也在不断完善其产品线，以便更好地服务企业用户。目前已有非常多的“全球五百强”和“中国五百强”企业选择 Tableau 作为企业数据分析工作的主要工具。

Tableau 进入中国短短几年，持续受到数据分析从业者的热捧，越来越多的分析师和企业使用 Tableau 分析数据和构建商业智能平台。

优阅达是一个专注于 Tableau 的团队，致力于用数据赋能个人和企业。我们为用户提供 Tableau 产品销售及 Tableau 实施交付、维保、培训、企业数据文化等全体系服务，也为用户提供免费的 Tableau 在线技术交流。

事实上，我们一直想用户所想，希望赋能更多的 Tableau 用户。

为帮助用户学习，我们一直在进行以下努力：

- 通过“Tableau 微课堂”栏目，给需要学习的用户推送 Tableau 培训视频的图文教程。
- 从数据社群收集 Tableau 用户的使用反馈，并通过“举个栗子”系列课程将这些问题及解决方案用场景化的方式分享给用户。

- 为了向优秀的作品取经，我们挑选有艺术性、代表性和实际意义的可视化作品，通过“优解读”栏目对作品做专业解析，给予用户更多的分析思路和启迪！
- 考虑到用户的自学能力参差不齐，我们每个月都会在北京、上海、广州、深圳及其他城市之一举办免费的 Tableau 实操教学，有专业的 Tableau 技术顾问在现场讲解 Tableau 功能特性和应用实践，并引导用户进行实际操作，帮助新手实现从 0 到 1 的学习突破；并通过线上的知识分享，帮助有一定 Tableau 基础的用户实现能力的提升。
- 为用户和企业提供系统的产品培训，并通过举办数据共创活动帮助企业梳理并解决数据难题。

厚积而薄发！现在我们将多年给 Tableau 用户赋能的经验，汇集成一本 Tableau 工具书，并由电子工业出版社出版。希望本书可以给你一个清晰的学习路径、丰富的分析思路，帮你将 Tableau 技巧与具体业务相结合！

本书步骤及截图均使用 Windows 系统中的，Mac 版 Tableau Desktop 及 Linux 版本 Tableau Server 用户的个别菜单及步骤会略有不同，不便之处敬请谅解。

最后，感谢参与本书撰写和素材准备的优阅达小伙伴：马春艳、李珊、冯翌婷、邓雅静、张成胜、郑裕祥、方宇星、郑伟！感谢张志龙和胡雕，感谢电子工业出版社吴宏伟编辑的倾力指导和文字修订！

关于阿达

优阅达 Tableau 高级技术顾问、“举个栗子”系列教程的作者、Tableau 专业资格认证。

在优阅达微信公众号、知乎、简书、CSDN 论坛、豆瓣、抖音等平台设有专栏，并在很多数据社群提供在线技术支持！

欢迎扫描下方二维码，回复“栗子”查看“举个栗子”系列教程。

优阅达

2019 年 9 月

第1篇 准 备

第2篇 入 门

第 1 篇

准　备

第 1 章 了解并安装 Tableau

1.1 Tableau 可以做什么

有一种美叫数据之美。

Tableau 让人们看到数据的美，以及无限探索数据真相的可能。如果你是电影《速度与激情》的忠实喜好者，那你可能很享受速度带来的快感。Tableau 能让你更直观地了解高速行驶的车辆至少该保持多少米的安全距离，如图 1-1 所示。

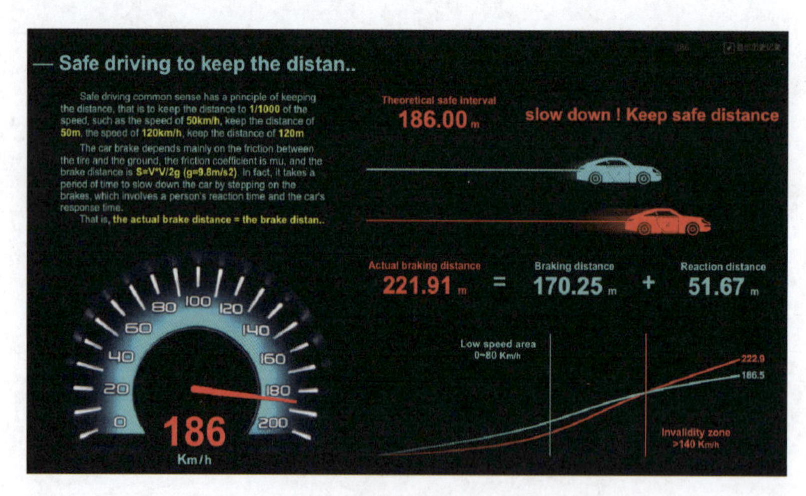

图 1-1

如果你经常看相亲节目，Tableau 可以带你探知约会背后的甜蜜真相，如图 1-2 所示。

如果你关注温室效应，Tableau 可以和你一起探索几十年甚至上百年地球气温的走势，如图 1-3 所示。

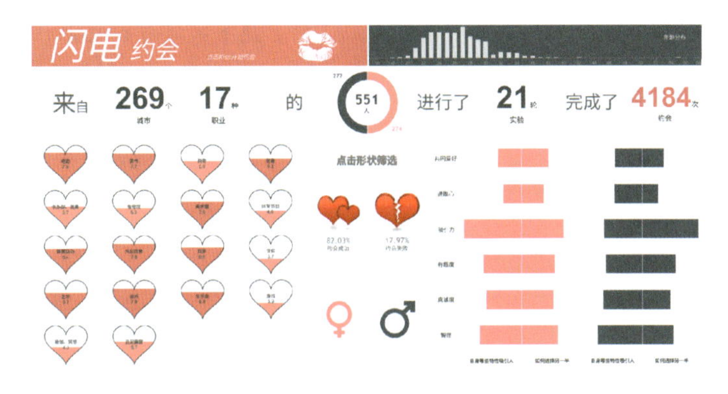

图 1-2

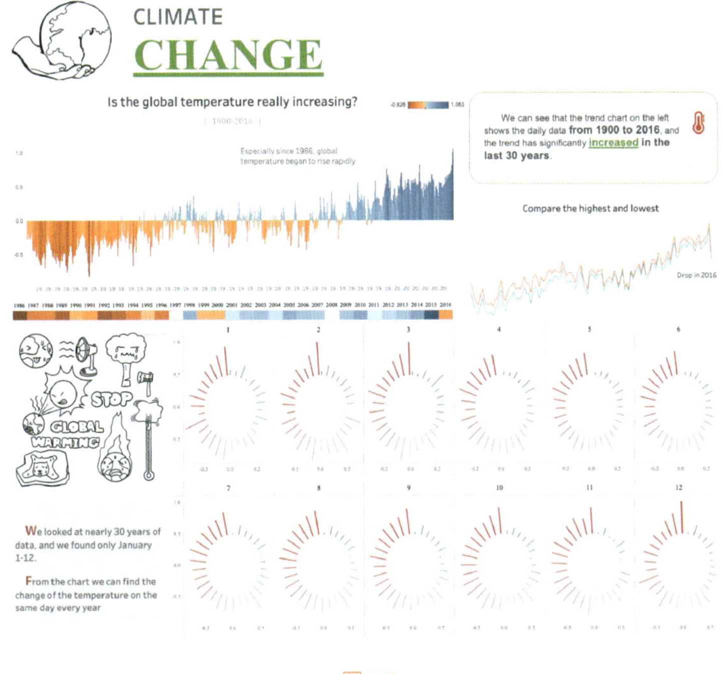

图 1-3

1.2 为什么选择 Tableau

企业的业务人员非常需要通过数据分析进行业务决策，却苦于没有技术背景。

许多业务人员的真实使用感受是：

使用 Tableau，不需要懂技术，也不需要写代码，只要简单地拖曳或双击分析字段，就可以自动生成分析图表，非常方便。

当然，Tableau 不会让 IT 人员无事可干，IT 人员可以发挥其所长，对数据及用户权限进行管控，还可以根据需要做一些 API 集成与开发工作，让 Tableau 与 ERP 系统完美结合。

1.3 Tableau 的产品体系

用户比较常用的 Tableau 产品有四个：Tableau Desktop、Tableau Prep、Tableau Server 和 Tableau Online。另外还有免费的 Tableau Public、Tableau Reader 和 Tableau Mobile。

1. Tableau Desktop

用户最常使用的就是 Tableau Desktop。它是分析数据的桌面版工具，主要用于制作分析图表。用户可以用 Tableau Desktop 连接数据源、绘制图表、生成仪表板、构建故事，从而得到他想要的分析结果。

2. Tableau Prep

Tableau Prep 包括两个子产品：Tableau Prep Builder 和 Tableau Prep Conductor。如果用来分析的数据结构混乱或错漏百出，若直接将这些数据放入 Tableau Desktop 中进行分析，一定会影响结果的客观性。此时，可以先在 Tableau Prep Builder 中处理这些数据。处理的方式非常简单：拖曳。在处理好数据后，直接在 Tableau Prep Builder 里就可以打开 Tableau Desktop 进行分析。Tableau Prep Builder 主要用于构建数据准备流程，而 Tableau Prep Conductor 则用于共享企业数据集和管理数据处理流程。

3. Tableau Server

组织中通常会需要 Tableau Server。Tableau Server 是一种数据协作工具，被部署在本地服务器中。可以将在 Tableau Desktop 完成的仪表板发布到 Tableau Server 中，从而实现业务部门的分析协作，以便 IT 人员对数据、权限进行管理。

在 Tableau Server 中嵌入了 Ask Data 功能，用户可以用自然语言向 Tableau Server 提出分析需求，系统会自动生成分析图表并回复给用户。

4. Tableau Online

Tableau Online 可以理解为部署在云端的 Tableau Server，它的功能特性和 Tableau Server 大致相同。

1.4　Tableau 的学习资源

Tableau 各款产品均提供 14 天免费试用期，读者可以先安排好学习计划，再开始试用，这样就能充分利用试用期完成软件的入门学习。另外，Tableau 的学习资源非常丰富。

以下是学习 Tableau 的几点建议：

- 通过 Tableau 官网的免费培训视频或收费的 eLearning 频道进行自学。
- 关注的微信公众号“dkmeco”（优阅达大数据生态），其中的“举个栗子”和“微课堂”从技术和业务场景分别进行讲解，可以帮助读者提升技能、完善知识点。
- 去 Tableau Public 上学习国内外“大神”的作品，获得分析灵感。
- 参加免费的 Tableau 产品试用活动。
- 加入 Tableau 微信讨论组（关注微信公众号 dkmeco，回复“入群”）与全国用户切磋技能，查漏补缺。

1.5　下载适合的 Tableau Desktop 版本

可以从 Tableau 官网（www.tableau.com）或优阅达官网（www.dkmeco.com）下载 Tableau Desktop 安装文件。

电脑配置较低（32 位）的用户，只能安装 10.5 以下版本的 Tableau Desktop。

另外，Tableau Desktop 提供了 Windows 版和 Mac 版的安装文件（如图 1-4 所示）。Windows 版的安装文件后缀为 .exe，Mac 版的安装文件后缀为 .dmg，如图 1-5 所示。

图 1-4

图 1-5

第 2 章 熟悉 Tableau Desktop 工作界面并快速实操

本章将带读者熟悉 Tableau Desktop 的工作界面，并通过实例介绍如何在 Tableau 中实现数据可视化。

2.1 认识工作界面

Tableau Desktop 的工作界面如图 2-1 所示。

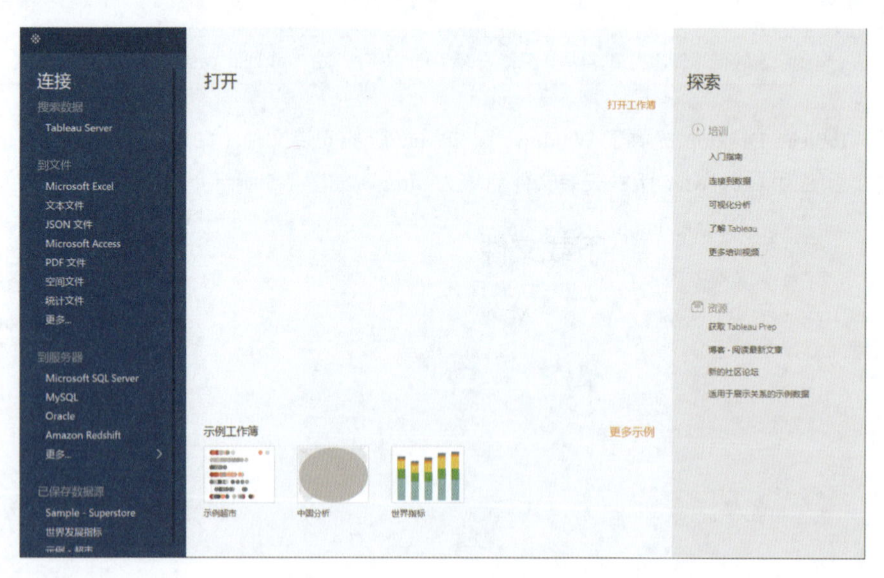

图 2-1

- 左侧是“连接”窗格，用来连接数据文件或服务器，在“已保存数据源”中提供了 3 个示例数据源。
- 中间是打开窗口，通过上方可打开电脑中的工作簿，通过下方可打开示例工作簿。
- 右侧是一些培训视频、产品、活动咨询，以及 Tableau Public 每周推荐的可视化作品。

双击图 2-1 中左侧“连接”窗格中的“示例 - 超市”，则进入 Tableau Desktop 分析窗口，如图 2-2 所示。如果要连接其他数据源，请查阅本书第 3 章。

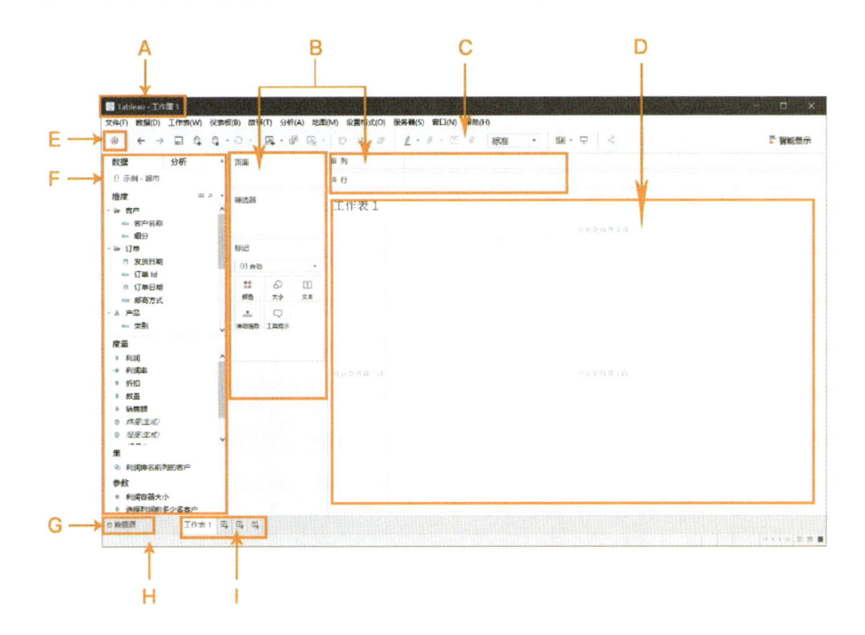

图 2-2

- A：工作簿名称。包含工作表、仪表板或故事。
- B：卡和行列功能区。包括“页面”卡、筛选器和“标记”卡。如果将字段拖到卡和行列功能区中，则其数据将被添加到工作表视图中。
- C：工具栏。其中显示了 Tableau Desktop 的常用工具。
- D：工作表视图。用于创建数据可视化项的工作区。
- E：“跳转首页”图标。单击此图标将转到“开始”页面。
- F：侧栏。其中包含“数据”窗格和“分析”窗格。
- G：“数据源”图标。单击此图标将转到“数据源”页面并查看数据。
- H：状态栏。在这里显示有关当前工作表视图的信息。

- I：工作表标签。和 Excel 的 Sheet 类似，工作簿下面的每一个标签代表一个工作表。标签名称左侧有 3 种不同的符号，它们分别代表工作表、仪表板和故事。（工作表是基础图表，仪表板由工作表构成，故事由工作表和仪表板构成，详见后续说明。）

1. 行列功能区

“行”功能区用于创建行，“列”功能区用于创建列，如图 2-3 所示。可以将分析所需的字段放到这两个功能区中。放置在功能区中的字段，因外形类似药物的胶囊，所以被称为“胶囊”。可以在功能区中放一定数量的胶囊。

2.“标记”卡

“标记”卡控制视图中的标记属性，包括一个标记类型选择器，可以在其中指定标记类型，例如条形图、线、区域等。它还包含颜色、大小、文本、详细信息、工具提示、形状、路径和角度等控件，如图 2-4 所示。这些控件的可用性取决于视图中的字段和标记类型。

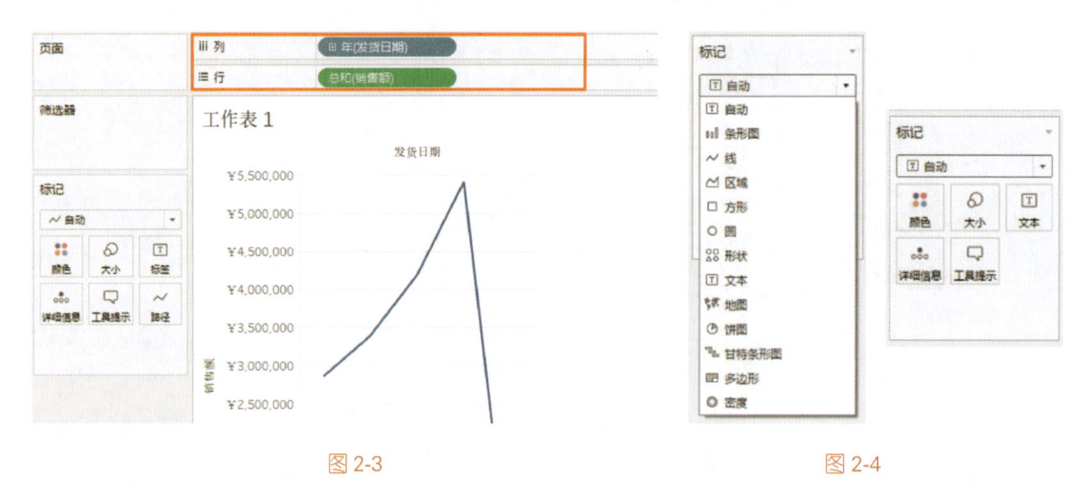

图 2-3　　图 2-4

3. 筛选器

筛选器可指定要包含和排除的数据。可以分别使用度量、维度来筛选数据，也可以同时使用这两者来筛选数据。可以根据构成视图的字段来筛选数据，也可以使用未在视图中的字段来筛选数据。

如图 2-5 所示，所有经过筛选的字段都显示在“筛选器”功能区中。关于度量和维度，将在本章后续内容中介绍。

4.“页面”卡

将一个字段拖曳至“页面”卡中，会形成一个页面播放器。基于某个维度的成员或某个度量的值，可以把一个工作表拆分为多个工作表，并通过播放实现类似 GIF 动图的效果，如图 2-6 所示。

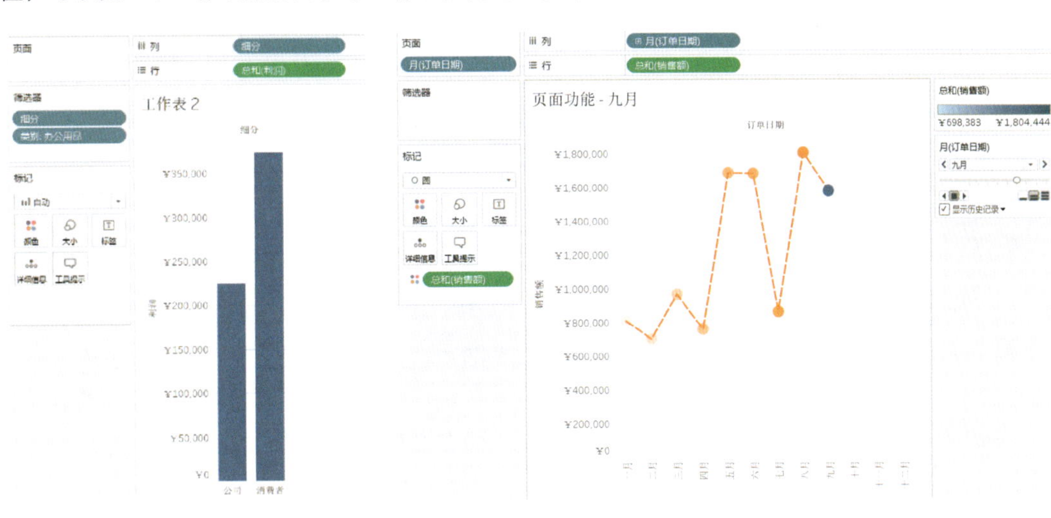

图 2-5　　　　图 2-6

5. 智能推荐

“智能推荐”位于在工具栏最右侧。将字段放置在功能区中，然后单击“智能推荐”，则 Tableau 会自动评估选定的字段，在下方突出显示与数据最相符的可视化图表类型，如图 2-7 所示。

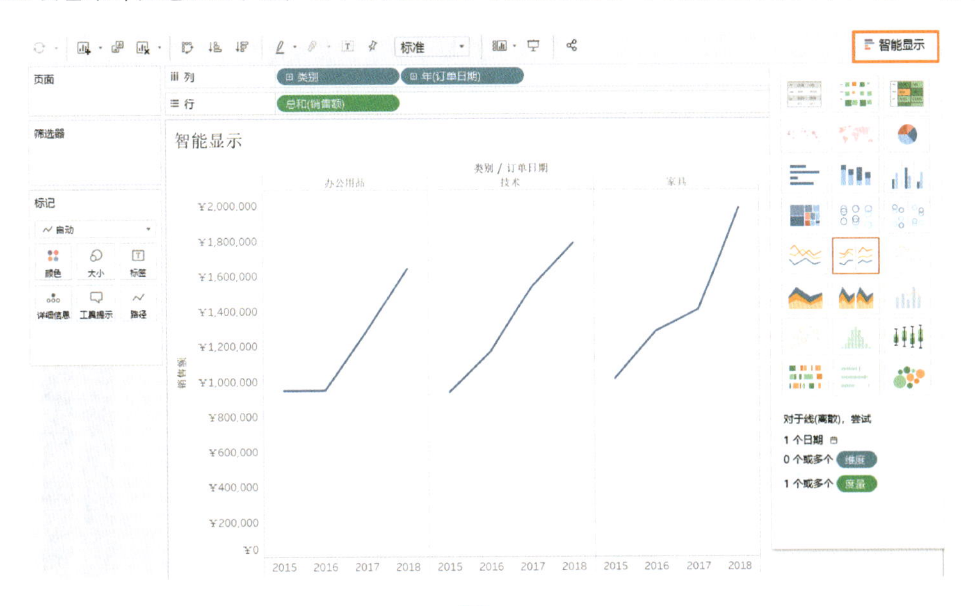

图 2-7

2.2 【实例 1】熟悉 Tableau Desktop 的主要操作

下面通过实例来讲解 Tableau Desktop 的基本操作方式。关注公众号“dkmeco”，回复“图书资源”，即可下载本书配套的“素材文件”和“结果文件”。

素材文件	\第 2 章\示例 - 超市 .xls
结果文件	无

1．数据源连接界面

在加入数据源之后，如何从左侧的多个数据工作表中选用需要的数据呢？只需双击该表，或用鼠标选中某个表然后将其拖曳至视图右侧的空白区域，则 Tableau 将自动载入并预览数据信息。

如果不需某个表，则用鼠标在右侧区域选中该表并将其拖离该区域，如图 2-8 所示。

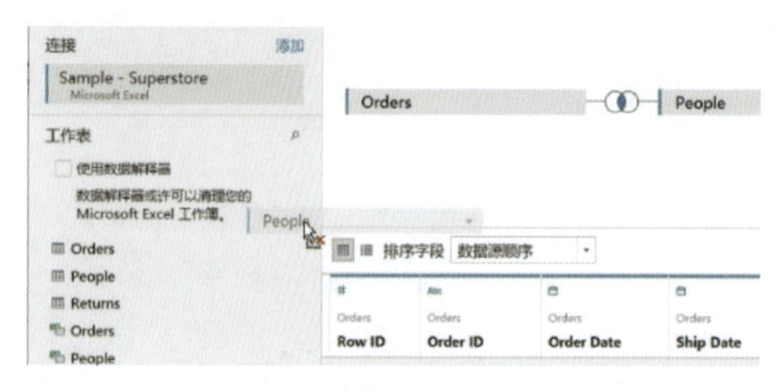

图 2-8

2．Tableau 工作区界面

如果要在工作表视图中加入数据字段，只需双击字段或将字段拖曳至工作表视图上方的行列功能区中或左侧的卡中。这里举一个简单的示例：将这些字段拖曳至行列功能区中（或双击“数据”窗格中的字段），则在工作表视图中会自动生成图表（如图 2-9 所示）。如果要移除行列或卡中的字段，只需用鼠标选中对应的胶囊，然后将其拖离所在区域（如图 2-10 所示）。

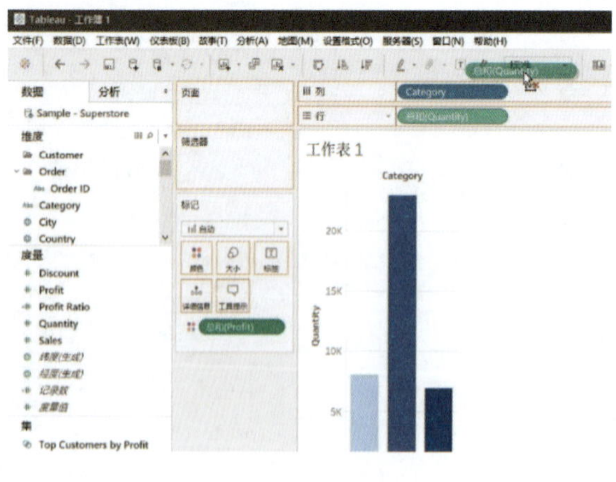

图 2-9

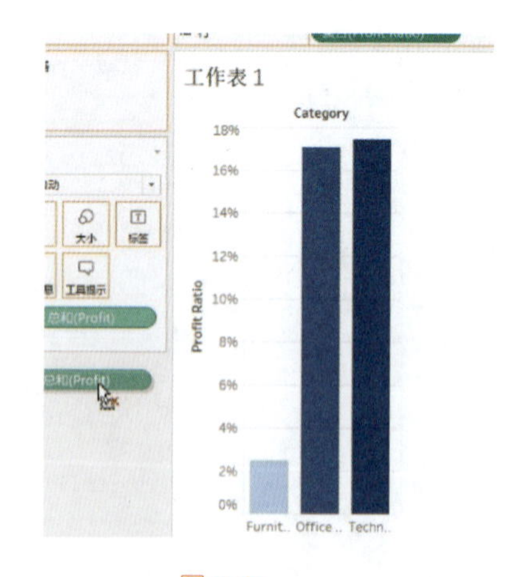

图 2-10

2.3　认识“维度”和“度量”

在连接了新数据源后，Tableau 会自动将该数据源中的所有字段分配到“数据”窗格中的“维度”或“度量”中，如图 2-11 所示。

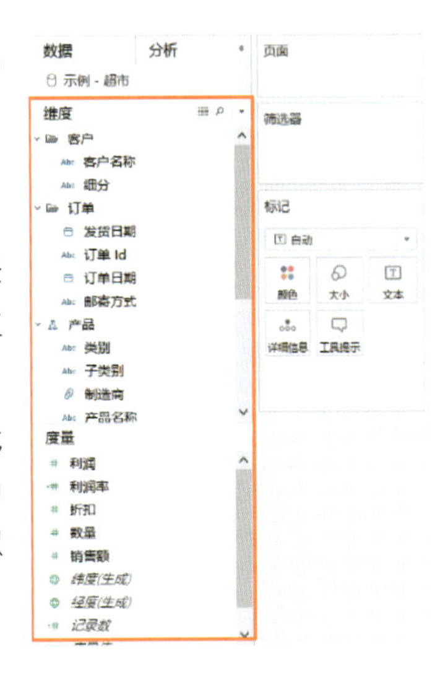

图 2-11

2.3.1　维度

维度通常是对数据的描述性内容。维度可以用文本、时间表示，也可以用数值表示。简单来说，在 Excel 首行字段中，非数值型的字段可以看作是维度。

在连接数据源后，Tableau 会将离散分类信息的所有字段（比如值为字符串、布尔值的字段）分配到“维度”中。将“维度”中的字段拖曳至“列”或“行”功能区中后，Tableau 会将该字段以坐标轴的横轴标题或纵轴标题的形式体现在图表中。

2.3.2　度量

度量通常是数值信息。在连接数据源后，Tableau 会将数值型的所有字段分配到“度量”中。将“度量”中的字段拖曳至“列”或“行”功能区中后，Tableau 会将“度量”字段在视图区显示为轴。

度量字段被拖曳至行列后，默认进行聚合计算。

Tableau 在连接数据时，会根据评估自动将字段放入“维度”或“度量”区域中。通常这种分配都是正确的，但有时也会出错。

比如，在数据源中有“员工编号”这个字段，其值是一串数字。在连接数据源后，Tableau 会将其自动分配到度量中。此时需要把“员工编号”从“度量”区域中拖曳至“维度”区域中，以调整数据的角色。同理，也可以把字段从“维度”区域中拖曳至“度量”区域中，操作方法一致。

2.3.3 【实例 2】用“度量名称”和“度量值”实现“两列不同数据共用一个轴”

在“数据”窗格中包含一些并非来自原始数据的字段，“度量值”和“度量名称”就是其中的两个。在连接数据源后，Tableau 会自动创建这些字段，以便用户可以构建涉及多个度量的特定视图类型。

度量名称和度量值是成对使用的，目的是将处于不同列的数据用一个轴展示出来。

下面通过实例来学习如何用度量名称和度量值来实现“两列不同数据共用一个轴”。

关注公众号“dkmeco”，回复“图书资源”，即可下载本书配套的“素材文件”和“结果文件”。

素材文件	\ 第 2 章 \ 示例 - 超市 .xls
结果文件	\ 第 2 章 \ 实例 2.twbx

（1）连接“示例 - 超市 .xls”数据源。

（2）新建工作表，将维度“省 / 自治区”字段拖曳至“列”功能区中，将“度量值”拖曳至“行”功能区中，如图 2-12 所示。此时，在“标记”卡下方将自动创建一个“度量值”卡，其中包括数据源中的所有度量字段。

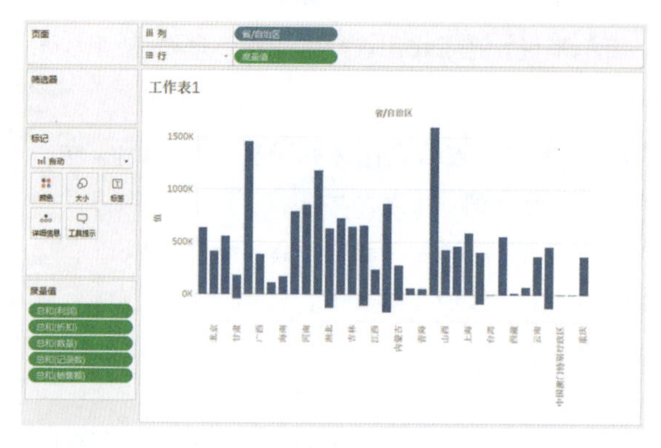

图 2-12

（3）本例仅需销售额和利润，所以单击“行”功能区中“度量值”胶囊右侧的小三角，在下拉菜单中选择“筛选器”，然后在弹出的“筛选器”对话框中取消勾选“利润率”“折扣”“数量”“记录数”复选框，如图 2-13 所示。

图 2-13

（4）将“度量名称”字段拖曳至“标记”卡的“颜色”上，此时柱状图将以颜色来区分利润和销售额，并显示在同一个纵轴上，如图 2-14 所示。

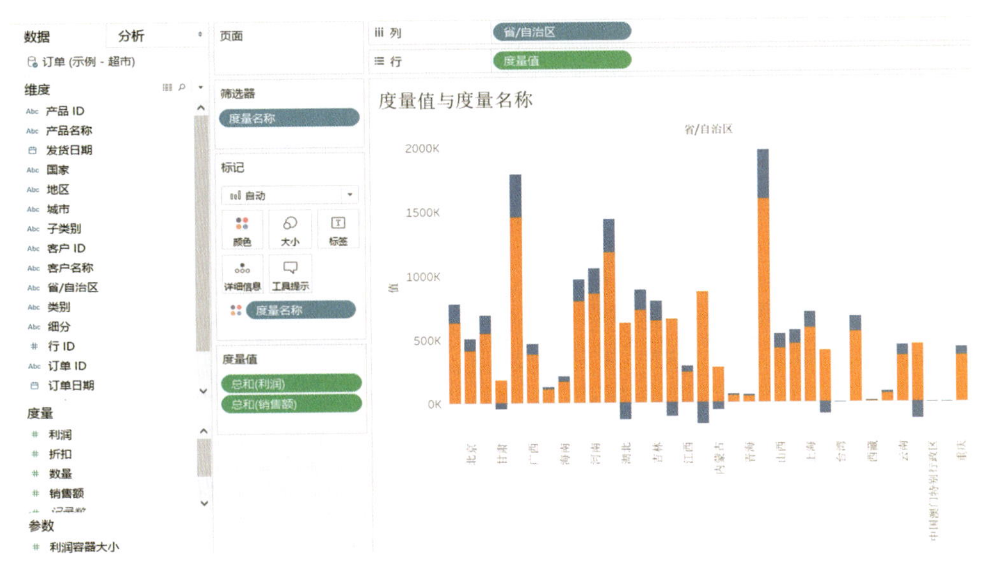

图 2-14

2.4　认识 Tableau 的字段类型

在“数据”窗格中，每个字段前都有一个符号图标，用来标识其所属的数据类型。例如，“地理区域”字段可用于绘制地图，布尔值字段只包含两个可能的值——True 或 False。如果需要，可以通过单击字段前的图标来更改数据类型。Tableau 支持的数据类型见表 2-1。

表 2-1

图标	数据类型	图标	数据类型
Abc	文本（字符串）值	T|F	布尔值（仅限关系数据源）
📅	日期值	🌐	地理值（用于地图）
📅🕒	日期和时间值	群集图标	群集组（与在数据中查找群集结合使用）
#	数字值		

有时 Tableau 会不正确地解释字段的数据类型。例如，Tableau 可能会将包含日期的字段解释为整数数据类型，而不是日期数据类型。此时，可以在“数据”窗格中更改字段的数据类型。

1. 数字类型

数字类型用来表示数字，其标识符号是“#”。如果数据集中包含整数或浮点数的字段，则 Tableau 将自动将字段归为数字类型。

2. 日期类型

日期（DATE）类型用来表示日期数据，其标识符号是“📅”。日期的默认格式是 {mm/dd/yyyy}，固定长度为 8 byte。其中，mm 表示月份，dd 表示日期，yyyy 表示年度。

3. 日期和时间类型

日期和时间（DATETIME）类型与日期类型相似，其标识符号是“📅”。日期时间型（DATETIME）的默认格式是 {ss/mm/hh/mm/dd/yyyy}，时间粒度可详细到秒。

4. 字符串类型

字符串（String）是由数字、字母、下画线组成的一串字符，其标识符号是“Abc”，在 Tableau 中最为常用。

5. 布尔类型

布尔（Boolean）类型用来表示两个值——True 和 False，其标识符是“T|F”。

2.5 【实例 3】一个例子快速上手 Tableau

简便、快速地创建可视化分析视图，并通过仪表板和数据进行交互，是 Tableau 的拿手好戏。在下面这个实例中，假设你刚刚担任了一个大型零售超市的家居品类经理，现在想快速了解整个超市业务运作与家具部门的销售情况。关注公众号“dkmeco”，回复“图书资源”，即可下载本书配套的“素材文件”和“结果文件”。

素材文件	\第 2 章\示例 - 超市 .xls
结果文件	\第 2 章\实例 3.twbx

2.5.1 连接“示例 - 超市”数据

（1）连接素材文件“示例 - 超市 .xls”，将左侧工作表中的“订单”拖曳至右侧的空白区域中，如图 2-15 所示。

（2）单击左下角以橙色填充的“工作表 1”选项卡，转到分析工作界面。

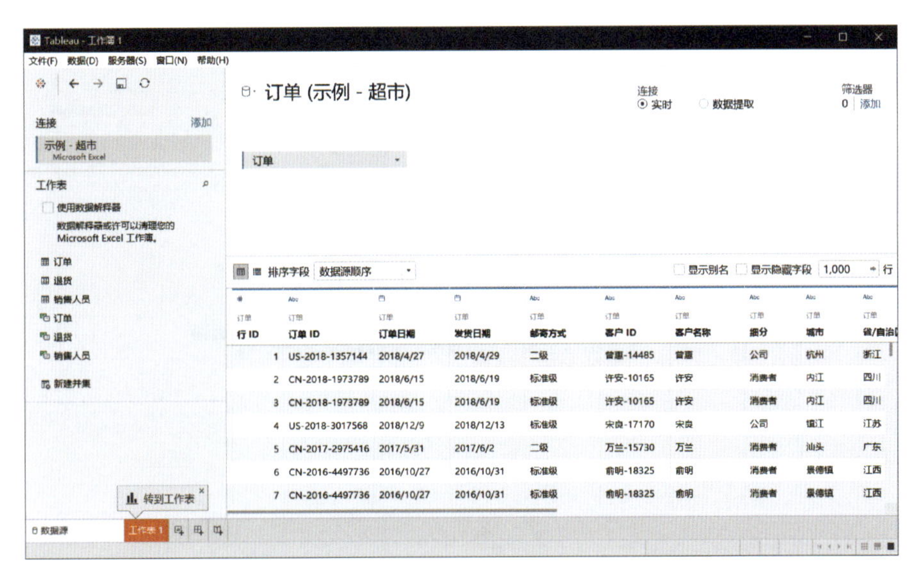

图 2-15

2.5.2 创建产品类别分析工作表

作为一名新到任的品类经理，你可能急需了解家居品类中各商品的销售情况。

（1）新建工作表：将度量“销售额”字段拖曳至“行”功能区中，将维度“类别”拖曳至“列”功能区中。Tableau 会自动生成一个柱状图，呈现出办公用品、技术和家具类的销售情况，如图 2-16 所示。可以看到，家具的销售额最高，其次是技术，办公用品的销售额最低。

在了解了大类的销售情况后，你可能会想：哪种家具的销售额最高呢？哪种办公用品的销售额最低呢？你可以继续探索更详细的子类别情况。

（2）将维度“子类别”字段拖曳至“列”功能区中，单击工具栏上的“交换行和列”按钮，并对销售额进行降序排序，就可以看到子类别的销售排序，再将度量“利润”拖曳至标记卡的“颜色”，如图 2-17 所示。

从条形图很容易看出：在家具中书架的销售额最高，在办公用品中标签的销售额最低。这时你可能会产生更多问题：为什么书架的销售额最高？是因为商品售价较高，还是因为有单品的促销活动？

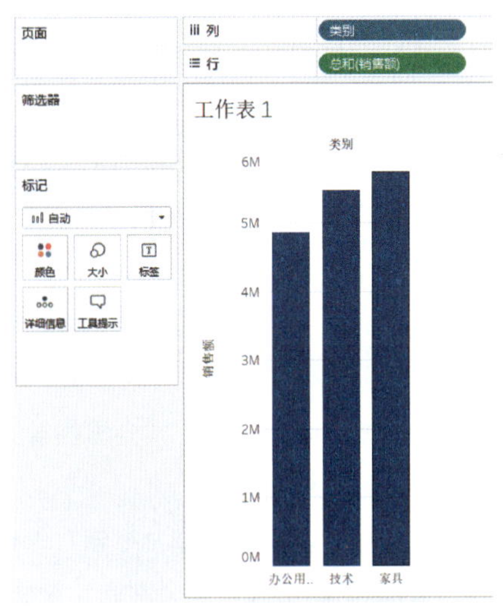

图 2-16

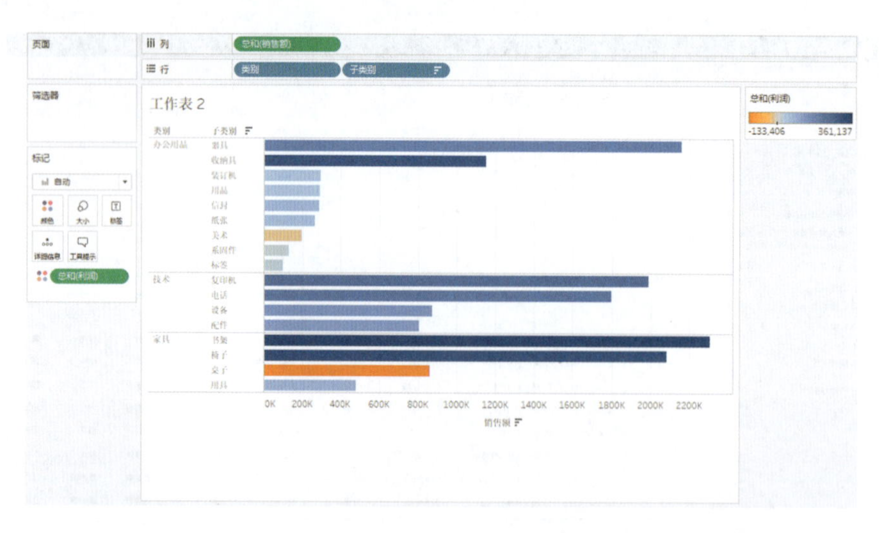

图 2-17

在使用 Tableau 的过程中，你很容易得到答案，但也会不断提出新的问题，这将是一个探索数据、发现真相的过程，并且操作并不复杂。

2.5.3 创建营销地图工作表

或许，你想要看看各省市超市的盈利情况，以便从中找到地理趋势。试试 Tableau 地图吧！

（1）新建工作表，将维度“省 / 自治区”字段转换为地理角色“州 / 省 / 市 / 自治区”，然后将其拖曳至“标记”卡的“详细信息”上，Tableau 会自动生成一个中国地图（请扫描下方的二维码 2-1）。蓝色圆点所在的省份，就是超市所涉及业务的地理分布。通过这个地图，你可以很清楚地看出超市的业务分布，几乎所有的省份都有业务。那么，这些省份的经营情况怎么样呢？利润如何呢？你需要继续探索数据。

（2）将度量“利润”字段拖曳至“标记”卡的“颜色”上，Tableau 自动生成了一个填充地图。从橙色到蓝色，代表的利润值由低到高（请扫描下方的二维码 2-2）。你会发现：广东、山东和黑龙江等省份的利润不错，而辽宁、湖北和浙江等省份似乎不太乐观。

（3）你可能会想知道：全国各省的家具类商品利润如何？这是你应该关注的重点！只需要进行筛选来查看家具利润即可。

用鼠标右键单击维度“类别”字段，在下拉菜单中选择“显示筛选器”命令，在视图右侧的“类别”筛选器中仅勾选“家具”复选框。可以看到，地图中各省份的颜色发生了些变化（请扫描下方的二维码 2-3）。深橙色的那几个省（分别是四川、辽宁、湖北、江苏和浙江）利润是负值，情况不太妙，需要重点关注了，具体效果请看查本书配套资源中的实例结果。

二维码 2-1

二维码 2-2

二维码 2-3

2.5.4　创建趋势分析工作表

了解到各类商品的销售额和利润情况后你可能会想：销售额和利润它们这几年的走势如何？你需要看看数据随时间变化的情况。

1. 查看销售额的历史记录

首先查看销售额的历史记录。新建工作表，将度量“销售额”字段拖曳至“行”功能区中，将维度“订单日期”字段拖曳至“列”功能区中，Tableau 自动生成的折线图。可以看到，2017 ~ 2020 年销售额是逐年上升的，如图 2-18 所示。

2. 按月查看每年的销售走势

如果需要按月查看每年的销售走势，则单击“列”中”年（订单日期）“胶囊左侧的“+”将时间下钻到“季度”，再单击“季度（订单日期）”胶囊左侧的“+”将时间下钻到“月”，最后将列上的“季度（订单日期）”移除。

3. 查看销售额的年同比情况

如果需要查看销售额的年同比情况呢？用鼠标右键单击“行”功能区中的“总和(销售额)”胶囊，在弹出的下拉菜单中选择“快速表计算”-“年同比增长”命令。折线图非常直观，虽然每年的销售额都不同，但可以看到年同比为负的数据点（纵轴 0% 以下的点），如图 2-19 所示。

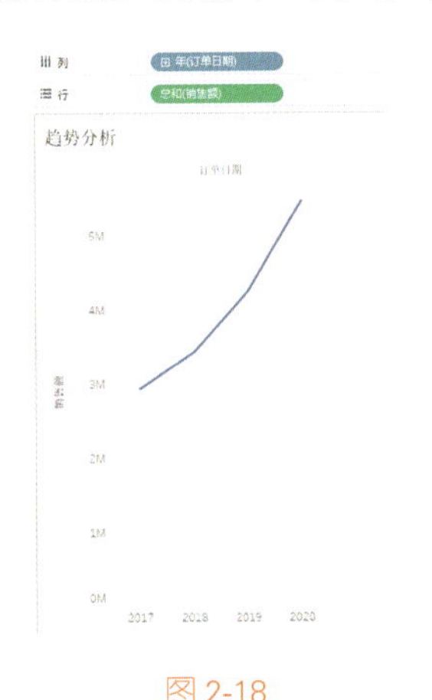

图 2-18

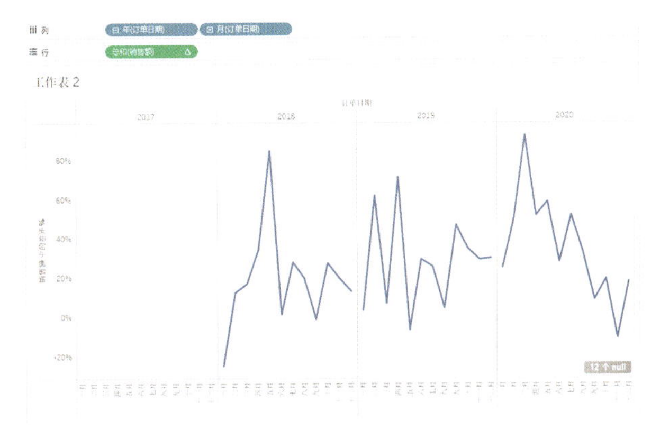

图 2-19

4．对未来做一些预测

如果希望对未来做一些预测，看看关于销售额预估，该做什么？

（1）单击“撤消”按钮一次，从“数据”窗格切换至“分析”窗格，将“预测”拖曳至视图中，可以看到未来 12 个月销售额的可能情况，如图 2-20 所示。

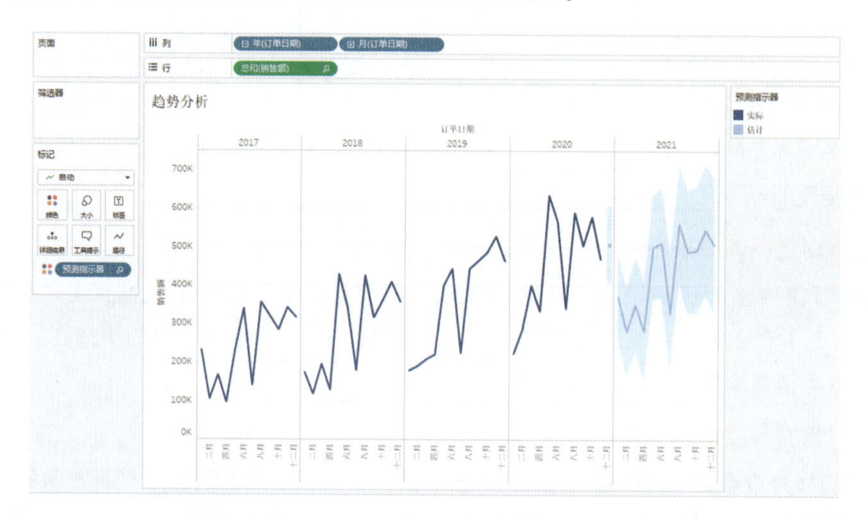

图 2-20

（2）单击“平均线”，将其拖曳至视图中，会自动出现“添加参考线”弹窗，将“平均线”拖曳至“区”上。可以看到，月销售额自 2017 年以来持续稳步增长，并且预计此趋势会一直持续到 2021 年年末，如图 2-21 所示。

图 2-21

2.5.5　创建交互式仪表板

到目前为止，你对自己的业务已有一定的了解。如果希望通过图表得到更多的数据结论，那你可以尝试创建一个仪表板。

（1）在 Tableau 视图中新建一个仪表板，将其命名为“超市收入分析”，显示标题。

（2）将视图左侧那 3 个刚才创建的工作表拖曳至仪表板。

（3）请扫描二维码 2-4 查看整个仪表板的排版与布局效果。

二维码 2-4

为便于汇报详情，可以选中一个工作表，单击图表外框右上角的下三角按钮，在下拉菜单中选择“用作筛选器”命令。这样就可以通过工作表之间的交互，以及通过对异常值的联动，发现更多数据结论。例如，选中产品分析中利润较低的桌子，那地图和趋势分析图也随之发生变化。

至此完成了一次交互式的 Tableau 数据可视化分析。从基本分析入手，再到强大的图分析，并在仪表板上实现数据交互，Tableau 就是这样帮助你快速熟悉业务，探索数据并洞察业务问题！

入　门

第 3 章 连接数据源

要使用 Tableau 分析数据，必须先将 Tableau 连接数据源。本章将学习如何在 Tableau 中快速连接各类数据源。

3.1 连接数据源

本地数据源的格式类型非常多，本节将介绍如何通过 Tableau 连接 Excel、Access、Tableau 工作簿等数据源。

3.1.1 连接 Excel 文件

最常用的文件数据源是 Excel 文件。在 Tableau 首页中，单击“连接”窗格中的“Microsoft Excel”，会自动打开“我的 Tableau 存储库 \ 数据源”文件夹。当然，也可以根据具体需求连接到电脑其他路径中的 Excel 文件。

这里，选择 Tableau 自带的“示例 - 超市 .xls”文件进行连接。

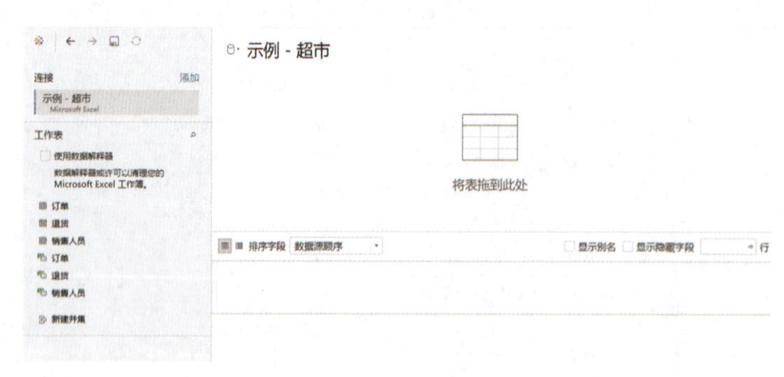

图 3-1

（1）根据数据源视图右侧的文字“将表拖到此处”（如图 3-1 所示），将表“订单”拖曳至视图右侧的空白处。

（2）在视图下方的“数据概要”窗格中可以看到“订单”工作表的部分数据，这个窗格用于查看数据的大致情况，如图 3-2 所示。

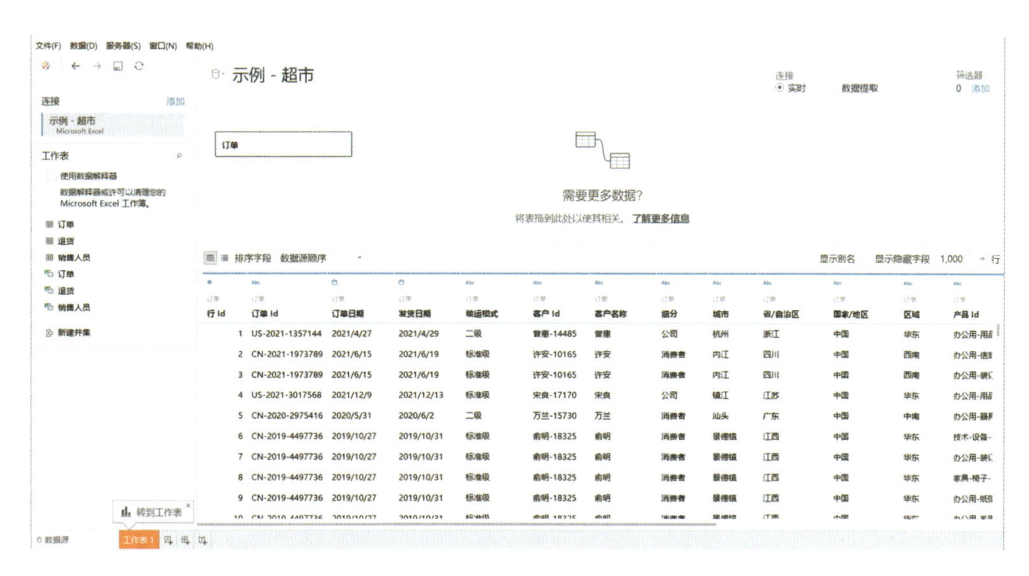

图 3-2

（3）在连接了 Excel 文件后，Tableau 会自动创建一个“工作表 1”，方便你确认要分析的数据。直接单击“工作表 1”进入工作区界面，如图 3-3 所示，这表示已成功连接到了 Excel。

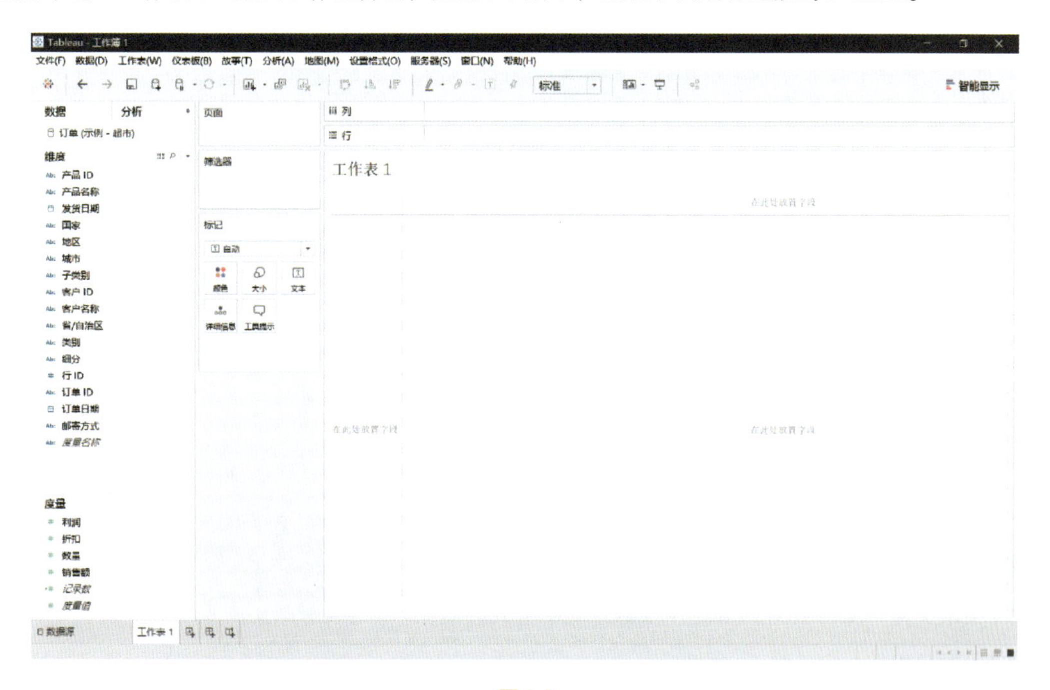

图 3-3

3.1.2 连接 Access 文件

连接 Microsoft Access 数据源的操作步骤和 Excel 数据源的操作基本类似，且均在新建数据源界面中实现。但与连接到 Excel 不同之处是：在“连接”窗格中选择“Microsoft Access”后会弹出一个 Acces 的登录界面，而不是电脑的文件夹路径，如图 3-4 所示。

（1）选择需要连接的 Access 文件。如果 Access 文件受密码保护，或受工作组安全性保护，则需要输入相关的密码或工作组安全凭据信息。

（2）连接成功后的界面如图 3-5 所示。可以双击左下角的数据源名称，或将左侧数据表拖曳至画布中进行数据源的编辑。如果无需编辑，则直接单击“工作表 1”进入工作区界面。

图 3-4

图 3-5

3.1.3 连接 Tableau 工作簿

在数据源“连接”窗格中单击“更多”，在弹出的对话框中选择要连接的工作簿，单击“打开”按钮，在弹出的提示框中选择工作簿中的一个数据源，单击“确定”按钮即可连接工作簿中的数据源。

3.1.4 连接其他本地文件

连接其他本地文件的方法与连接上述 3 种数据源的方法大同小异。为方便大家理解，下面简单介绍各类型文件所包含的详细格式。

- 文本文件：支持 *.txt、*.csv、*.tab、*.tsv 格式。
- JSON 文件：支持 *.json 格式。
- PDF 文件：支持 Adobe 可移植文档格式（*.pdf）格式，在“连接”窗格中选中这种格式的文件后，Tableau 将自动识别。用户可以根据需要设置读取的数据范围，如图 3-6 所示。

- 统计文件：支持 *.sav、*.sas7bdat、*.rda、*.rdata 格式。
- 空间文件：支持 *.kml、*.shp、*.tab、*.mif、*.geojson、*.gdb.zip gdb、*.json、*.topojson 格式。

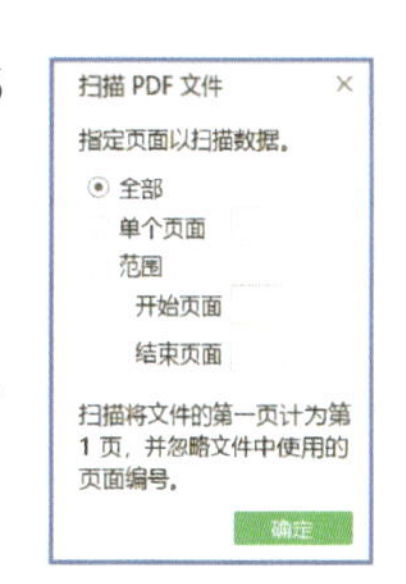

图 3-6

3.2　连接数据库

在新建数据源界面中，在“到服务器”下方列出了 Tableau 所支持的各类服务器数据源，用户可以根据需要进行选择。Tableau 2020.4 版本可以连接到 PostgreSQL 12 数据源。除 Tableau 的数十个内置连接器外，还可以在 Tableau 扩展程序库中找到更多由 Tableau 合作伙伴构建的连接器。

本节将以 Oracle、ODBC 和 Cloudera Haddoop 为例进行说明。

3.2.1　连接 Oracle 数据库

选择位于“到服务器”标题下方的“Oracle”，在界面右侧填写相关信息，然后单击“登录”按钮，如图 3-7 所示。

图 3-7

3.2.2　连接 ODBC

（1）单击“到服务器”标题下方的“更多”按钮，找到位于最右侧的“其他数据库（ODBC）”，如图 3-8 所示。

图 3-8

（2）弹出“其他数据库（ODBC）”对话框，在其中填写服务器地址及端口、账号、数据库类型等，然后单击“登录”按钮，如图 3-9 所示。

和连接 Microsoft Access 一样，在 Tableau 中也可以通过自定义 SQL 来完成数据连接，如图 3-10 所示。

图 3-9

图 3-10

3.2.3 连接 Cloudera Hadoop

单击“到服务器”标题下方的“更多”，选择右侧的“Cloudera Hadoop”。在弹出的“Cloudera Hadoop”对话框中，输入服务器的密码与端口号，并填写服务器登录信息，然后单击“登录”按钮，如图 3-11 所示。

图 3-11

3.2.4　连接 MySQL 数据库

（1）在 Tableau 的数据源连接界面中，选择“到服务器”下的“MySQL”。

（2）弹出如图 3-12 所示对话框。在配置对话框中填入已准备好的服务器名称、用户名及密码，然后单击“登录”按钮。

图 3-12

（3）进入数据源编辑页面，如图 3-13 所示。在页面左侧的数据库列表中选择相应的数据库（将显示其所包含的数据表），将其拖曳至视图右侧空白处，并在右下方概要窗格预览数据。在确认无误后，可单击视图左下角的“工作表 1”进入分析工作界面。

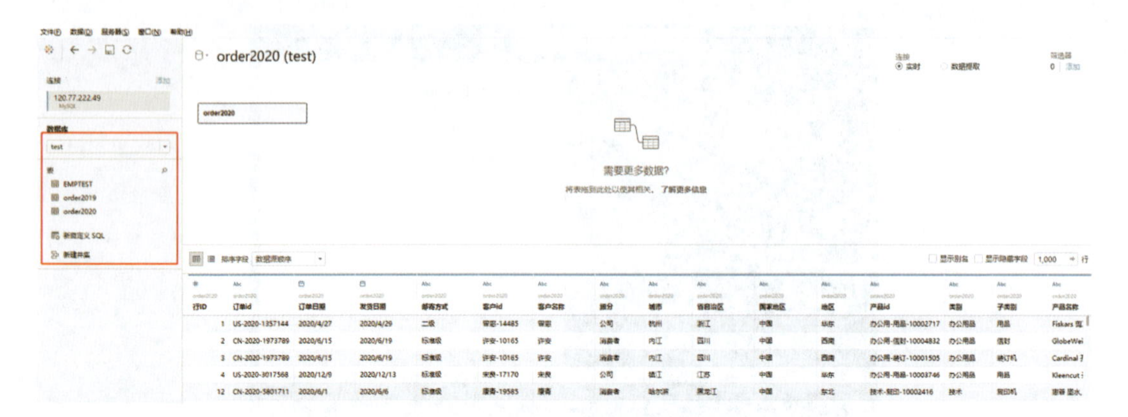

图 3-13

3.3 设置数据的连接方式

Tableau 数据连接有两种方式：①实时连接②数据提取。通常在 Tableau 数据源编辑页面中设置所需的连接方式，如图 3-14 所示。

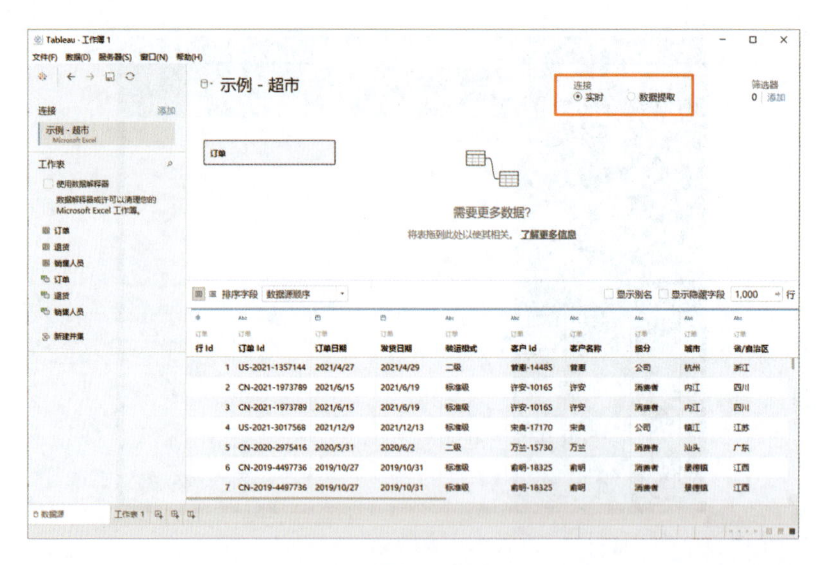

图 3-14

1. 实时连接

通过“实时连接”方式，Tableau 可直接对来自数据库或其他来源的数据进行查询，并返回实时结果，以便进行分析。采用“实时连接”方式，对源数据库的传输性能要求较高，要求能够实时获取数据。相较于“数据提取”，这种方式的数据保密性更高。

2. 数据提取

通过“数据提取”方式，可将数据库或其他来源的数据以 .hyper 或 .tde 格式提取到 Tableau 的数据引擎中。采用“数据提取”方式，可以很好地解决源数据库传输性能不佳、脱机访问数据等问题。

在创建数据提取的过程中，可以通过定义其他限制（如使用筛选器）来减少数据总数。在创建数据提取后，可对原始数据进行刷新。

在刷新数据时，可以选择进行完全刷新（这样做会替换现有的全部数据）或增量刷新（这样做仅会添加自上次刷新以后新增的行）。

3.4 筛选数据

在实际分析场景中，不建议所有的分析都使用数据源的全量数据，那样会影响 Tableau 的性能，可能会出现工作表响应迟缓。可以使用数据源筛选器，实现只对部分数据的分析。可以在数据源页面创建数据源筛选器，也可以在完成数据连接后再为数据添加筛选器。

3.4.1 在连接数据时应用筛选器

（1）在连接数据源页面中，单击右上角“筛选器”中的“添加”按钮，在弹出的“编辑数据源筛选器”对话框中单击“添加”按钮，如图 3-15 所示。

（2）弹出“添加筛选器”对话框，其中列出了数据源中的所有字段，如图 3-16 所示。选中要筛选的字段后单击“确定”按钮，然后在弹出的对话框中定义字段的筛选方式。

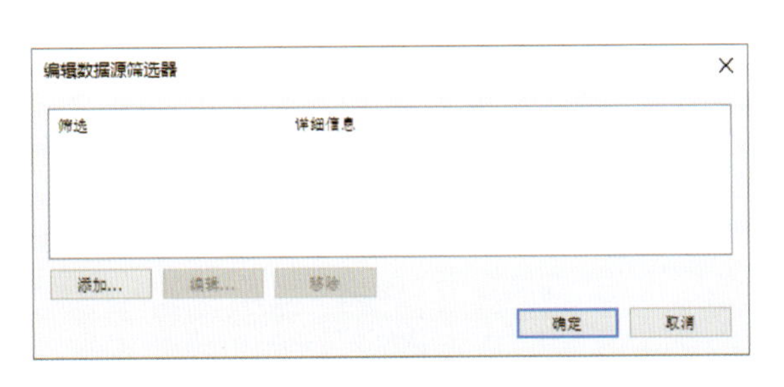

图 3-15

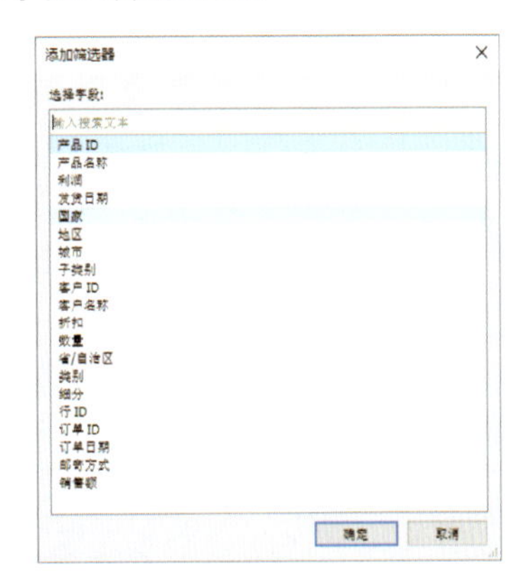

图 3-16

如果要添加其他数据源筛选器，重复以上步骤即可。

3.4.2 对数据源应用筛选器

在完成数据连接后，可以单击菜单栏中的“数据”-“< 数据源名称 >”-“编辑数据源筛选器”命令，如图 3-17 所示。后续步骤与在数据连接时应用筛选器的步骤基本一致，这里不再赘述。

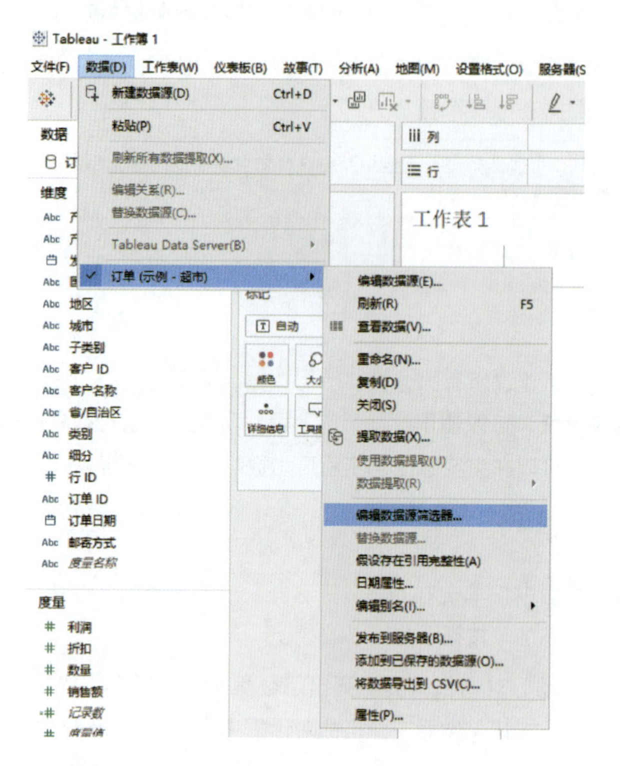

图 3-17

第 4 章 创建简单图形

将数据转化成直观有效的可视化形式（任何种类的图表或图形），是让数据发挥作用的第一步。本章将学习如何使用 Tableau 创建各类初级可视化分析图表。

4.1 【实例 4】条形图

条形图是最常见的一种数据分析图表。利用条形图，可以快速对比各类别数据值的大小。下面通过实例来学习如何在 Tableau 中创建条形图，分析 2017 ～ 2020 年这四年的销售额增长情况。

素材文件	\ 第 4 章 \ 示例 - 超市 .xls
结果文件	\ 第 4 章 \ 实例 4.twbx

关注公众号“dkmeco”，回复“图书资源”，即可下载本书配套的“素材文件”和“结果文件”。

具体步骤如下。

（1）连接“示例 - 超市 .xls”数据源。

（2）新建工作表，将维度“订单日期”字段拖曳至“列”功能区中，将度量“销售额”字段拖曳至“行”功能区中。Tableau 默认使用“线”作为标记类型，如图 4-1 所示。在“标记”卡的“图形”下拉框中将标记类型改成“条形图”。

至此，简单的条形图就创建好了，如图 4-2 所示。横轴显示的是时间，纵轴显示的是销售额。可以看到这四年时间的销售额是逐年增长的。

另一种快速创建条形图的方法：分别双击需要分析的维度与度量，单击工具栏右侧的“智能推荐”按钮并选择条形图，这样即可快速创建出条形图。

“智能推荐”按钮是针对新手的一项便捷功能，在使用 Tableau 制作常用的分析图表时效果尤其显著。

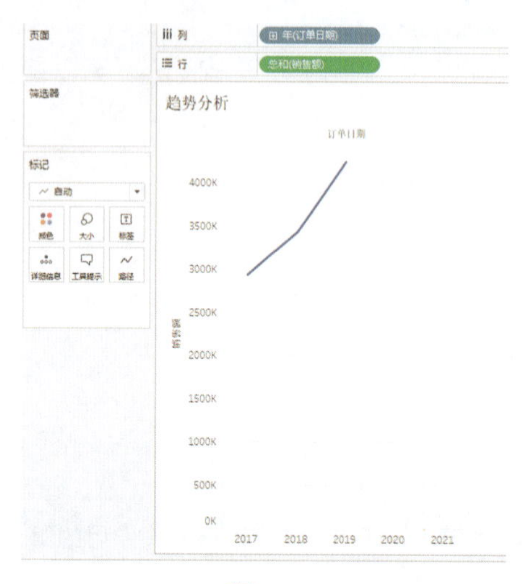

图 4-1

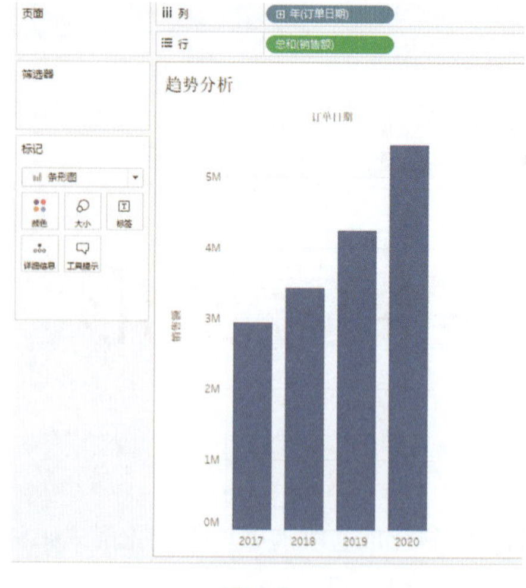

图 4-2

4.2 【实例 5】折线图

折线图适用于显示数据随时间变化的趋势，或者预测未来的值。下面通过实例来学习如何在 Tableau 中创建折线图，以呈现所有年份的销售总和及利润总和的变化趋势。

素材文件	\ 第 4 章 \ 示例 - 超市 .xls
结果文件	\ 第 4 章 \ 实例 5.twbx

图 4-3

具体步骤如下。

（1）连接“示例 - 超市 .xls”数据源。

（2）新建工作表，将维度“订单日期”字段拖曳至“列”功能区中，将度量“销售额”字段拖曳至“行”功能区中。Tableau 会将“销售额”聚合为总和，并显示一个简单的折线图，如图 4-3 所示。

（3）将度量“利润”字段拖曳至“行”功能区的“销售额”胶囊右侧。Tableau 将为“销售额”和“利润”创建单独的轴，如图 4-4 所示。

（4）为方便在同一图表中查看销售额与利润的对比情况，单击“行”功能区中的“总和（利润）”胶囊右侧的

小三角，在下拉菜单中选择“双轴”命令，即可得到一个双折线图，如图 4-5 所示。

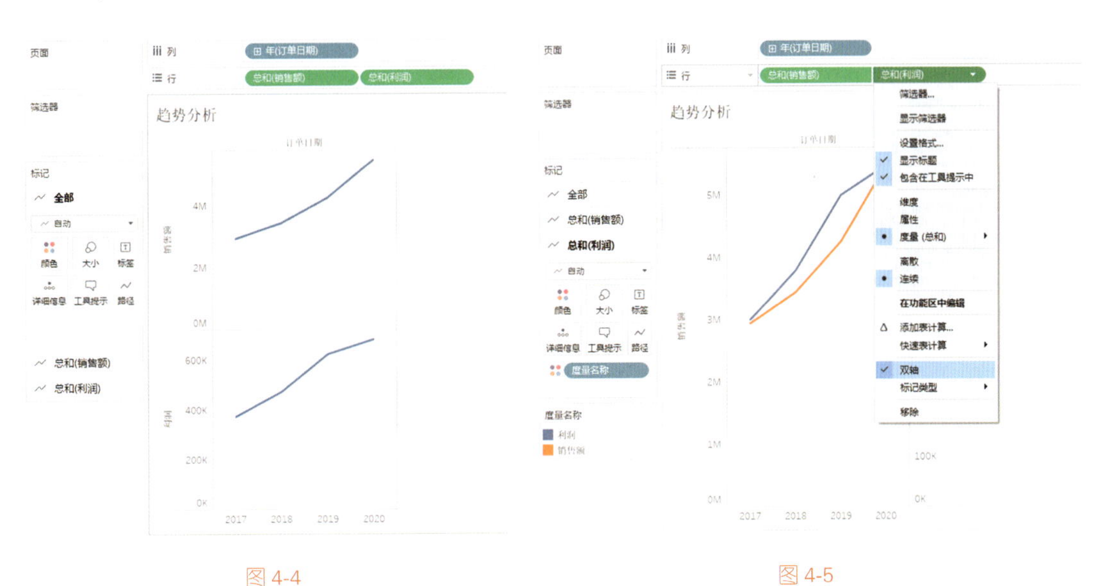

图 4-4　　　　图 4-5

这两个轴的刻度不同：“销售额”轴的刻度是 0–5.5M，而“利润”轴的刻度是 0–7M。

这很难看出销售额值远远大于利润值。所以，如果要在一个折线图中显示多个度量，则需要通过编辑轴来实现轴对齐或选择同步轴，以便用户比较数值。

4.3 【实例 6】饼图

饼图常被用来呈现数据的相对比率（或百分率）。下面通过实例来学习如何在 Tableau 中创建饼图，以呈现不同产品类别对总销售额的占比。

素材文件	\第 4 章\示例 - 超市 .xls
结果文件	\第 4 章\实例 6.twbx

具体步骤如下。

（1）连接“示例 - 超市 .xls”数据源。

（2）新建工作表，将度量“销售额”字段拖曳至“列”功能区中，将维度“子类别”字段拖曳至“行”功能区中，Tableau 默认以条形图展现，如图 4-6 所示。

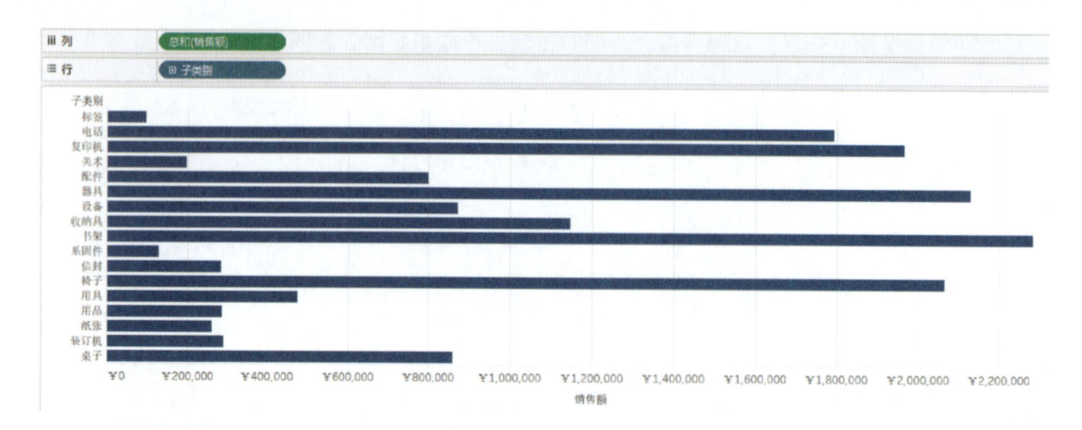

图 4-6

（4）单击工具栏右侧的“智能推荐”按钮，选择饼图，Tableau 就会自动生成饼图，但此时它还比较小，如图 4-7 所示。

图 4-7

（5）为方便查看图表，需要将饼图变大一些。按住快捷键“Ctrl + Shift”，并持续按 B 键，直至达到适当尺寸。

（6）将维度“子类别”字段拖曳至“标记”卡的“标签”上。这样就为饼图增加了标签，如图 4-8 所示，它看上去更直观。

现在就能从饼图中看到每个子类别商品的销售额占比情况，其中椅子、书架、器具、电话和复印机等商品的占比较大。

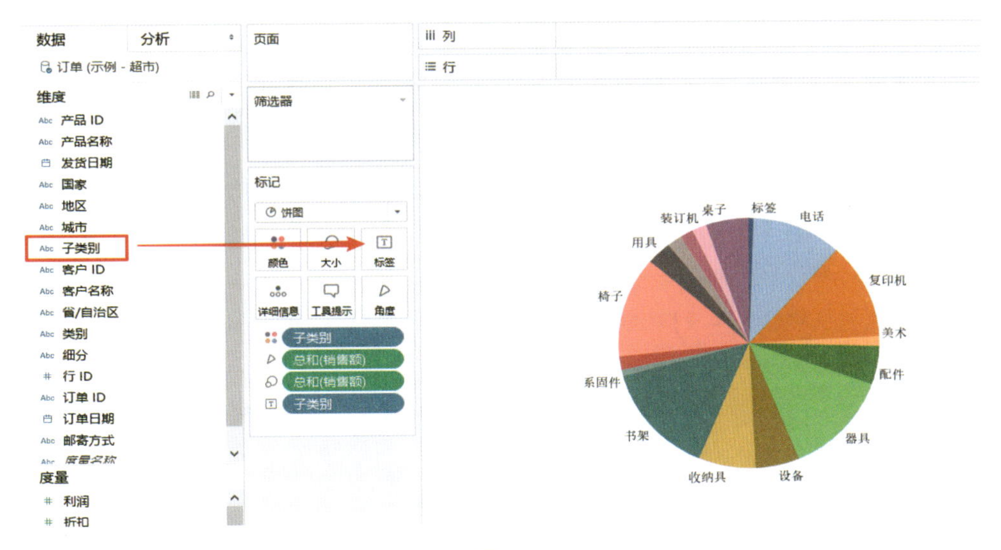

图 4-8

在使用饼图呈现数据时，需要控制维度的数量，否则较难得出直观的数据结论。或者，在饼图中显示各类别所占的百分比，这样也可以缓解这个问题。

4.4 【实例 7】简单地图

如果数据源中有地理位置，无论它们是邮政编码、省、国家，还是自定义的地理编码，都可以在 Tableau 地图中快速呈现出来。相比许多收费的地图服务，Tableau 的地图功能是免费的，并且非常好用。

在 Tableau 中创建地图非常简单，因为它内嵌了多种地图，并且可以使用外部地图来构建若干不同类型的地图，可以按需要进行地理分析。

如果你不熟悉地图，或者只是想利用 Tableau 提供的内置地图功能，则可以尝试创建简单的点位地图或填充（多边形）地图。

要构建地图，首先在数据源中必须包含位置数据（位置名称或经纬度坐标），其次需要给表示地理信息（例如州 / 省 / 市 / 自治区 / 邮政编码）的字段赋予地理角色。

给地理信息字段赋予地理角色的具体方法是：在“数据”窗格中用鼠标右键单击字段，在弹出的菜单中选择“地理角色”中的某个子菜单。

素材文件	\第 4 章\示例 - 超市 .xls
结果文件	\第 4 章\实例 7.twbx

1. 创建点位地图

具体步骤如下。

（1）连接“示例 - 超市 .xls”数据源。

（2）新建工作表，用鼠标右键单击数据窗格中的“省 / 自治区”字段，在弹出的菜单中选择“地理角色”-“州 / 省 / 市 / 自治区”双击“维度”中的“省 / 自治区”字段。由于“省 / 自治区”字段是地理字段，所以 Tableau 会自动创建一个地图图表。

（3）将度量“销售额”字段拖曳至“标记”卡的“大小”上，Tableau 默认以圆点形状显示。圆点面积越大，则表示销售额数值越大。

（4）将维度“省 / 自治区”字段拖曳至“标记”卡的“标签”上，地图中就出现了省份的名称。最终效果请扫描下方的二维码 4-1 查看。

2. 创建填充（多边形）地图

具体步骤如下。

（1）连接“示例 - 超市 .xls”数据源。

（2）新建工作表，双击“省 / 自治区”字段，Tableau 会自动创建地图视图。

（3）在“标记”卡中，单击“图形”类型的下拉小三角，在下拉列表中选择“地图”命令，地图视图将变为填充地图。

（4）将度量“销售额”字段拖曳至“标记”卡的“颜色”上，地图上的各省份地图的颜色变得不同，颜色深浅代表各地区销售额的多少，这样一个填充地图就完成了！最终效果请扫描下方二维码 4-2 查看。

二维码 4-1

二维码 4-2

4.5 【实例 8】散点图

使用散点图可以直观地呈现数值型变量之间关系。在 Tableau 中，可以在列和行中分别放置至少一个度量来创建散点图。

此外，散点图可以使用多种标记类型。在默认情况下，Tableau 使用“形状”标记类型。用户可以根据自己需求及数据源情况，使用其他标记类型——圆形、方形、自定义形状。

下面通过实例来学习如何在 Tableau 中创建散点图，并用散点图和趋势线来比较销售额与利润。

素材文件	\第 4 章\示例 - 超市 .xls
结果文件	\第 4 章\实例 8.twbx

具体步骤如下。

（1）连接“示例 - 超市 .xls”数据源。

（2）新建工作表，将度量“利润”字段拖曳至“列”功能区中，将度量“销售额”字段拖曳至“行”功能区中，Tableau 将自动创建一个视图，如图 4-9 所示。

（3）将维度“类别”字段拖曳至“标记”卡的“颜色”中，如图 4-10 所示，Tableau 将为“类别”中的每一类赋予不同的颜色，以便区分。

图 4-9　　图 4-10

（4）将维度“地区”字段拖曳至“标记”卡的“详细信息”上，视图中出现了更多标记点，如图 4-11 所示。

（5）为更好地观察各地区各产品类别的销售额与利润的对比情况，从“数据”窗格切换到“分析”窗格，将“趋势线”以“线性”的方式添加在图表中，最终效果如图 4-12 所示。

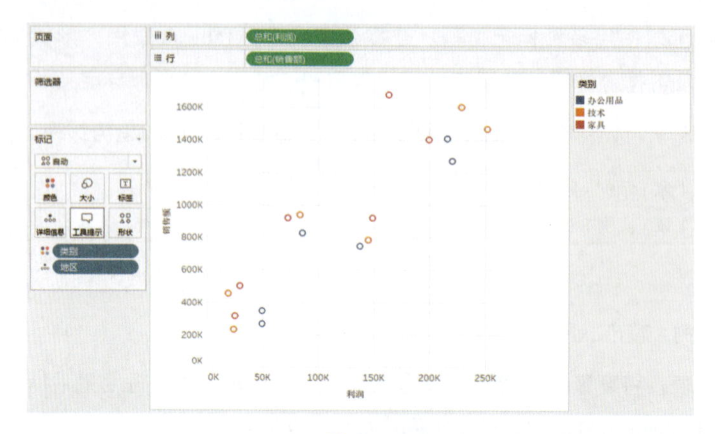

图 4-11

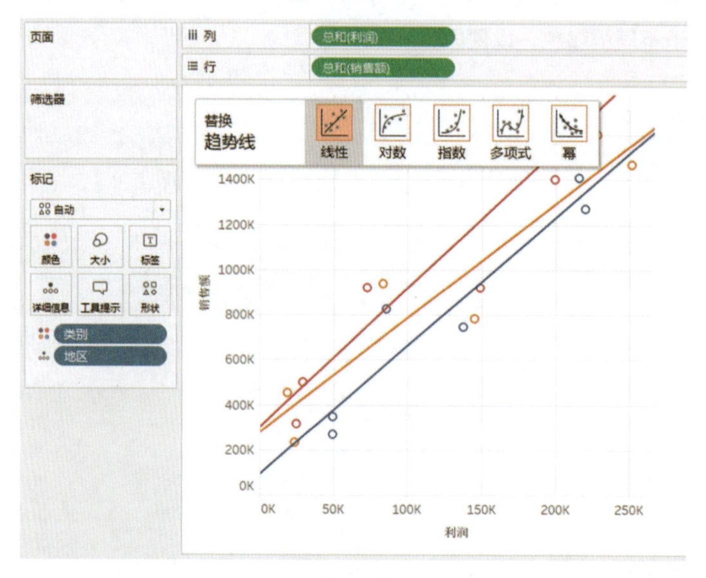

图 4-12

4.6 【实例 9】甘特图

甘特图很适合呈现事件各元素的起始日期与终止日期，显示出事件或活动的持续时间。因此，很多人将甘特图应用在项目管理中。

以下实例将创建一个甘特图，以分析下单日期和发货日期之间的时间间隔。

素材文件	\ 第 4 章 \ 示例 - 超市 .xls
结果文件	\ 第 4 章 \ 实例 9.twbx

具体步骤如下。

（1）连接“示例 - 超市 .xls”数据源。

（2）新建工作表，将维度“订单日期”字段拖曳至“列”功能区中，Tableau 将按年份自动聚合日期，并创建具有年份标签的列标题，如图 4-13 所示。

（3）单击“列”中“年（订单日期）”胶囊右侧的小三角，在下拉菜单中选择“周数”命令，胶囊将更改为“周（订单日期）”，列标题将以周显示日期。各周由刻度线指示，因为 4 年共有 208 周，周数太多，所以无法在视图中显示为标签，如图 4-14 所示。

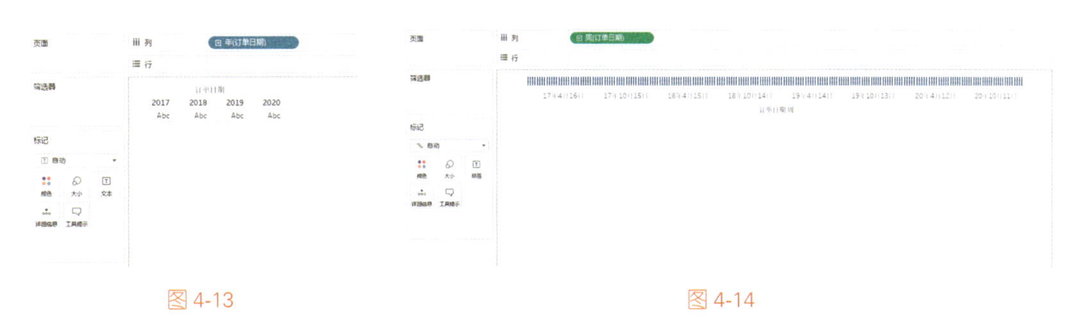

图 4-13　　　　图 4-14

（4）将维度“子类别”和“邮寄方式”字段分别拖曳至“行”功能区中，视图将沿左侧轴构建一个两级嵌套维度的分层结构，如图 4-15 所示。

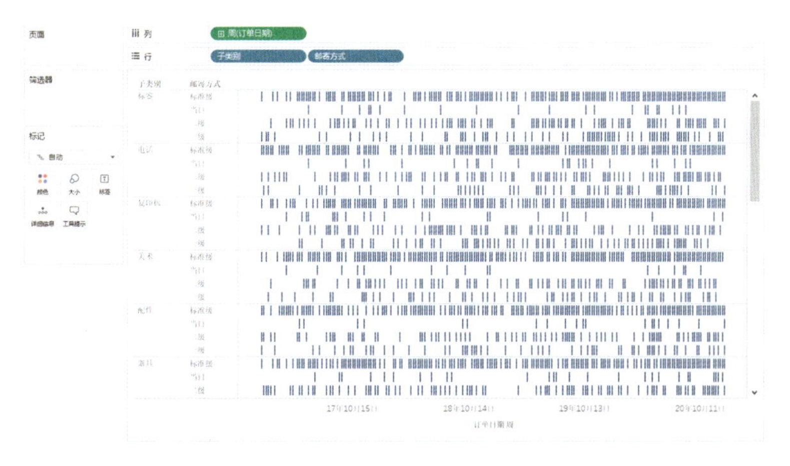

图 4-15

（5）下面将根据订单日期和发货日期之间的间隔大小来确定标记的大小，为此需创建一个计算字段来获得该间隔。

在菜单栏中选择“分析”-“创建计算字段”命令；也可以用鼠标右键单击“数据”窗格的空白位置，在弹出的菜单中选择“创建计算字段”命令，如图 4-16 所示。

（6）在弹出的计算对话框中，将计算字段命名为“下单发货间隔”。在公式框中输入以下公式，然后单击“确定”按钮，如图 4-17 所示。

```
DATEDIFF('day',[ 订单日期 ],[ 发货日期 ]),
```

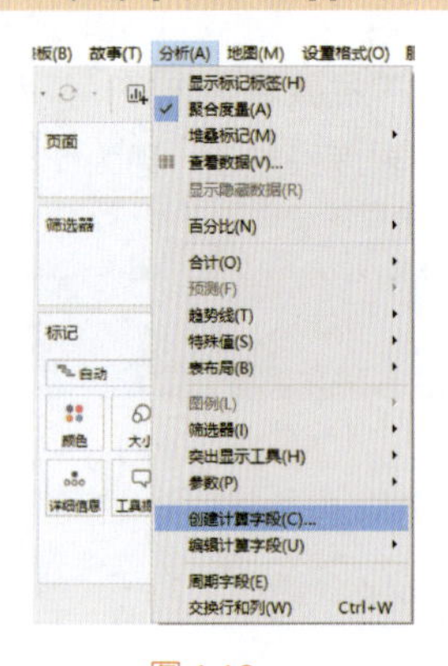

图 4-16

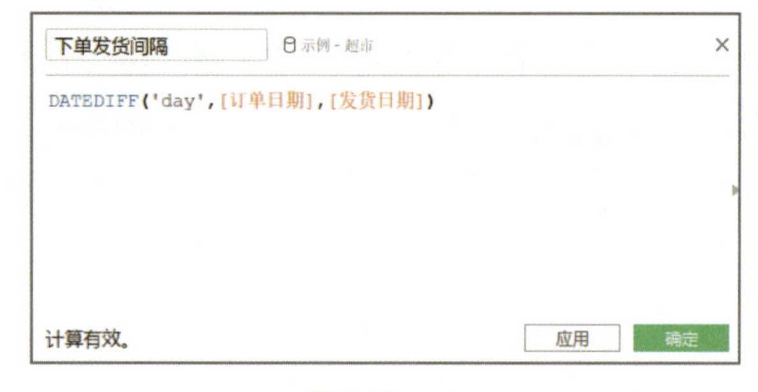

图 4-17

该公式将创建一个可捕获“订单日期”与“发货日期”值之间差异的自定义度量（以天为单位）。

（7）将度量“下单发货间隔”字段拖曳至“标记”卡的“大小”上，“下单发货间隔”的默认聚合方式是 Sum（总和），用鼠标右键单击“标记”卡的“下单发货间隔”胶囊，在弹出的菜单中选择“度量（总和）”-“平均值”命令，如图 4-18 所示。

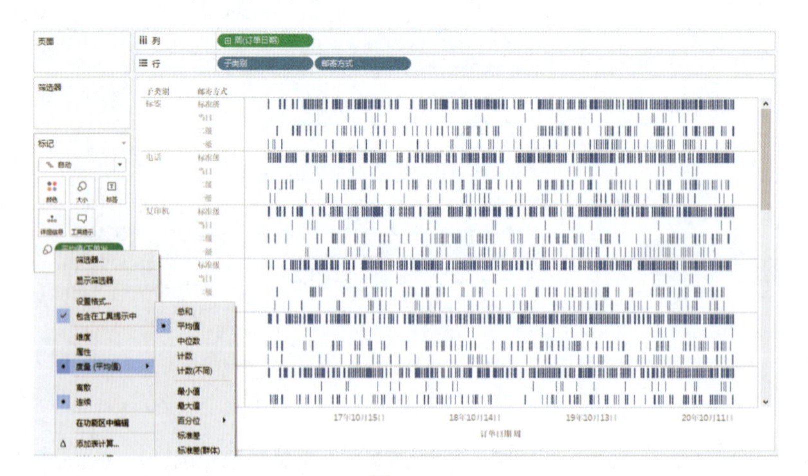

图 4-18

（8）此时会发现，目前的视图中包含了太多标记，显得有些杂乱无章，需要对其进行一些处理。按住 Ctrl 键，将“列”功能区中的“周（订单日期）”胶囊拖曳至“筛选器”卡中。

（9）在弹出的“筛选器字段”对话框中选择“日期范围”，单击“下一步”按钮。将范围设置为 3 个月时间间隔，例如 2017/1/1 ～ 2017/3/31，单击“确定”按钮，如图 4-19 所示。注意，使用滑块很难获得精确日期，建议直接在文本框中输入所需的日期，这样会更简单。

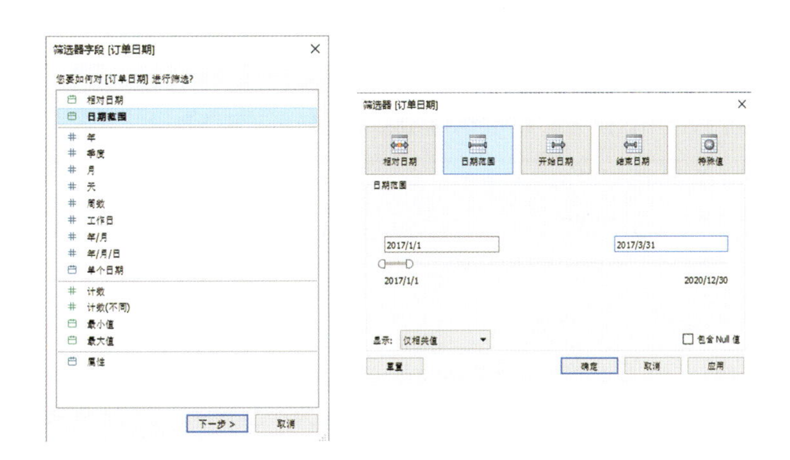

图 4-19

（10）将维度“邮寄方式”字段拖曳至“标记”卡的“颜色”上，此时视图中将显示“下单时间”与“发货时间”的时间差值，如图 4-20 所示。

图 4-20

4.7 【实例 10】气泡图

气泡图用于展示 3 个维度（或度量）之间的关系。它与散点图类似，在绘制时将一个维度（或度量）放在横轴，将另一个维度（或度量）放在纵轴，而将第 3 个维度（或度量）用气泡的大小来表示。注意：如果 3 个都是维度，或者 3 个都是度量，则无法实现气泡图。

使用填充气泡图，可以在一组圆形中显示数据。维度以气泡个数来显示，而每个气泡的大小和颜色则表示度量。

下面将创建一个气泡图，以呈现不同产品类别的销售额和利润信息。

素材文件	\ 第 4 章 \ 示例 - 超市 .xls
结果文件	\ 第 4 章 \ 实例 10.twbx

具体步骤如下。

（1）连接“示例 - 超市 .xls”数据源。

（2）新建工作表，将维度“类别”字段拖曳至“列”功能区中，将度量“销售额”字段拖曳至“行”功能区中。Tableau 默认以条形图显示，图表的横轴为产品类别，纵轴为销售额的聚合值，如图 4-21 所示。

（3）单击工具栏右侧的“智能推荐”按钮，然后选择填充气泡图，视图将依据“类别”呈现 3 个气泡。接着将维度“地区”字段拖曳至“标记”卡的“详细信息”上，则视图将出现更多气泡，如图 4-22 所示。

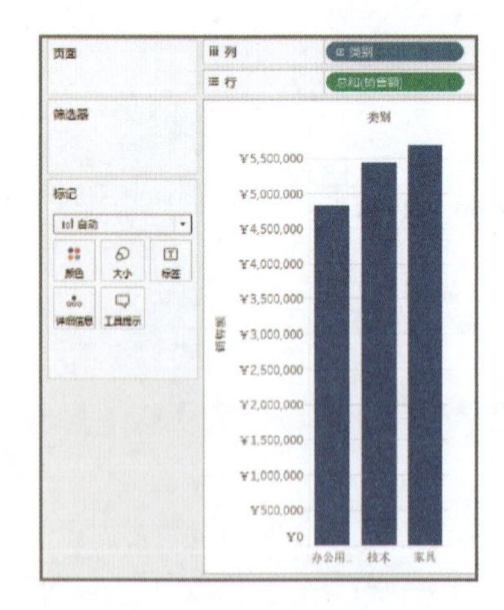

图 4-21

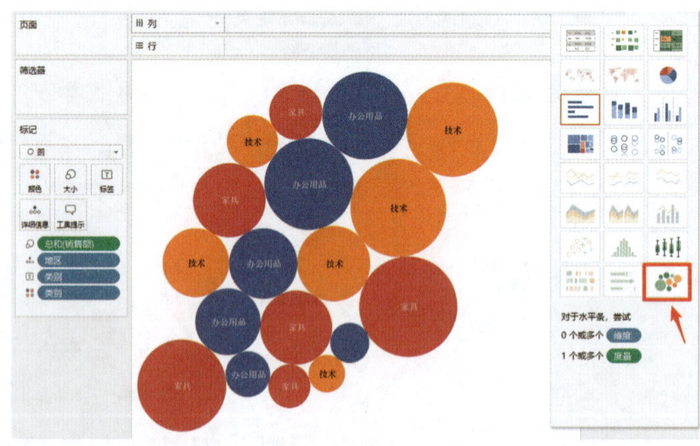

图 4-22

（4）将度量“利润”字段拖曳至“标记”卡的“颜色”上，将维度“地区”字段拖曳至“标记”卡的“标签”上，则每个气泡将显示其所代表的具体内容，如图 4-23 所示。

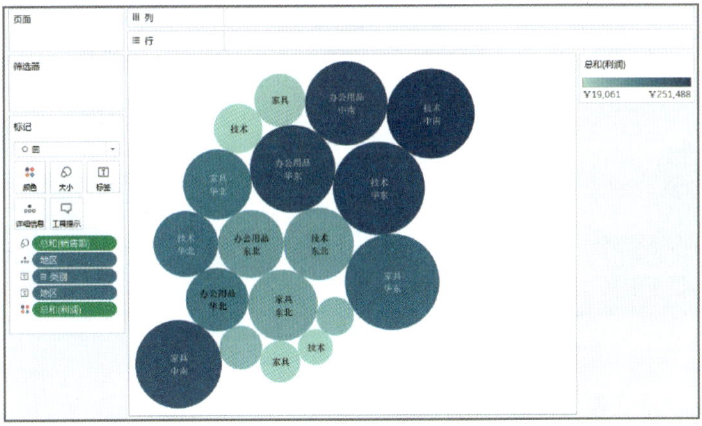

图 4-23

在完成的视图中，气泡的大小代表不同的地区和类别组合的销售额；而气泡的颜色代表利润值（颜色越深，利润越高）。

4.8 【实例 11】直方图

直方图是一种显示分布状态的图表。它看起来很像条形图，不同之处在于：它会将连续度量的值分组为范围（或数据桶）。直方图很适合用来呈现数据的跨组分布情况。

下面将创建一个直方图，以分析客户细分市场与订单项目数的关系。

素材文件	\第 4 章\示例 - 超市 .xls
结果文件	\第 4 章\实例 11.twbx

具体步骤如下。

（1）连接“示例 - 超市 .xls”数据源。

（2）新建工作表，将度量“数量”字段拖曳至“列”功能区中，单击工具栏右侧的“智能推荐”按钮，然后选择直方图，效果如图 4-24 所示。

如果视图中包含单个度量且没有维度，则直方图图表类型在“智能推荐”中是可用的。

（3）将维度“细分”字段拖曳至“标记”卡的“颜色”上，如图 4-25 所示。但此时的颜色仍无法让你直观得出结论。

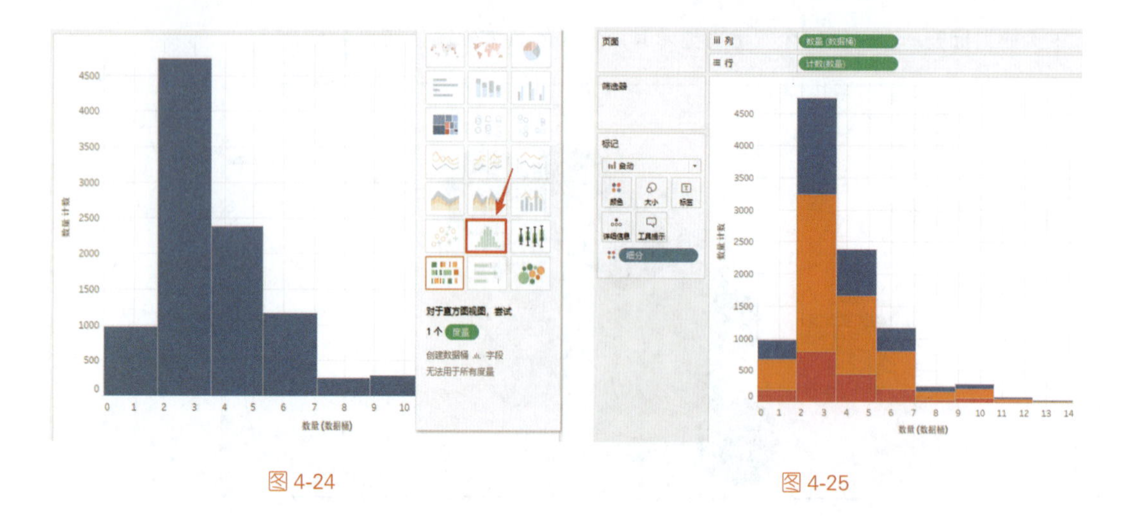

图 4-24　　图 4-25

（4）为了更加直观，需要显示属于每个段的每个条形的百分比。按住 Ctrl 键，将“行”功能区中的“计数（数量）”胶囊拖曳至“标记”卡的“标签”上，如图 4-26 所示。注意：按住 Ctrl 键的用意是将该字段复制到新位置，而不是将其从原始位置移除。

（5）单击“标记”卡上的“计数 (数量)”胶囊右侧的小三角，在下拉菜单中选择“快速表计算”-“合计百分比”命令。可以看到，每个堆叠柱形图的堆叠块都显示其占总额的百分比，如图 4-27 所示。

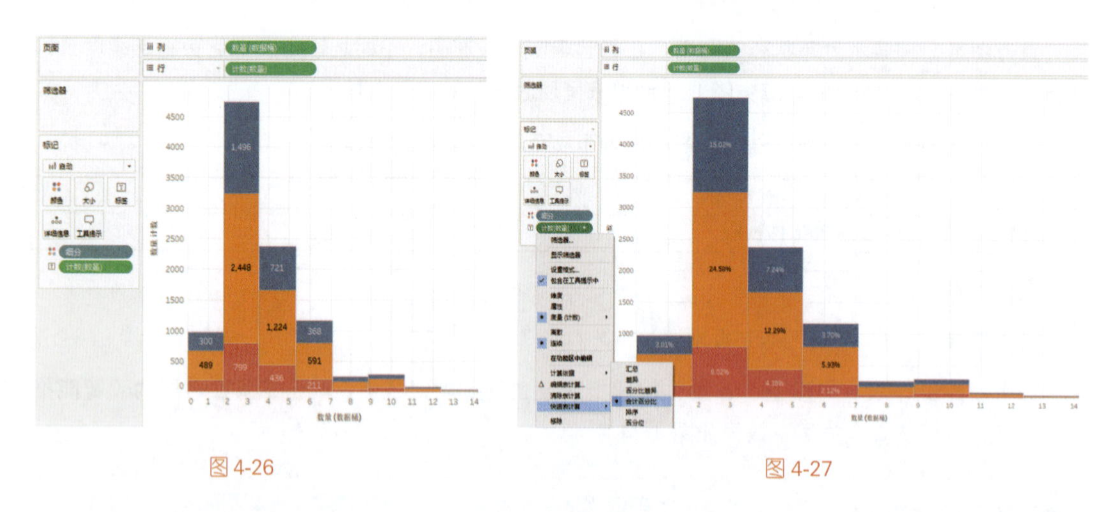

图 4-26　　图 4-27

（6）如果想用条形来显示百分比，则用鼠标右键单击“标记”卡上的“计数 (数量)”胶囊，在下拉菜单中选择“编辑表计算”命令。在弹出的“表计算”对话框中，将“计算依据”字段的值更改为“单元格”，如图 4-28 所示。

通过以上步骤将获得如图 4-29 所示图形。

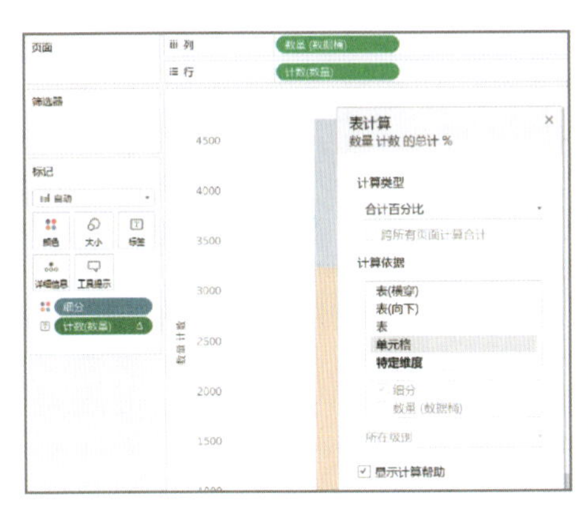

图 4-28

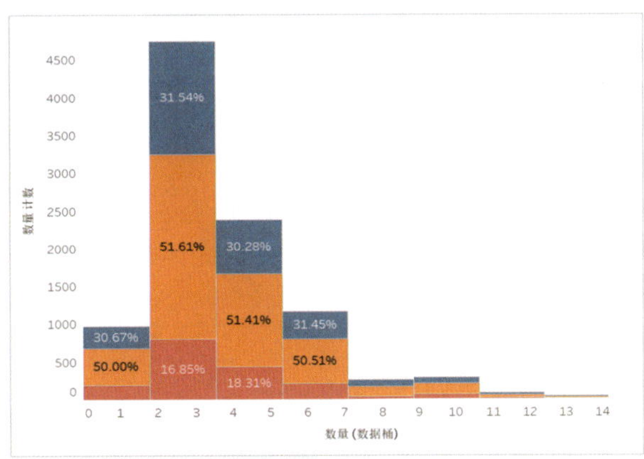

图 4-29

4.9 【实例 12】靶心图

如果需要分析进度情况，靶心图（也被称为“标靶图”）是理想之选。通过靶心图，可以看清楚主要度量值相对于总体目标的进度情况（例如某个销售代表距离完成年度配额还有多少）。

下面通过实例创建一个靶心图，以呈现各个省 / 自治区实际销售额与目标销售额的对比。

素材文件	\ 第 4 章 \ 实例 12 素材 .xls
结果文件	\ 第 4 章 \ 实例 12.twbx

具体步骤如下。

（1）连接“实例 12 素材”数据源。

（2）新建工作表，在“数据”窗格中，按住键盘上的 Shift 键，然后将度量“销售额”和“销售额目标值”字段拖入视图中，如图 4-30 所示。

（3）单击工具栏右侧的“智能推荐”，选择标靶图，如图 4-31 所示。

（4）将维度“省 / 自治区”拖曳至“行”功能区中，最终效果如图 4-32 所示。蓝色条形表示各个省 / 自治区的实际销售额，黑色竖线表示各个省 / 自治区销售额目标值；深灰色填充条形表示销售额目标值 60% 的位置，浅灰则表示 80% 的位置。

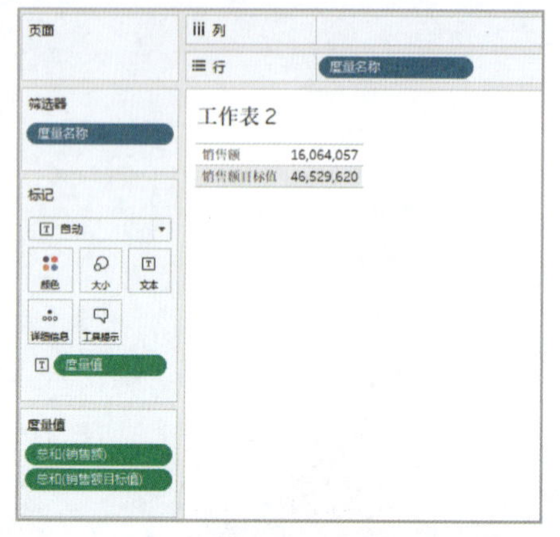

图 4-30

图 4-31

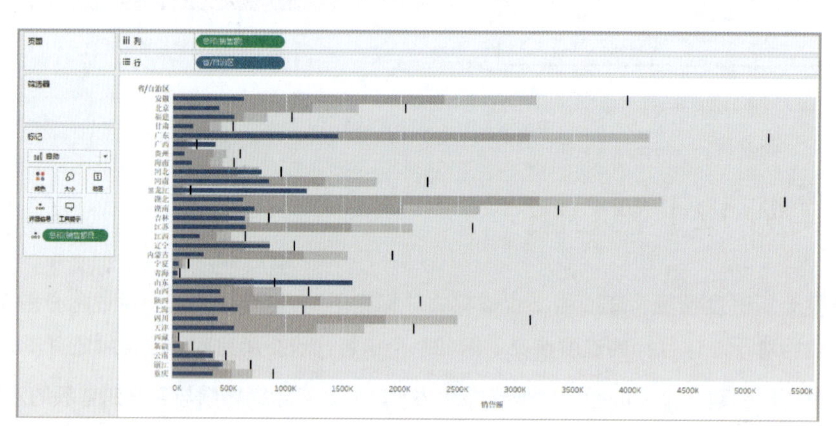

图 4-32

4.10 【实例 13】热图

热图也被称为“密度图”，主要用来呈现包含许多重叠标记的密度数据中的模式或趋势。在 Tableau 中，通过密度标记，无论是在地图上还是在散点图上，用户都可以在几秒钟内了解点的聚集位置，并得出数据结论。

下面看一个热图（密度）标记的实例，以观察各地区订单数量的多少。

素材文件	\第 4 章\示例 - 超市 .xls
结果文件	\第 4 章\实例 13.twbx

具体步骤如下。

（1）连接“示例 - 超市 .xls”数据源。

（2）用鼠标右键单击数据窗格中的“城市”字段，在弹出的下拉菜单中选择“地理角色”-“城市”命令。在转换成功后，字段名称前方的小图标将从“Abc”变成“地球”标志。

（3）双击数据窗格中的“城市”字段，视图将自动呈现出地图及多个标记点。再将维度“订单ID”字段拖曳至“标记”卡的“详细信息”上，效果请扫描二维码 4-3 查看。

（4）将“标记”卡中的标记类型改为“密度”，Tableau 将自动为重叠的标记进行颜色编码，从而生成密度图（重叠数据点越多，则颜色的浓度就越深）。效果请扫描二维码 4-4 查看。

二维码 4-3

二维码 4-4

（5）在默认情况下，Tableau 采用蓝色显示密度。可以从 Tableau 的调色板中选择其他配色方案，例如：单击标记卡中的“颜色”，从下拉列表中选择“密度 - 浅多彩色”，如图 4-33 所示。

当标记卡的标记类型为“密度”时，将任何字段拖入颜色，都不会在工作表视图右侧生成颜色图例。

（6）在“颜色”设置窗口中，可以通过“强度”滑块（如图 4-34 所示）来增加或减少密度标记的鲜艳度。例如，增加强度（或鲜艳度）会减少数据中的“最大热度”点，以便显示更多内容。

（7）单击标记卡中的“大小”，然后调整密度核心的尺寸大小（如图 4-35 所示），则可以得到最终的热力地图。

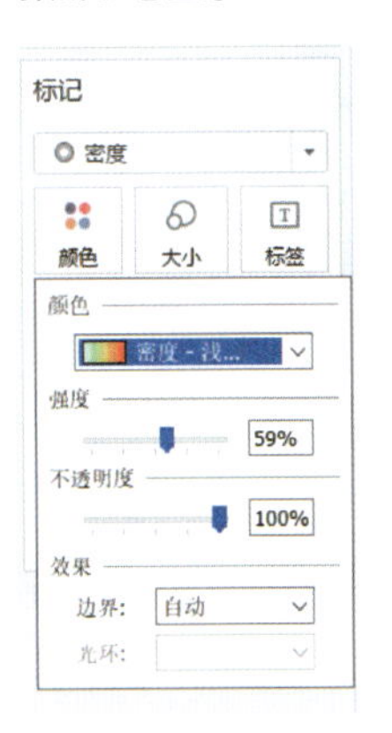

图 4-33

图 4-34

图 4-35

4.11 【实例 14】突出显示表

在突出显示表中，不仅可以用色彩来显示数据的交叉情况，还可通过设置单元格的大小和形状来调整数据的突出显示效果，也可以在此表中显示突出部分的详细信息，例如不同细分市场占总体市场的比例、特定地区中不同销售人员的销售额、不同年份中的城市人口数等。

下面通过实例创建一个突出显示表，以展示利润随地区、产品子类和客户细分市场的变化情况。

素材文件	\ 第 4 章 \ 示例 - 超市 .xls
结果文件	\ 第 4 章 \ 实例 14.twbx

具体步骤如下。

（1）连接“示例 - 超市 .xls”数据源。

（2）新建工作表，将维度“细分”字段拖曳至“列”功能区中，将维度“地区”和“子类别”字段分别拖曳至“行”功能区中，生成具有分类数据的嵌套表格。然后将度量“利润”字段拖曳至“标记”卡的“颜色”上，如图 4-36 所示。

> 在此视图中，可以通过上下滑动条向下滚动以查看其他区域的数据。在中南区域显示，复印机为利润最高的子类别，而桌子和美术则为利润最低的子类别。

（3）单击“标记”卡中的“颜色”，弹出设置窗口，在“边界”下拉列表中选择中灰色，则可以看到视图中的各个单元格的边框，如图 4-37 所示。

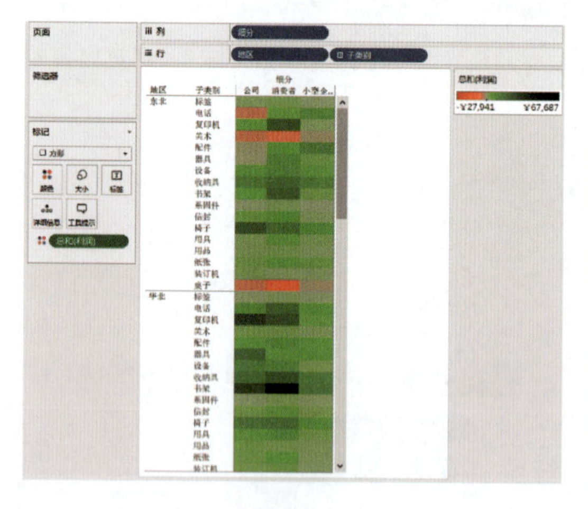

图 4-36

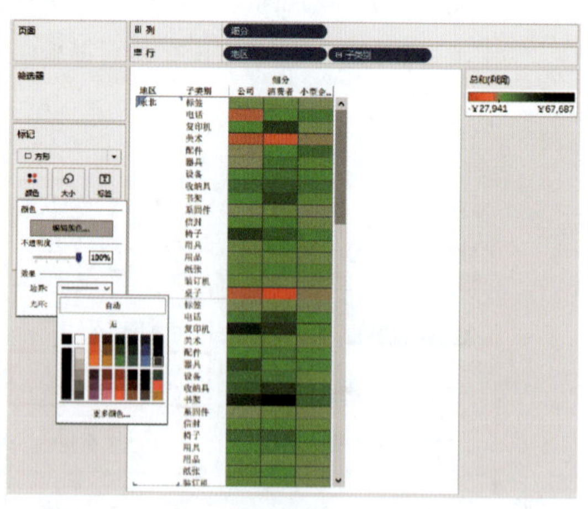

图 4-37

如果想让单元格的颜色对比更鲜明，则可直接单击颜色图例右上角的下拉箭头，选择“编辑颜色”，然后在调色板中修改颜色。

4.12 【实例 15】树状图

树状图也被称为树形图，顾名思义，可以将此种图表中的数据想象成一棵树：矩阵的面积代表其包含的数据量，面积从大到小排列，越到末梢，矩阵越小，就像树的枝干。

树状图是一种相对简单的图。它不仅可在嵌套的矩形中显示数据，还可通过格式设置其视觉效果，以便于阅图者快速获取见解。树形图还能有效利用空间，以便一目了然地看到整个数据集。

下面将创建一个树状图，以呈现一系列产品中的不同类别聚合销售额。

素材文件	\ 第 4 章 \ 示例 - 超市 .xls
结果文件	\ 第 4 章 \ 实例 15.twbx

具体步骤如下。

（1）连接“示例 - 超市 .xls”数据源。

（2）新建工作表，将维度“子类别”字段拖曳至“列”功能区中，将度量“销售额”字段拖曳至“行”功能区中，自动生成如图 4-38 所示的条形图。

图 4-38

（3）单击工具栏右侧的“智能推荐”，选择树状图，工作表视图中的柱形图变成如图 4-39 所示的树状图。

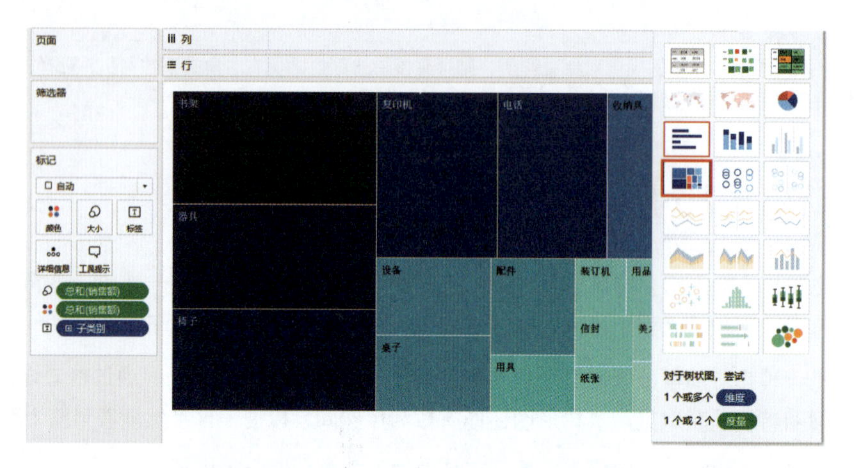

图 4-39

在此树状图中，矩形的大小及其颜色均由“销售额”的值决定。某个类别的总销售额越大，则它的框就越大，颜色也越深。

（4）将度量“利润”拖曳至“标记”卡的“颜色”上。在生成的视图中，矩形的大小代表销售额的大小，颜色代表利润的多少（从蓝色到橙色表示数值从大到小），如图 4-40 所示。

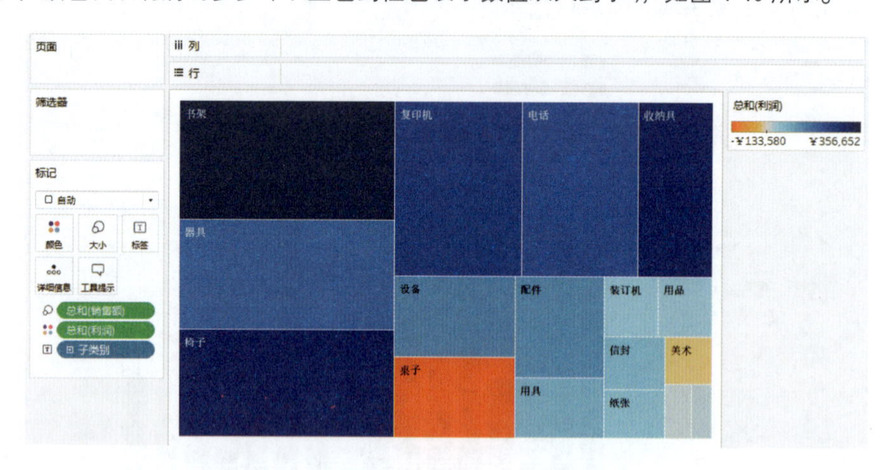

图 4-40

对于树状图，大小和颜色是重要元素。可以将度量放在“标记”卡的“大小”和“颜色”上，但如果将其放在其他任何地方则没有效果。树状图可容纳任意数量的维度，在“颜色”上可以包括一个甚至两个维度。但是，添加过多的维度则会将图表分为更多数量的较小矩形，不便于查看数据。

第 5 章 创建仪表板和故事

如果需要在工作簿里创建了一个或多个视图工作表，则可以尝试创建仪表板和故事，让数据更有交互性。本章将介绍如何创建一个仪表板和故事。

5.1 认识仪表板

仪表板是若干视图工作表的集合，它让用户可以通过交互来比较较多的数据。比如有一组需要每天都查看的数据，创建一个一次显示所有视图的仪表板会事半功倍。

5.1.1 工作区

仪表板的工作区如图 5-1 所示。

- A：“仪表板”窗格。通过此窗格，可以将可用的工作表或对象拖曳至仪表板中。这也是设置仪表板大小、显示或隐藏标题的地方。
- B：“布局”窗格。使用此窗格可以调整仪表板中工作表和对象的位置、大小等，还可通过其中的“项分层结构”快速查找每个工作表或对象以设置其格式。注意：这里的“项分层结构”类似于 Photoshop 中的图层。
- C：“仪表板”菜单。它用于设置仪表板格式，或将当前仪表板复制或导出为图像。也可以在此清除整个仪表板、显示或隐藏仪表板标题，以及决定是否自动更新仪表板。

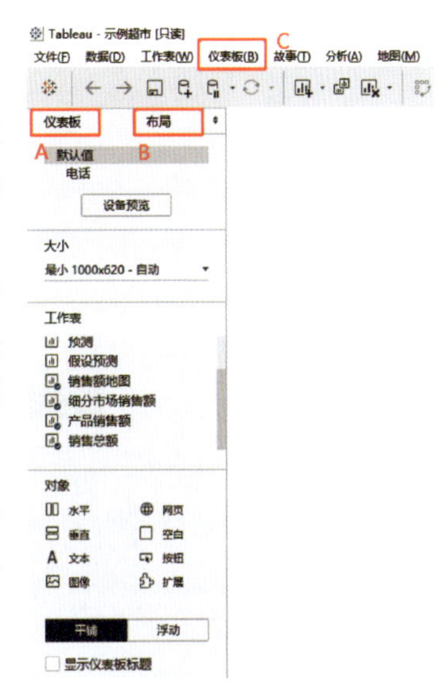

图 5-1

5.1.2 对象

对象在“仪表板”窗格的下方，它包含 8 种可以在仪表板中使用的选项，如图 5-2 所示。在创建仪表板时，不仅可以添加工作表，还可以添加对象，用于增加视觉吸引力和交互性。

- 水平和垂直：添加水平或垂直布局容器。可以使相关对象进行分组布局，并根据用户交互需求微调尺寸的大小。
- 文本：添加文本对象。可以在仪表板中插入标题、描述说明或其他文本内容。
- 图像：添加图像。可以在仪表板中添加图片，并为图片指定 URL，以便仪表板的可视化呈现。
- 网页：添加网页。可以通过网站链接的方式在仪表板中显示网页的特定内容。建议选择展示性与安全性较高的网址。
- 空白：常用于调整仪表板各项之间的间距。
- 导航：可以将用户从当前仪表板导航到另一个仪表板，或其他工作表、故事。按钮的样式可以是自定义的图像或文本。
- 下载：可以让用户快速创建整个仪表板或选定工作表的交叉表的 PDF 文件、PPT 或图像。
- 扩展：用于在仪表板中添加外部功能，常用于集成 Tableau 外部应用程序。

在仪表板中插入对象很简单：在“对象”选项卡中选中所需的对象类型，然后将其拖曳至“仪表板”工作区中即可。

如果需编辑某个对象，则只需要单击选中相应对象，随后单击其右上方的小三角打开快捷菜单，如图 5-3 所示。

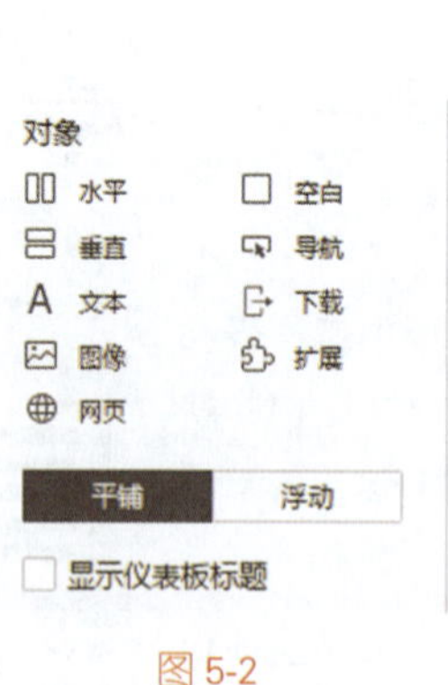

图 5-2

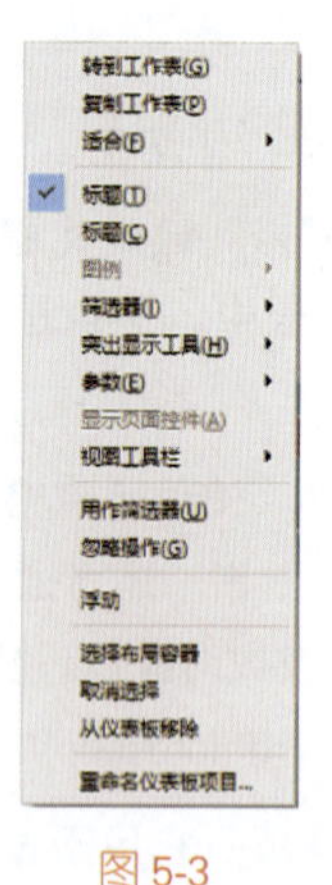

图 5-3

5.1.3 布局容器及布局方式

布局容器能将仪表板中的项目组合在一起，并且快速确定这些项目的位置。如果更改了项目在容器内的大小和位置，则其他容器项目会自动调整。

布局容器主要有水平容器和垂直容器两种：将工作表或对象放置在布局容器中时，“水平”布局容器用于调整宽度，“垂直”布局容器则用于调整高度。

图 5-4 所示是两个视图在“水平”布局容器中显示的效果。图 5-5 所示是三个视图在“垂直”布局容器中显示的效果。

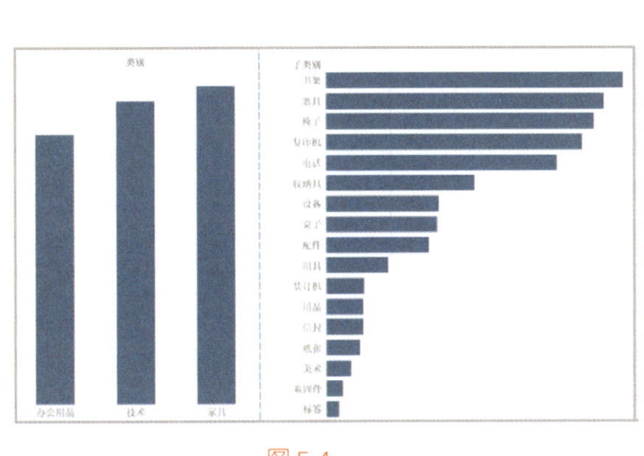

图 5-4

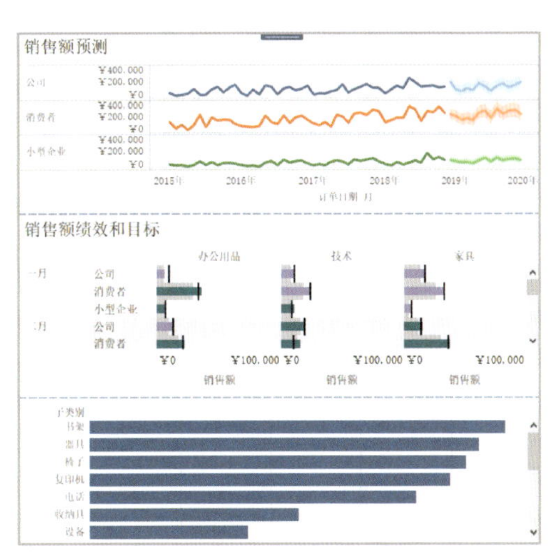

图 5-5

1. 添加容器

（1）在左侧“仪表板”窗格的“对象”中选中“水平”或“垂直”对象，然后将其拖曳至视图中，如图 5-6 所示。

（2）将所需的工作表或对象内容拖入已存在于仪表板的容器中，如图 5-7 所示。

2. 设置容器的均匀布局

选中布局容器，然后在其下拉菜单中选择“均匀分布”命令（如图 5-8 所示），则已在布局容器内的项目将自动均匀排列，对于随后新增的项目同样适用。

3. 设置布局容器的格式

在默认情况下，布局容器是透明的，且没有边框样式。如果需要，则可以为其设置阴影和边框样式，让仪表板中的对象分组更直观。

将左侧的“仪表板”窗格切换为“布局”窗格，单击选中需要设置格式的布局容器，即可在“布局”窗格中对其进行相关格式的设置，如图 5-9 所示。

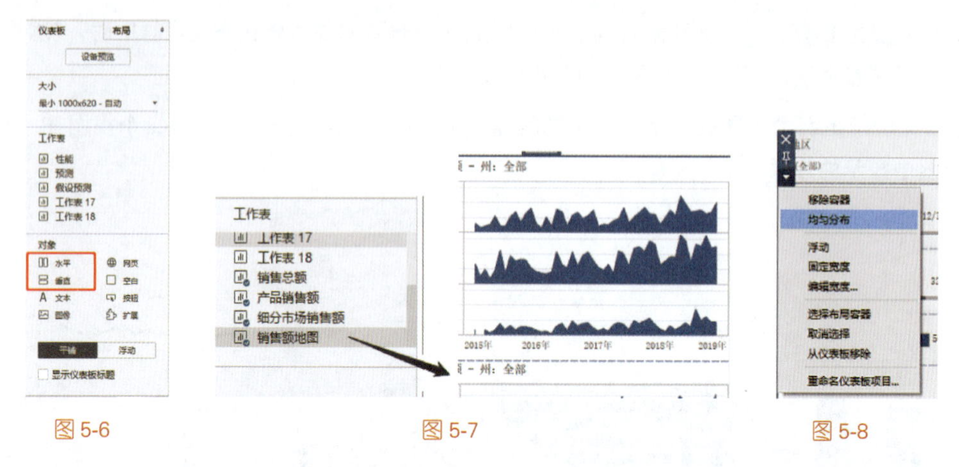

图 5-6　　　　图 5-7　　　　图 5-8

4．移除布局容器，单独编辑其包含的项目

在左侧“布局”窗格的“项分层结构”区域中选择相应容器，然后单击该容器右上方的下拉小三角按钮，在下拉菜单中选择“移除容器”命令，如图 5-10 所示。

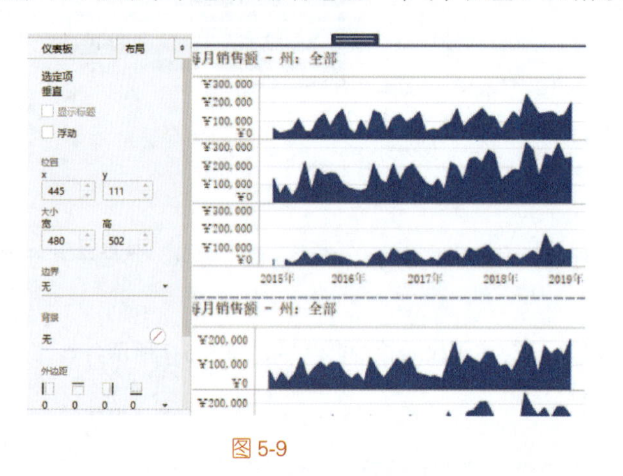

图 5-9

图 5-10

5.1.4　交互操作

利用仪表板的部分功能可设置筛选器，从而实现交互性。

在仪表板中，可以将某个视图设置为筛选器，以作为仪表板中其他所有视图的筛选。只需单击该视图右侧的“漏斗”按钮（如图 5-11 所示），即可轻松完成设置。

用户单击被用作筛选器的工作表即可与其他视图中的数据进行交互联动，无须再分别单击多个图表。

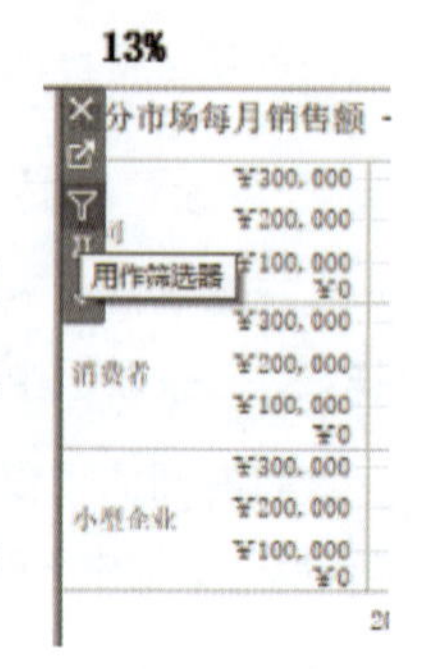

图 5-11

5.1.5 【实例 16】根据 6 张工作表创建仪表板

假定已经完成了客户散点图、性能、预测、假设预测、客户排序和客户概述这 6 个工作表，那接下来就可以通过新建仪表板实现统一查看的效果。

将“仪表板”窗格中的这 6 个工作表依次拖曳至仪表板工作区中，如图 5-12 所示。

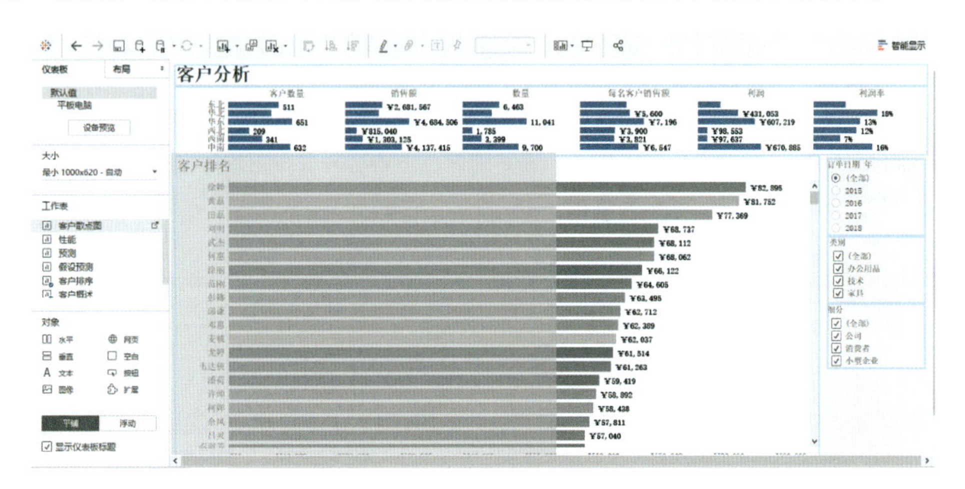

图 5-12

如果想查看某个地区的客户销售额、利润、客户的排名情况，则需要添加交互效果。比如，单击华东地区，则仪表板的高亮部分将显示该地区的销售额、利润及客户排名，如图 5-13 所示。

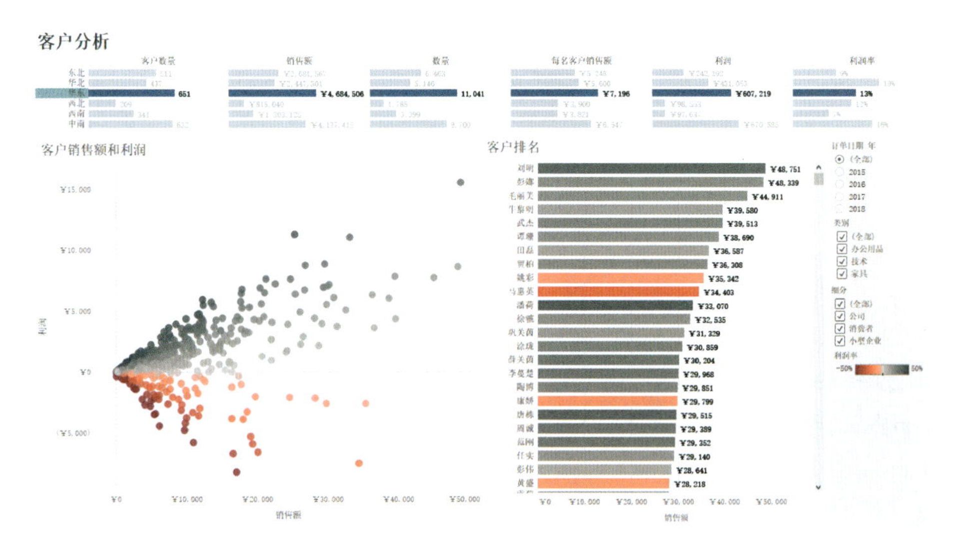

图 5-13

素材文件	\ 第 5 章 \ 示例超市 .twbx
结果文件	\ 第 5 章 \ 实例 16.twbx

具体步骤如下。

（1）单击菜单栏中的“仪表板”-“操作”命令，在弹出的“操作”对话框中选择“添加操作”-“筛选器”，如图 5-14 所示。

（2）在弹出的“编辑筛选器操作”对话框中，将筛选器命名为“地区筛选”；在“源工作表”栏中勾选“客户概述”复选框；在“目标工作表”栏中勾选“客户排序”和“客户散点图”复选框；在“运行操作方式”下单击“选择”按钮；在“清除筛选内容将会”下选中“显示所有值”单选按钮；最后单击“确定”按钮，如图 5-15 所示。

图 5-14　　　　图 5-15

5.2　认识故事

在完成了一系列分析仪表板后，就可以通过创建故事来呈现完整的数据分析报告了。如果说仪表板是由很多工作表组成的，那么故事就是由很多工作表或仪表板组成的。

在 Tableau 中，可以用故事讲述一个相对完整的数据内容。通过故事的上下文、演示决策与结果的关系，可以创建一个极具吸引力的分析案例。

故事也是工作簿的呈现方式之一，因此，创建、命名和管理工作表和仪表板的方法也适用于故事。另外，故事中的视图还需要按照一定逻辑顺序进行排列。故事中各个单独的工作表或仪表板被称为“故事点”，如图 5-16 所示。

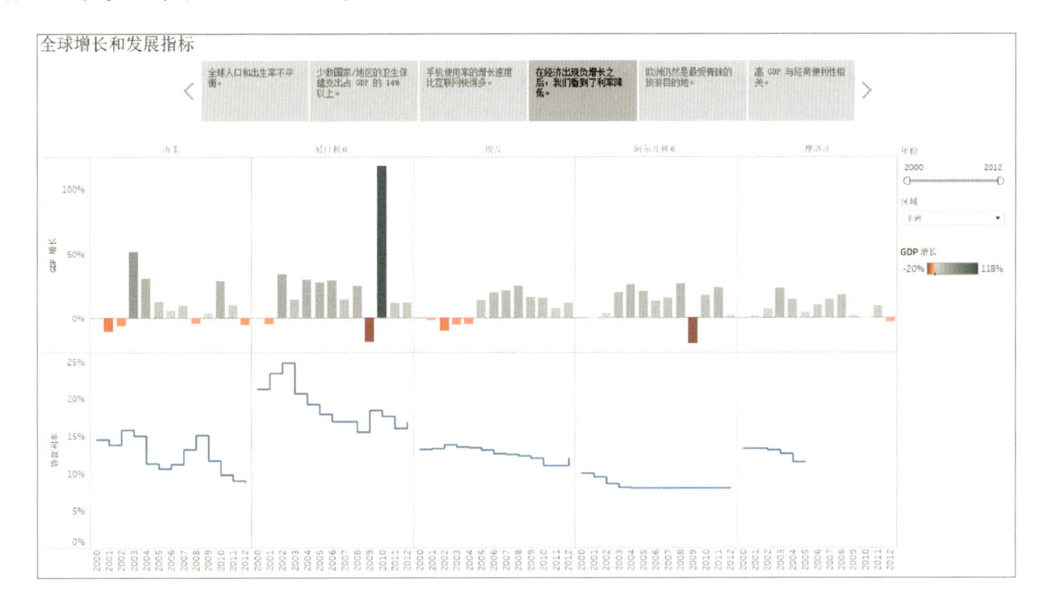

图 5-16

在分享了故事（例如，通过将工作簿发布到 Tableau Public、Tableau Server 或 Tableau Online）后，用户就可以与故事进行交互，从而发现新的结果或提出有关数据的新问题。

5.2.1　认识“故事”选项卡

故事的工作界面如图 5-17 所示。

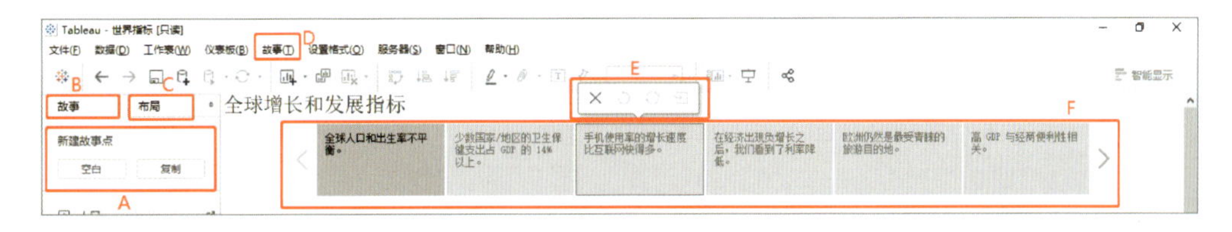

图 5-17

- A：用于添加新故事点的选项。如果单击“空白”按钮，则添加新的故事点；如果单击“复制”按钮，则将当前故事点作为下一个故事点的起点。
- B：单击这里将打开“故事”窗格。在“故事”窗格中，可以将仪表板、工作表或文本描述添加至故事工作区中。另外，在此窗格中也可以设置故事的像素大小、显示或隐藏标题。

- C：单击这里将切换至“布局”窗格。在其中可选择导航器样式、显示 / 隐藏前进和后退箭头的位置。
- D：“故事”菜单，它用于设置故事的格式，或将当前故事点复制或导出为图像。也可以通过该菜单清除整个故事，或者显示 / 隐藏导航器和故事标题。
- E：“故事”工具栏。如果将光标悬停在导航区域上，则会出现此工具栏。该工具栏用于恢复更改、将更新应用于故事点、删除故事点，或将当前的故事点另存为一个新故事点。
- F：导航器。它用于编辑和组织故事，这也是引导用户进一步浏览故事的工具。如果需更改导航器的样式，请使用“布局”窗格。

5.2.2 创建故事点

创建故事点，首先需要在工作簿中新建一个“故事”。

（1）在工作簿视图中，单击视图底部的按钮，Tableau 将创建一个新的故事，在故事工作区中可以看到一个空白的故事点，如图 5-18 所示。

（2）在“故事”窗格中可以选择故事的画布尺寸，如图 5-19 所示。画布大小可以选择既有的尺寸，也可以像素为单位进行自定义。

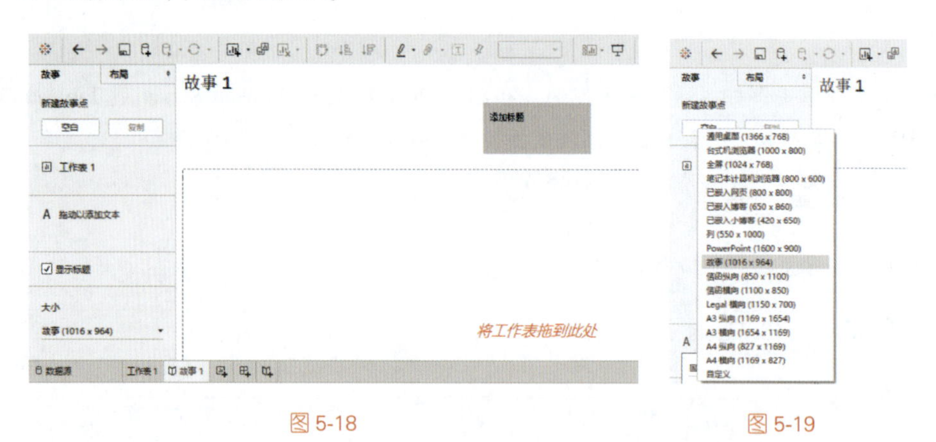

图 5-18　　　　图 5-19

1. 构建故事

通过双击或拖曳的方式，可将左侧“故事”窗格中的工作表或仪表板添加到指定“故事点”中，如图 5-20 所示。

> 已添加到故事里的工作表或仪表板，仍然与原始工作表保持连接。如果修改原来的工作表，则所做的更改也会在故事里被自动更新。

如果没有给故事中的故事点命名，在默认情况下，它会从其工作表名称中获取标题。如果需更改名称，则可以用鼠标右键单击工作表标签，然后在弹出的菜单中选择“重命名工作表”命令。

在 Tableau Desktop 中，可以通过双击标题来重命名故事点；也可以将文本对象拖到故事工作表（画布）中并输入注释，突出每个故事点表达的重点，以便快速了解此图表。

2. 强调此故事点的主要理念

如果要进一步强调此故事点的主要理念，则可以更改筛选器，或对视图中的字段进行排序，然后在导航器上方的故事工具栏中单击“更新”图标（如图 5-21 所示）来保存所做的更改。

图 5-20

图 5-21

3. 添加第 2 个故事点

单击“故事”窗格中的“空白”按钮，为下一个故事点创建新的工作区；也可以单击“复制”按钮（如图 5-22 所示）复制当前故事点作为新故事点。

或者，单击导航器上方工具栏中的“另存为新的”图标，也会创建一个新的故事点，如图 5-23 所示。

图 5-22

图 5-23

5.2.3 设置故事的格式

1. 设置故事的画布尺寸

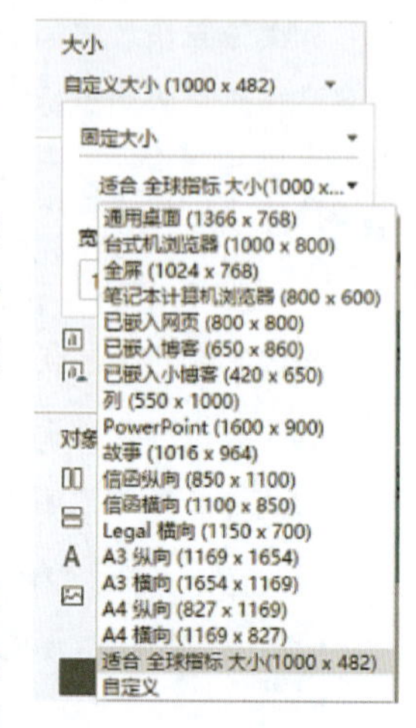

图 5-24

如果故事点的内容比较多，默认的画布大小不够，则需要调整故事的画布尺寸。单击“故事”窗格中的“大小”下拉菜单，然后选择一个适合故事的大小，如图 5-24 所示。例如，选择故事尺寸为 800 px × 600 px，则可以缩小或放大仪表板，使视图可适应于该尺寸。

2. 选择导航器样式并调整文本框大小

从“故事”窗格切换至“布局”窗格，选择最适合故事的导航器样式（说明框或者数字、点等），并根据需要勾选或不勾选“显示箭头”复选框，达到显示或隐藏导航器两侧的“上一个”和“下一个”箭头，如图 5-25 所示。

图 5-25

在故事的导航器中，有时会出现文本框中的内容过长，以致无法适应导航器默认的高度范围。此时，可以通过以下方法手动调整导航器文本框的长度与宽度：在导航器中选择一个文本框，拖动左右边框来调整长度，拖动下边框来调整宽度，或者选择一个角并沿对角线方向拖动调整文本框，如图 5-26 所示。

> 如果调整单个导航器文本框，则导航器中的所有其他文本框将自适应大小。

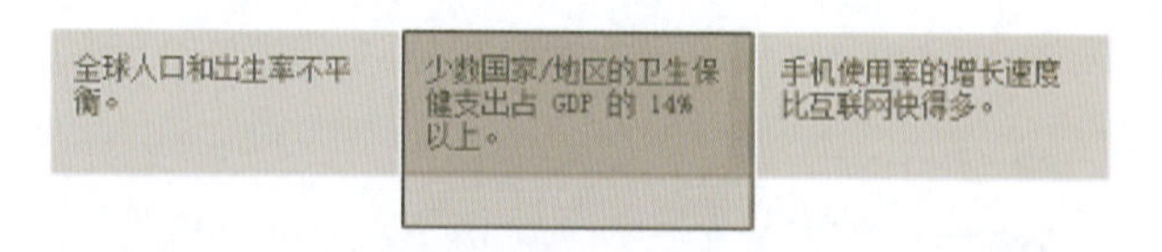

图 5-26

3. 设置故事的阴影、标题和文本对象的格式

单击顶部菜单栏中的“设置格式”-“故事”命令，则工作区左侧将显示“设置故事格式”窗格，

如图 5-27 所示。

- 如果要将故事重置为其默认格式设置，则单击“设置故事格式”窗格底部的“清除”按钮。
- 如果要清除单一格式设置，请在“设置故事格式”窗格中用鼠标右键单击（在 Windows 中）或按住 Control 键单击（在 macOS 中）要撤销的格式设置，然后选择“清除”命令。

例如，如果要清除故事标题的对齐格式，请在“标题”框内用鼠标右键单击“对齐”，然后选择“清除”命令，如图 5-28 所示。

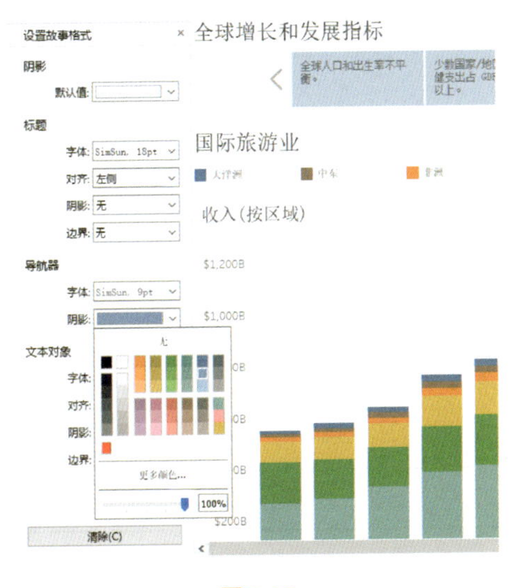

图 5-27

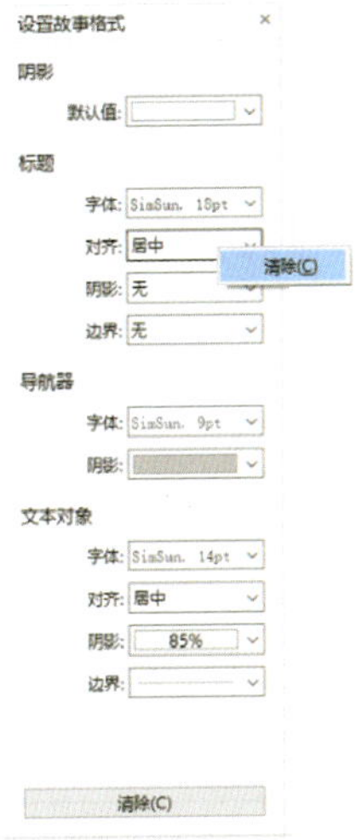

图 5-28

5.2.4　展示故事

展示故事的方式主要有以下两种：

- 在 Tableau Desktop 中完成故事的创建后，可单击工具栏中的“演示模式”按钮，视图将像 PPT 那样进行演示。
- 如果已将故事发布到 Tableau Server（或 Tableau Online）上，则可以单击浏览器右上角的“全屏”按钮进行查看。

如果要逐步浏览故事，请单击故事点导航器两侧的箭头，或按键盘上的方向键。如果要退出演示或全屏模式，请按键盘上的 ESC 键。

如果不再需要某个故事点，则可以将其删除。在故事点说明上方的工具栏中单击“×”图标即可，如图 5-29 所示。

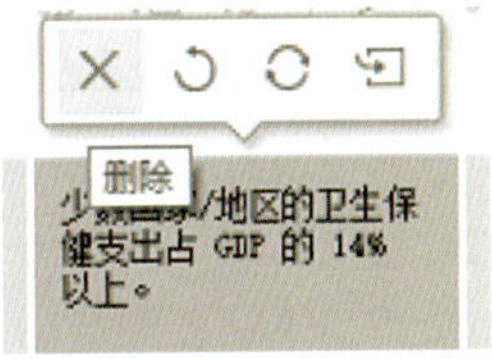

图 5-29

5.2.5 【实例 17】根据产品的销售情况建立一个故事

本节实例将根据产品的销售情况建立一个故事。

素材文件	\第 5 章\实例 17 素材 .twbx
结果文件	\第 5 章\实例 17.twbx

1. 创建一个故事工作表

打开素材文件，新建一个故事，则 Tableau 将自动创建一个新的故事点，并提示将工作表拖曳到新故事点的视图中。用鼠标右键单击“故事 1”选项卡，在弹出的菜单中选择“编辑标题”命令，然后以“年终总结会议”命名此故事。

2. 分析总体情况

为了让故事的分析主题一目了然，通常会将第 1 个故事点作为数据故事的总览页面，用来表达分析的概要内容——市场的整体销售情况。

（1）在“故事”窗格中，将“总体情况”仪表板拖曳至故事视图中，调整仪表板大小至适应合适尺寸。

（2）单击导航器中的标题文本框为此故事点添加标题描述，例如“市场总体情况良好，个别产品或地区销售情况较差”，如图 5-30 所示。

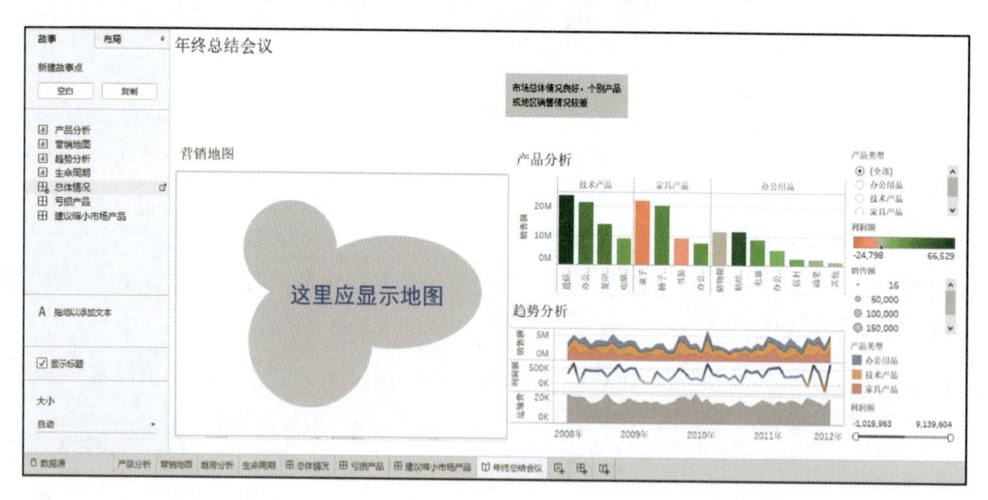

图 5-30

3. 下钻查询数据

就像一部好小说的情节需要向前发展一样，数据故事也是如此。在创建好第 1 个“概述”故事点后，接下来可以使用“下钻查询”功能循序渐进地讲述数据故事。

（1）单击“故事”窗格中的“空白”按钮新建第 2 个故事点，然后将“亏损产品”仪表板拖入第 2 个故事点的视图中。

（2）在产品分析柱形图中，按住 Ctrl 键选中桌子和书架两个产品的柱形，可以查看对应的销售趋势（实现的前提是：在“亏损产品”仪表板中产品分析工作表被用作筛选器）。

可以看到，这两类产品的销售情况都非常差，但是运输费比较高。所以，这很有可能是因为运输费较高所致的亏损。为方便洞察数据，可以将结论通过文本描述的方式添加到导航器的故事点标题框中，如图 5-31 所示。

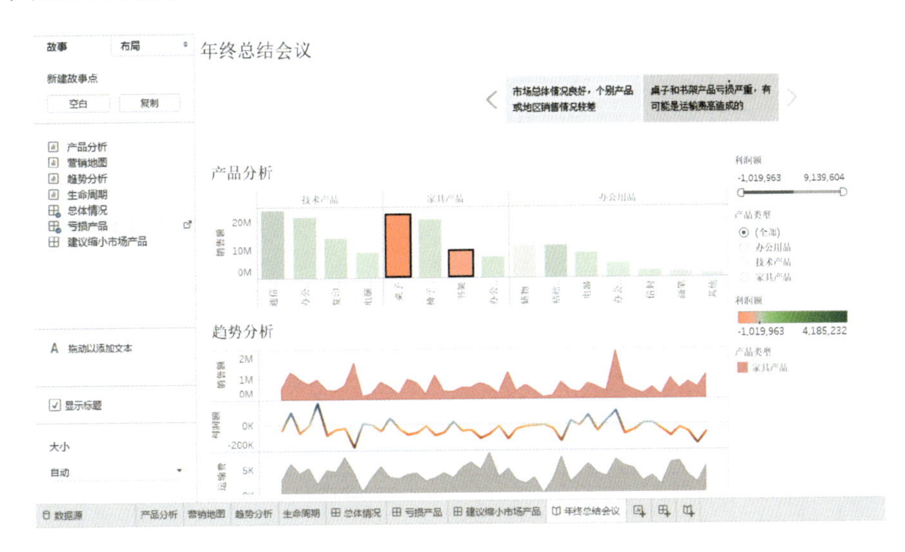

图 5-31

4. 解决突出问题

前面通过下钻可以发现，桌子和书架亏损较为严重，所以要对这两类产品重点分析，从而找到解决问题的措施。

（1）创建第 3 个空白故事点，并将“建议缩小市场产品”仪表板拖曳至第 3 个故事点视图上。

（2）对比分析桌子和书架两类产品的区域营销情况可以看到：书架的全国销售情况都比较差，且盈利处于严重亏损的状态。所以，可考虑暂时减少书架产品的市场投放，必要时还可以选择下架书架产品。

（3）此故事还缺一个标题描述，单击导航器上的标题文本框添加内容“尤其书架全国销售情况都不好，建议缩小市场或砍掉”，如图 5-32 所示。

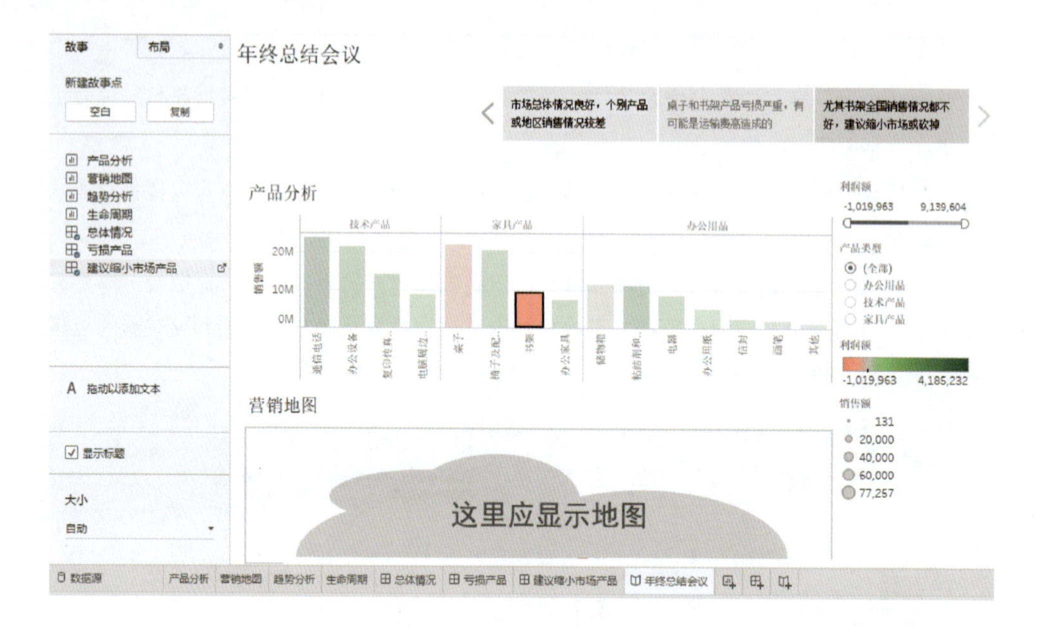

故事
布局
新建故事点
空白
复制
产品分析
营销地图
趋势分析
生命周期
总体情况
亏损产品
建议缩小市场产品
拖动以添加文本
显示标题
大小
自动
年终总结会议
市场总体情况良好，个别产品或地区销售情况较差
尤其书架全国销售情况都不好，建议缩小市场或砍掉
产品分析
营销地图
这里应显示地图
数据源
年终总结会议

图 5-32

第 6 章 保存工作簿及导出数据

本章将介绍工作簿的两种保存形式，以及如何在 Tableau Desktop 中导出数据文件或图形文件。

6.1 工作簿的两种保存格式

下面通过一个实例来学习如何保存工作簿。

（1）连接“示例 - 超市 .xls”数据源，新建一个工作表。将“数据”窗格中的度量“销售额”字段拖曳至“列”功能区中，将维度“类别”字段拖曳至“行”功能区中。一个简单的图表就创建完成了。

（2）对这个工作簿进行保存。单击菜单栏中的“文件”-“另存为”命令，弹出一个“另存为”对话框，下方有 .twb 和 .twbx 这两种文件格式可供选择。

在工作簿中通常包含一个或多个工作表，以及零个或多个仪表板和故事，所以这两种文件格式的工作簿也有所区别：

- 以 .twb 格式存储工作簿，必须固定其使用的数据源文件路径和名称，即：一旦数据源路径或名称发生变化，则再次在打开此文档时需要重新指定其数据源文件。换言之，如果在 .twb 文件中引用了背景图片文件，那要是更换了背景图片的存储路径或者修改其文件名，则在再次打开 .twb 文件时图片也会丢失。
- 以 .twbx 格式存储工作簿，会生成打包工作簿，即：在 .twbx 文件中会包含一个工作簿及工作簿中所有外部接入的数据文件和背景图像。这种格式最适用于与他人共享不能访问原始数据的情况。即：如果存储为 .twbx 格式，那即使数据源或背景图片的路径发生了更改，打开时仍可正常显示。

如图 6-1 所示，.twbx 文件的图标比 .twb 文件的图标多了一个打包带子的图案。

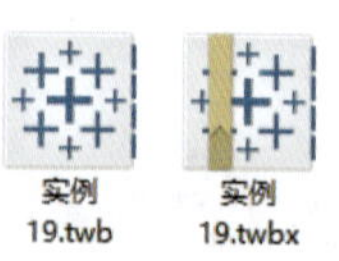

图 6-1

6.2 导出为数据文件

如果同事或用户需要查看 Tableau 工作簿数据的构成和明细情况，则可以在 Tableau 界面中导出图表的底层数据或聚合后的数据。

6.2.1 【实例 18】将底层数据源导出为 CSV 文件

这里使用 6.1 节的结果文件作为素材，通过两种方法导出数据。

方法一　通过“数据”菜单导出

（1）单击菜单栏中的“数据”-“订单 (示例 - 超市)”-“将数据导出到 csv”命令。

（2）在弹出的“导出数据”对话框中，选择保存的路径和文件名，然后单击“保存”按钮。这样在导出的 CSV 文件中包含“订单 (示例 - 超市)”数据源中的所有列和行。

方法二　通过“查看数据”按钮导出

用这种方法保存的数据也包含数据源中的所有行和列。具体步骤如下。

（1）单击“维度”窗格右侧的“查看数据”按钮，如图 6-2 所示。

（2）在弹出的窗口右上方单击“全部导出”按钮，如图 6-3 所示。

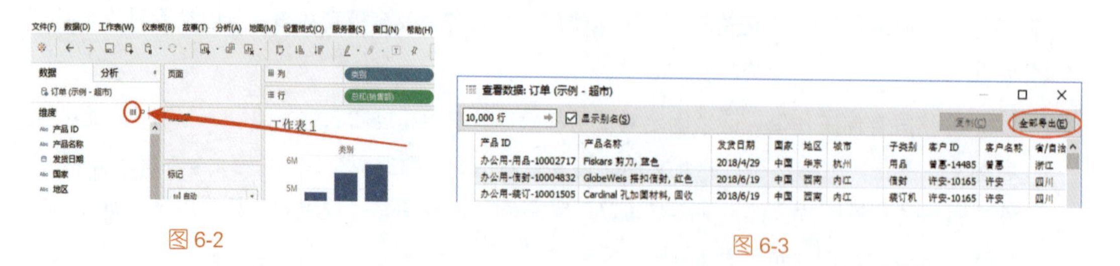

图 6-2　　图 6-3

（3）在弹出的“导出数据”对话框中，在选择好保存的路径和文件名后单击“保存”按钮。

6.2.2 【实例 19】导出当前图形的聚合数据

有时并不想给同事看底层的明细数据，只想给他们看当前图形中的聚合数据，该如何导出呢?

这里继续用 6.1 节的结果文件作为素材来进行介绍。

具体步骤如下。

（1）打开素材文件，在视图中选中“办公用品”和“技术”两个柱形，然后将光标悬停在其中一个柱形上，会出现一个提示框，单击其中的“查看数据”按钮，如图 6-4 所示。在弹出的窗口中显示了刚才所选中的“办公用品”和“技术”两个柱形所包含的聚合数据。

（2）单击右上方的“全部导出”按钮（如图 6-5 所示），在弹出的对话框中选择需要保存的路径和文件名，然后单击“保存”按钮。

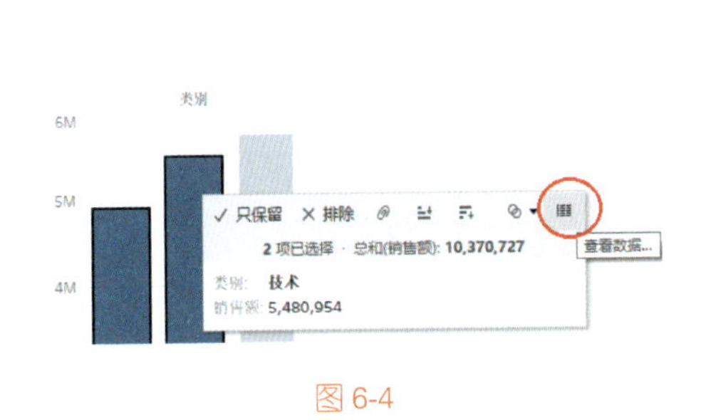

图 6-4

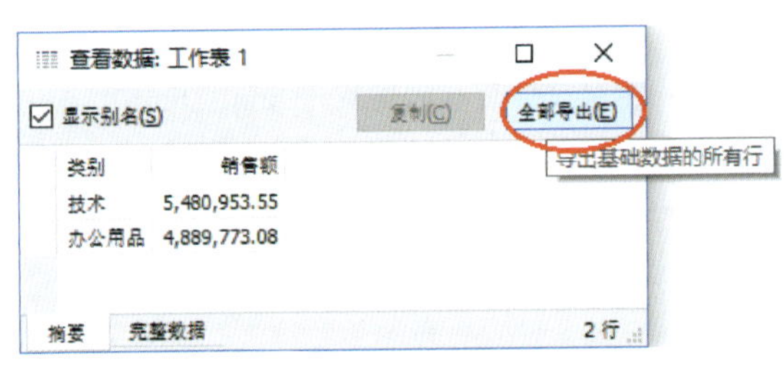

图 6-5

6.3 导出为图形

导出图形是指在完成数据分析后将图形导入至外部文档中。导出图形有以下两种方法。

方法一 复制到粘贴板

（1）用鼠标右键单击视图，在弹出的菜单中选择“复制”-“图像”命令，如图 6-6 所示。或者，单击菜单栏中的“工作表”-“复制”-“图像”命令。

（2）在弹出的对话框中勾选想要显示的信息，然后单击“复制”按钮，如图 6-7 所示。

（3）在 Word、Excel 等办公软件中粘贴刚才所复制的图片。

方法二 直接导出图像文件

（1）单击菜单栏中的“工作表”-“导出”-“图像”命令。

（2）在弹出的“导出图像”对话框中勾选必要的显示信息，然后单击“保存”按钮，如图 6-8 所示。

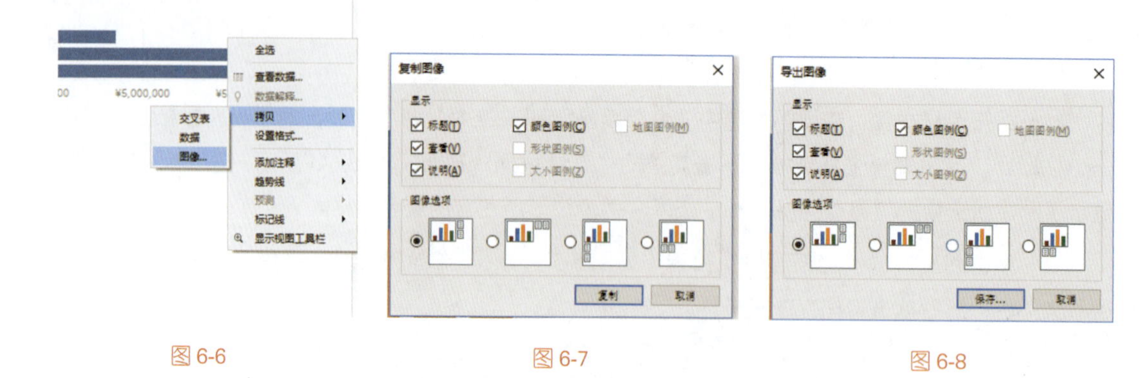

图 6-6　　　　图 6-7　　　　图 6-8

导出的图像文件有 4 种格式（.png、.bmp、.emf、.jpeg）可供选择。

6.4　导出为 PDF 文件

还可以将工作簿导出为 PDF 格式的文件。

具体步骤如下。

（1）打开 6.1 节导出的结果。

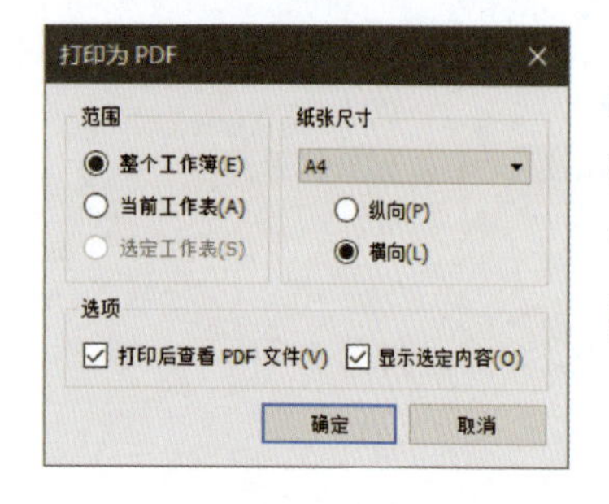

图 6-9

（2）单击菜单栏中的“文件”-“打印为 PDF”命令。在弹出的“打印为 PDF”对话框中，将范围选择为“整个工作簿”，纸张尺寸选择为“A4、横向”，勾选“打印后查看 PDF 文件”和“显示选定内容”复选框，然后单击“确定”按钮，如图 6-9 所示。

如果仪表板上的部分对象是选中状态，且希望在导出 PDF 时能保留选中状态，则需要勾选“显示选定内容”复选框。另外，故事的每一个故事点会被导出为单独的 PDF 页面。

进　　阶

第 7 章 数据源的进阶操作

7.1 整合数据

前面章已经介绍了连接 Excel 数据源的简单操作，本章将介绍如何运用数据连接和并集等方法，以及如何维护报表中的数据源（如了解查看数据、刷新数据及替换数据等操作）。

7.1.1 【实例 20】实现多表连接

在 Tableau 中，使用表连接整合数据会产生一个数据列横向扩展的表。

在做表连接时，连接字段必须具有相同的数据类型，且在表连接后不能更改此数据的类型，否则连接将中断。

关注公众号“dkmeco”，回复“图书资源”，即可下载本书配套的“素材文件”和“结果文件”。

素材文件	\第 7 章\实例 20.xlsx
结果文件	\第 7 章\实例 20.twbx

（1）连接素材文件“实例 20.xls”数据源。

（2）分别将“数据连接”界面左侧“工作表”列表中的“订单”和“销售人员”数据集拖曳至右侧的空白区域中，让两个表进行连接。

在连接时，取“订单”表中的“地区”字段和“销售额”字段，取“销售人员”表中“地区”字段和“地区经理”字段。

- “内连接”结果：在使用内连接合并表时，生成的表将包含两个表能匹配的所有值，如图 7-1 所示。
- “左连接”结果：在使用左连接合并表时，生成的表将包含左侧表中的所有值，以及右侧表中的对应匹配项。如果左侧表中的值在右侧表中没有对应匹配项，则以 Null 值的形式出现在数据网格中，如图 7-2 所示。

地区	销售额	地区 (销售...	销售经理
东北	1	东北	楚杰
中南	2	中南	范彩

图 7-1

地区	销售额	地区 (销售...	销售经理
东北	1	东北	楚杰
中南	2	中南	范彩
华北	3	null	null

图 7-2

- “右连接”结果：在使用右连接合并表时，生成的表将包含右侧表中的所有值，以及左侧表中的对应匹配项。如果右侧表中的值在左侧表中没有对应匹配项，则以 Null 值的形式出现在数据网格中，如图 7-3 所示。
- “完全外部连接”结果：在使用完全外部连接来合并表时，生成的表将包含两个表中的所有值。如果其中一个表中的值在另一个表中没有匹配项，则以 Null 值的形式出现在数据网格中，如图 7-4 所示。

地区	销售额	地区 (销售...	销售经理
东北	1	东北	楚杰
中南	2	中南	范彩
null	null	华东	洪光

图 7-3

地区	销售额	地区 (销售...	销售经理
东北	1	东北	楚杰
中南	2	中南	范彩
null	null	华东	洪光
华北	3	null	null

图 7-4

7.1.2 【实例 21】实现多表并集

在 Tableau 中，对于结构相同的数据源，可以通过并集的方式来合并数据，它会产生一个纵向

在使用某些数据库时，可能不支持完全外部连接，例如 MySQL 数据库。

扩展（即增加行）的表。如果需要在 Tableau Desktop 中合并数据，则待合并的数据表必须来自同一个数据源。

用并集合并的表必须具有相同的数据结构，即：每个表必须具有相同的字段数、可匹配的字段名称，以及相同的数据类型。

如果数据源支持并集，那么在成功连接数据源后，数据连接界面的左侧窗格会显示“新建并集”选项。下面将介绍两种实现多表并集的方法：手动合并表、使用通配符搜索合并表。

素材文件	\第 7 章\实例 21.xlsx
结果文件	\第 7 章\实例 21.twbx

方法一　手动合并表

在数据连接界面的左侧窗口中双击“新建并集”，弹出“并集”对话框，将左侧窗格中关于“订单”的 3 个数据表拖入对话框中，如图 7-5 所示。

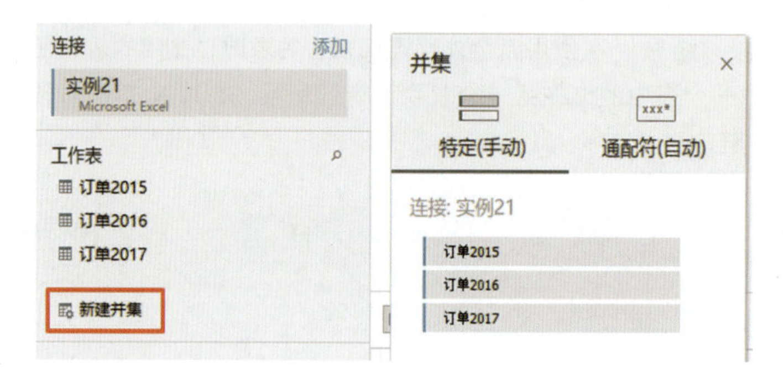

图 7-5

方法二　使用通配符搜索合并表

> 如果需要同时添加多个表至“并集”对话框，请按住 Shift 或 Ctrl 键选择需要合并的所有表，然后将它们拖曳至对话框的空白区域中。

（1）在“数据连接”界面中双击“新建并集”选项，在弹出的“并集”对话框中将并集方式切换至“通配符（自动）”，如图 7-6 所示。

（2）将工作表的匹配模式选择为“包括”，并输入搜索条件“订单 *”，单击“确定”按钮（如图 7-7 所示）。Tableau 将在特定搜索范围内自动检索及合并文件名中包含“订单”的 Excel 数据表，例如数据表文件名为“订单 2015”“订单 2016”和“订单 2017”这 3 个文件。

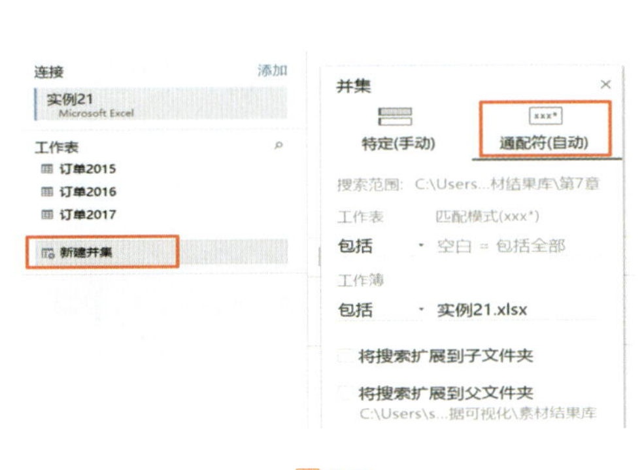

图 7-6

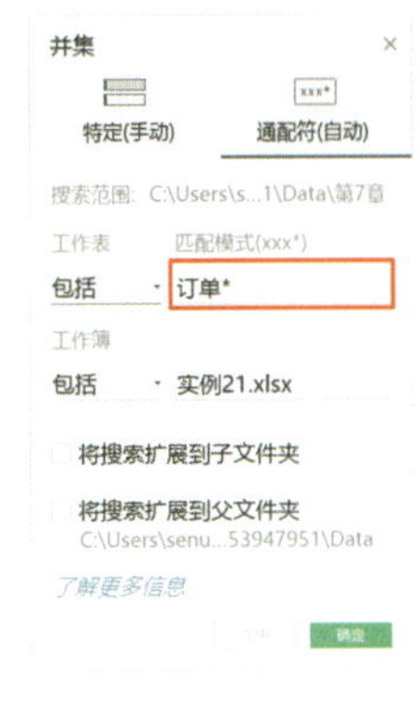

图 7-7

7.1.3 【实例 22】制作数据透视表

在 Tableau 中，分析以交叉表格式存储的数据有些困难。因此，在处理 Microsoft Excel、文本文件、Google Sheets 和 .pdf 等数据源时，可对数据进行透视，将数据从交叉表格式转为二维表格式。

素材文件	\第 7 章 \ 实例 22.xlsx
结果文件	\第 7 章 \ 实例 22.twbx

如图 7-8 所示，“类别”“子类别”“年份”与“销售额”这 4 个字段数据交叉显示在行与列中，这种数据结构不利于 Tableau 展开可视化分析。此时可以采取数据透视的方式，将这 4 个交叉的字段转为独列的字段。

排序字段　数据源顺序

类别	子类别	2015年销售额	2016年销售额	2017年销售额	2018年销售额
办公用品	标签	18,936.54	21,199.36	24,156.02	33,290.18
办公用品	美术	33,075.78	51,256.69	46,541.12	66,481.27
办公用品	器具	449,744.76	406,792.51	569,641.97	739,251.46
办公用品	收纳具	217,250.18	223,217.96	323,380.82	402,171.14
办公用品	系固件	20,045.48	27,030.95	36,229.03	45,936.27
办公用品	信封	53,863.18	61,554.78	70,941.92	101,906.42
办公用品	用品	48,466.63	65,852.25	67,865.11	106,634.39
办公用品	纸张	53,092.90	53,113.20	73,667.02	84,487.90
办公用品	装订机	62,936.55	57,943.45	76,510.36	95,307.52
技术	电话	332,960.60	361,811.21	480,308.19	626,976.56

图 7-8

具体操作步骤如下。

（1）在“数据概要”视图中，选中这 4 列销售额数据（按住 Shift 或 Ctrl 键多选），然后单击列名称旁边的下拉箭头。

（2）在弹出的下拉菜单中选择“转置”命令，如图 7-9 所示。Tableau 将生成“转置字段名称”和“转置字段值”这两个新列，如图 7-10 所示。

（3）分别双击这两个字段名进行重命名，新列将替换在创建数据透视表时选择的原始列。

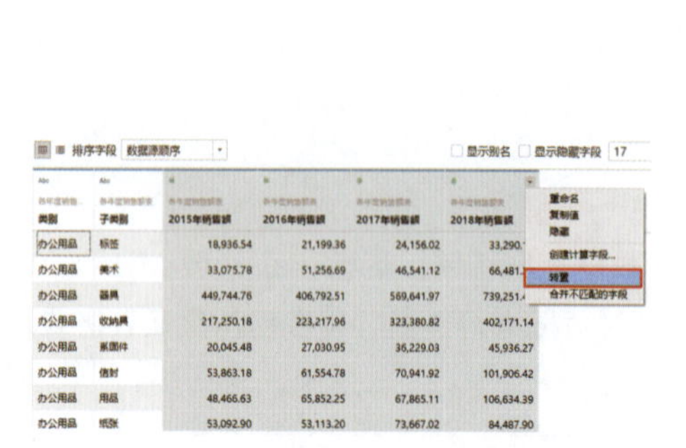

图 7-9

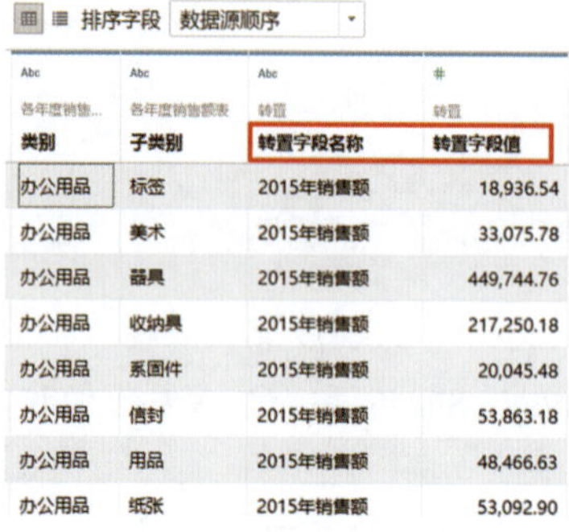

图 7-10

7.1.4 【实例 23】使用自定义的 SQL 语句进行查询

在连接大部分数据库后，可以用 Tableau 中的自定义 SQL 功能查询数据。通过自定义的 SQL 语句（如跨表合并数据、重新转换字段等），可以实现跨数据库连接、重构或缩小数据大小，从而提高数据的分析性能。

素材文件	无
结果文件	\第 7 章\实例 23.twbx

假定，Tableau 已成功连接 MySQL 数据库，现在需要将“test”数据库中的表“订单 2015”和“订单 2016”进行合并，具体操作步骤如下。

（1）双击数据源连接界面左侧窗格中的“新自定义 SQL”选项，如图 7-11 所示。

（2）在弹出的“编辑自定义 SQL”对话框中，输入如下 SQL 语句，单击“确定”按钮，如图 7-12 所示。

```
select * from order2019
union all
select * from order2020
```

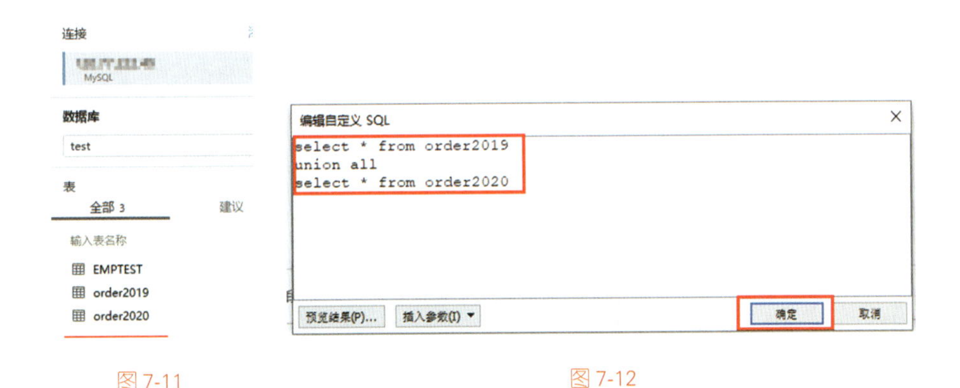

图 7-11　　　　图 7-12

（3）查询结果如图 7-13 所示，可以看到两个表已合并成功。

行 ID	订单 ID	订单日期	发货日期	邮寄方式	客户 ID	客户名称	细分	城市	省/自治区
11	CN-2015-419...	42360	42362	二级	谢雯-21700	谢雯	小型企业	榆林	陕西
44	CN-2015-293...	42141	42146	二级	唐婉-21385	唐婉	小型企业	南昌	江西
45	CN-2015-293...	42141	42146	二级	唐婉-21385	唐婉	小型企业	南昌	江西
61	CN-2015-323...	42240	42243	二级	袁保-10405	袁保	公司	阳江	广东
63	CN-2015-449...	42025	42027	一级	谭君-15265	谭君	公司	曲阜	山东
64	CN-2015-449...	42025	42027	一级	谭君-15265	谭君	公司	曲阜	山东
66	US-2015-376...	42357	42362	标准级	陶武-21880	陶武	公司	孝感	湖北
67	US-2015-116...	42308	42309	当日	陶聪-11725	陶聪	消费者	浏阳	湖南
68	US-2015-116...	42308	42309	当日	陶聪-11725	陶聪	消费者	浏阳	湖南

图 7-13

7.1.5 【实例 24】数据融合

在 Tableau 中，数据融合（也被称为“数据混合”）可以将来自多个不同数据源的数据合并到一个视图中。在数据混合过程中，需要指定一个主数据源和至少一个辅助数据源，还需要定义两个数据源之间的一个或多个连接字段，以便进行多个数据源的匹配与合并。

“主数据源”和“辅助数据源”是 Tableau 用来形容数据关系的名词。一般将在工作表中首先使用的数据源称为“主数据源”，将后使用的数据源称为“辅助数据源”。

已进行数据混合的可视化视图，仅显示与主数据源成功匹配的辅助数据源列，它类似于连接中的左连接。

素材文件	\第 7 章\实例 24.xlsx
结果文件	\第 7 章\实例 24.twbx

下面通过实例详细认识这一概念。

（1）在 Tableau 中连接素材文件“实例 24.xlsx”，然后分别将“客户信息表”和“订单表”添加至“数据”窗格的数据源列表中，如图 7-14 所示。

假设“客户信息表”为主数据源，“订单表”为辅助数据源，连接字段为“客户 ID”和“客户 id”。通过数据融合，“客户信息表”中的所有数据将被保留，而“订单表”中的数据将补充进主表。

（2）将“客户信息表”中的维度“客户 ID”和“客户名称”字段分别拖曳至“行”功能区中，如图 7-15 所示。

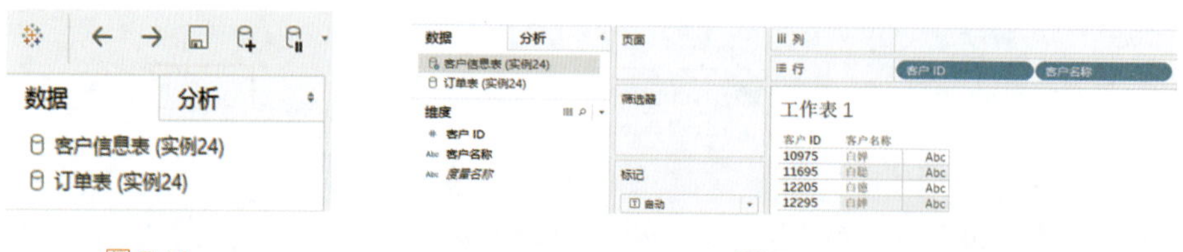

图 7-14

图 7-15

（3）单击菜单栏中的“数据”-“编辑混合关系”命令（如图 7-16 所示），在弹出的对话框中选中“自定义”单选按钮，在弹出的对话框中选中“客户 ID”和“客户 id”，单击“确定”按钮，如图 7-17 所示。这样就定义了两个数据源之间的关系。

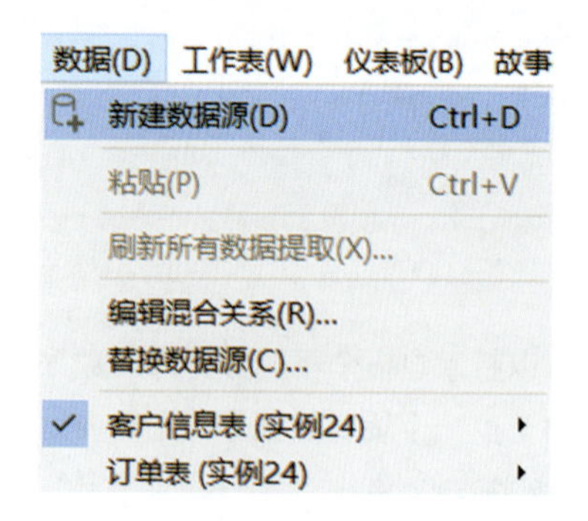

图 7-16

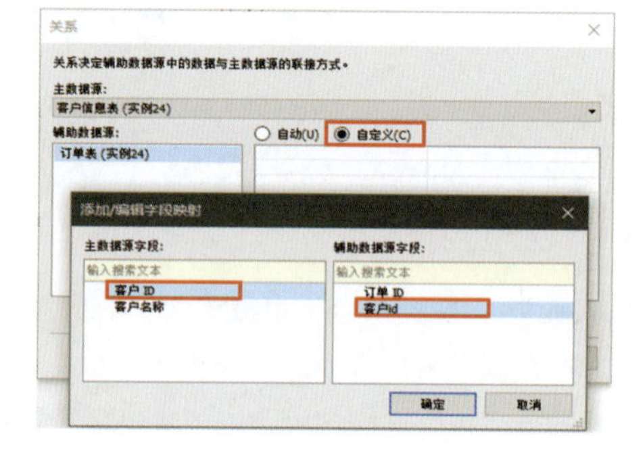

图 7-17

（4）返回“数据”窗格，单击选中“订单表”数据源，如果在维度“客户 id”字段旁边有红色的连接图标（如图 7-18 所示），则表明此字段是两个数据源的连接字段。

当两个数据源中存在名称相同的字段时，Tableau 默认该字段可作为连接字段，并在该字段后显示灰色的连接图标，单击该图标便可将该字段作为两个数据的连接字段。

（5）将“订单 ID”字段从辅助数据源“订单表”中拖曳至“行”功能区中，如图 7-19 所示。

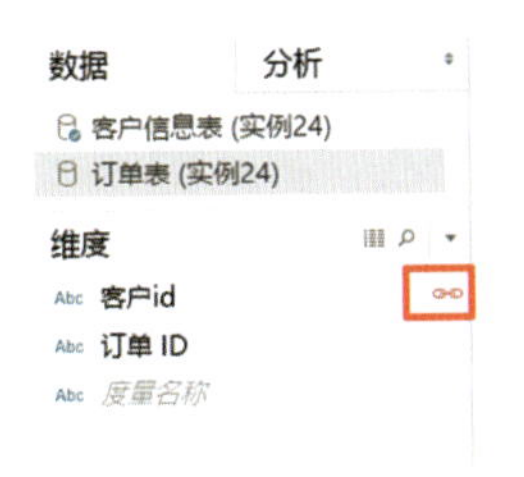

图 7-18

行：客户 ID　客户名称　订单 ID

工作表 1

客户 ID	客户名称	订单 ID	
10975	白婵	CN-2015-4150128	Abc
11695	白聪	*	Abc
12205	白德	Null	Abc
12295	白婵	US-2017-4026974	Abc

图 7-19

观察发现，在数据融合生成的表中并未包含两个数据源的所有值：因为“客户信息表”中的行在“订单表”中没有匹配的项，所以客户 ID（12205）的订单 ID 为“Null”；因为“客户信息表”中的行在“订单表”中有多个匹配项，所以客户 ID（11695）的订单 ID 为“*”。

（6）将度量“销售额”字段从“订单表”中拖曳至“标记”卡的“文本”上，效果如图 7-20 所示。

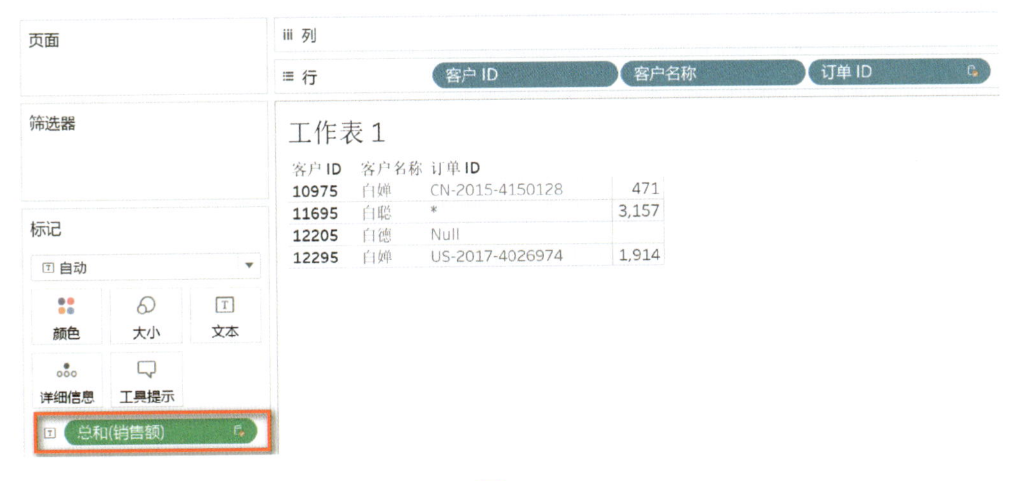

客户 ID	客户名称	订单 ID	
10975	白婵	CN-2015-4150128	471
11695	白聪	*	3,157
12205	白德	Null	
12295	白婵	US-2017-4026974	1,914

图 7-20

观察发现，在视图中同样能看到“Null”值和“*”号，但视图中有一行数据缺少销售额值，这是因为：“客户信息表”中的行在“订单表”中没有匹配的项，所以客户 ID（12205）的销售额为空白；“客户信息表”中的行在“订单表”中有多个匹配的项，所以客户 ID（11695）的“订单 ID”为“*”，销售额值为“订单表”中所有该“客户 ID”销售额的总和。

7.2 维护数据源

7.2.1 查看数据

通过“查看数据”命令，不仅可以查看用于分析的基础数据、特定标记下所有行的值，还可以基于视图中的聚合来显示数据摘要，以校验数据分析的准确性。下面通过两个案例来熟悉“查看数据”命令。

案例一：查看特定标记值或聚合数据摘要

（1）利用“示例 - 超市 .xls”中的维度“类别”/“子类别”字段和度量“销售额”字段手动创建一个条形图，效果如图 7-21 所示。

（2）用鼠标右键单击条形图中的“器具”柱子，在弹出的菜单中选择“查看数据”命令（或在选中柱子后单击菜单栏中的“分析”-“查看数据”命令），即可查看其聚合的数据摘要。

“摘要”即汇总数据，显示为文本表，包含视图中所显示字段的聚合数据。

“完整数据”即明细数据，显示为文本表。在“查看数据”窗口的右下角可看到基础数据中的行数，如图 7-22 所示。

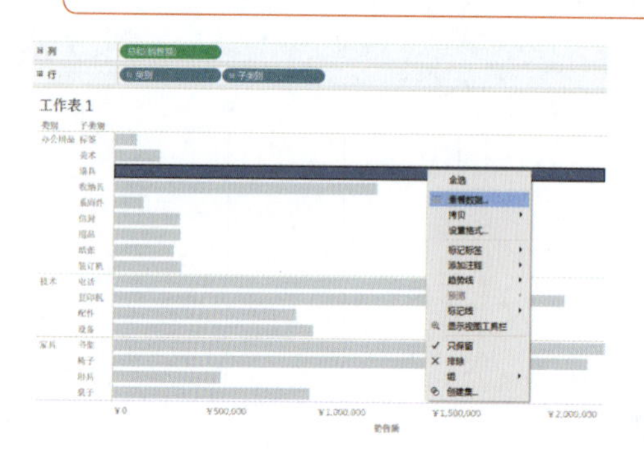

图 7-21

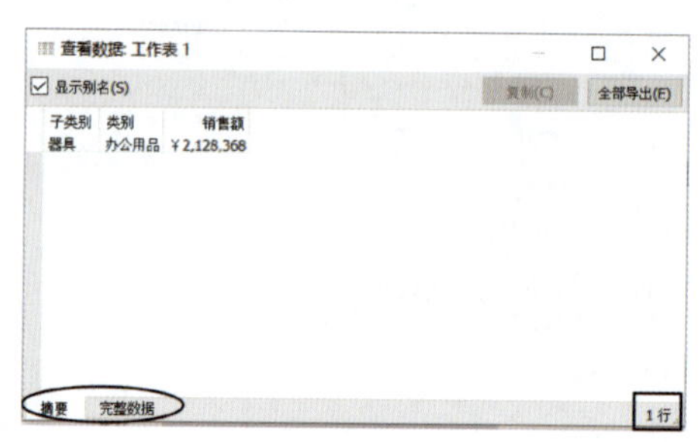

图 7-22

案例二：查看基础数据源并导出数据文件

单击“数据”窗格中的“查看数据”图标，在弹出的窗口中将显示数据源中的所有行数据，单击“全部导出”按钮将生成 CSV 格式的文件，以便做进一步的检验分析，如图 7-23 所示。

选择菜单栏中的“数据”-“订单（示例 - 超市）”-“查看数据”命令，也可以查看基础数据源。

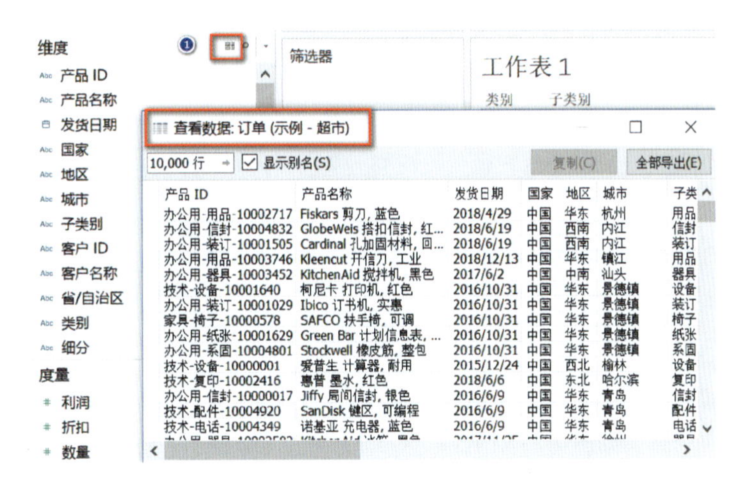

图 7-23

7.2.2 刷新数据

如果已连接的数据源发生了变化，在 Tableau Desktop 中有两处可以对数据进行刷新：

- 在数据源连接界面中，选择菜单栏中的“数据”-“刷新数据源”命令。
- 在工作表界面，在菜单栏的“数据”中选择该数据源，然后选择“刷新”命令。

7.2.3 替换数据

如果原始数据源发生了变化，则需要通过替换或编辑数据去更新工作簿和工作表所用的数据源。下面将介绍替换数据的步骤。

在替换数据时，新数据源和原始数据源需要具有相同的字段（例如：计算字段、参数、集等），否则需要手动复制并粘贴字段到新数据源中。

具体步骤如下。

（1）打开连接到原始数据源的工作簿，在菜单栏中选择“数据”-“新建数据源”命令，将新数据源添加至工作簿中。

（2）选择原始数据源，并创建简单的图表（视图中至少有一个字段，“替换数据源”选项才可用）。

（3）选择菜单栏中的“数据”-“替换数据源”命令，在弹出的“替换数据源”对话框中选择需要的“当前”数据源与“替换为”数据源，然后单击“确定”按钮，如图 7-24 所示。

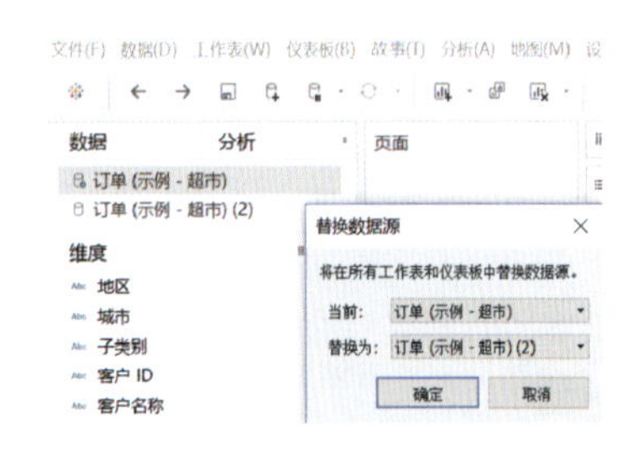

7-24

在成功替换数据后，Tableau 将移除新数据源中不存在的字段、计算字段、组和集；但如果在视图中使用了该字段，则该字段会在数据窗格中被标记为无效。

7.2.4 编辑数据

如果所使用的数据源名称或位置已发生改变，则无法访问之前的连接信息，这时需要更改数据源的位置。

具体步骤如下。

（1）在数据源连接界面菜单栏中选择“数据”-“示例 - 超市”-“编辑连接”命令，如图 7-25 所示。

（2）在“编辑连接”对话框中导航到新数据源位置。

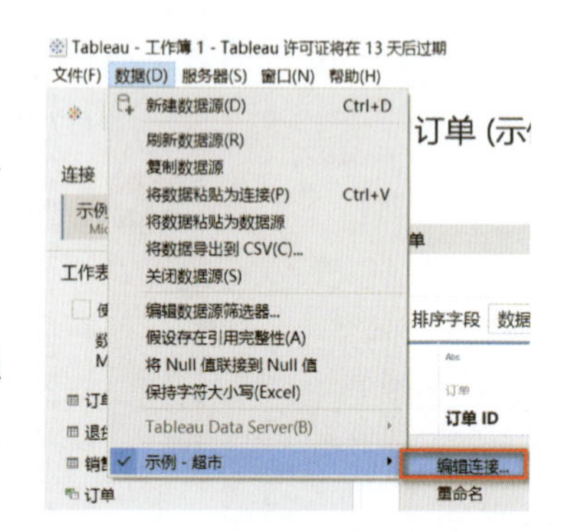

7-25

7.2.5 删除数据

如果要删除当前工作簿中多余的数据源，则可以采用“关闭数据源”这种方式。

有两种关闭数据源的方法：

- 在菜单栏的“数据”中选择数据源，然后选择“关闭”命令，如图 7-26 所示。
- 用鼠标右键单击“数据”窗格中的数据源，在弹出的菜单中选择“关闭”命令，如图 7-27 所示。

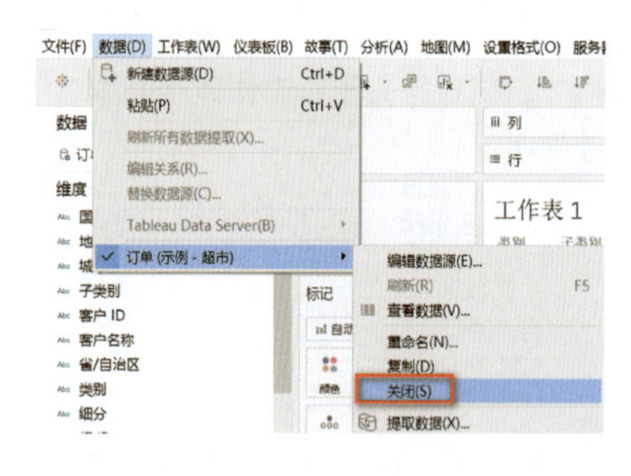

图 7-26

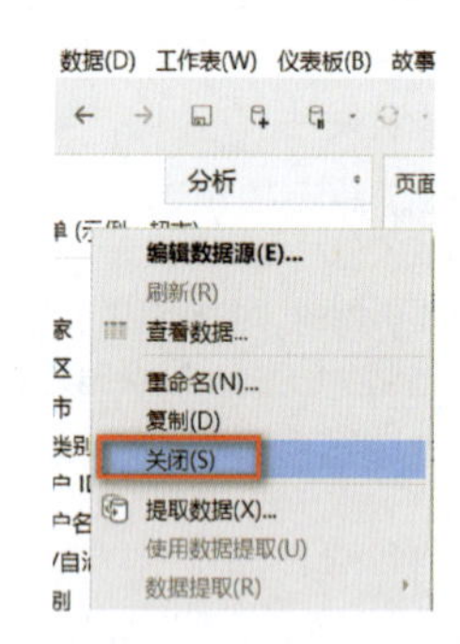

图 7-27

在清除或关闭数据源后，与该数据源关联的工作表也会被清除。

第 8 章 数据的进阶操作

本章将深入介绍数据的进阶操作，包括：分层结构、计算字段、组、集、参数、双轴、分析功能、操作功能等。

8.1 分层结构

在数据分析和探索过程中，使用“分层结构”可以实现对数据的下钻或上钻，以便在视图中快速进行切换以查看数据的不同颗粒度。在 Tableau 中，用户可以依据数据逻辑快速创建分层结构。

8.1.1 使用 Tableau 内置的日期分层结构

Tableau 会自动为日期数据生成分层结构，如日期维度中的“年”“季度”“月”“日”等。下面使用“示例 - 超市 .xls”中的“订单日期”字段演示分层结构的应用场景。具体步骤如下。

（1）将度量中的“销售额”字段和维度中的“订单日期”字段分别拖曳至“行”和“列”功能区中，Tableau 将自动创建一个折线图，如图 8-1 所示。可以看到，在“列”功能区的“年（订单日期）”胶囊前有一个“+”号。

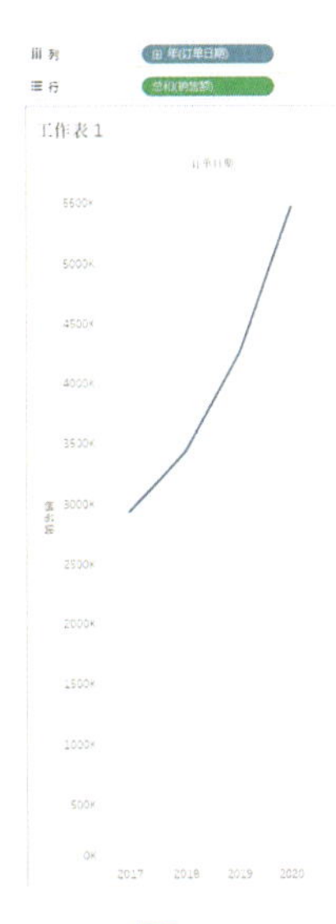

图 8-1

如果将日期类字段添加到视图中，则 Tableau 默认以数据源中最大的时间颗粒度来呈现数据。例如，“年”的颗粒度比“月”的颗粒度要大。

（2）单击这个“+”号，则视图将下钻到当前粒度“年”的下一级（即“季度”），如图 8-2 所示。

下钻的效果是展开更详细一级的粒度；上钻的效果是收起到当前“-”号所在的粒度。

对“年（订单日期）”胶囊进行下钻，可以看到：

- 其右侧将新增一个“季度（订单日期）”胶囊；
- 在“年（订单日期）”胶囊前出现了一个“-”号，而在“季度（订单日期）”胶囊前是“+”号。

这说明：对视图中“季度（订单日期）”可以继续下钻，也可以上钻到“年（订单日期）”。

（3）如果不想在视图中展示分层结构中某一层级的数据，只需要在视图中通过拖曳（或按键盘上的 Delete 键）移除掉该层级的胶囊。例如，只想在视图中展示“年”与“月”的销售额，则可以移除“季度（订单日期）”胶囊，如图 8-3 所示。

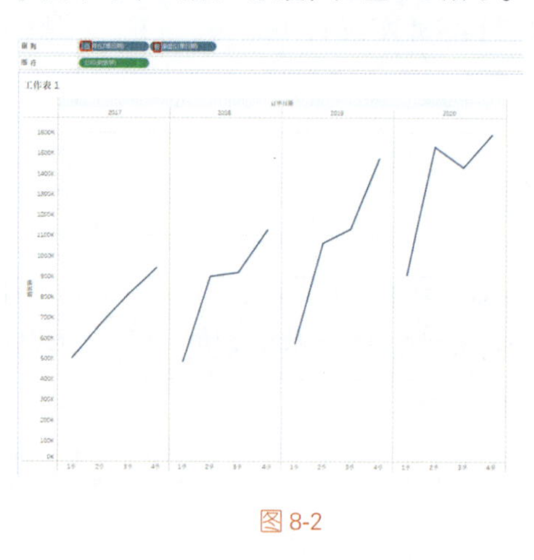

图 8-2

图 8-3

8.1.2 创建分层结构

除 Tableau Desktop 默认的日期分层结构外，用户还可以对一些包含上下逻辑关系的字段创建分层结构。比如，使用“示例 - 超市 .xls”中的“类别”“子类别”和“产品名称”这 3 个字段存在的层级关系，可以创建一个关于产品分类的分层结构。有以下两种方法。

方法一

（1）在“数据”窗格的维度中，将“子类别”字段拖曳至“类别”字段的上方（“类别”是第 1 层级，“子类别”是第 2 层级），如图 8-4 所示。

（2）在弹出的“创建分层结构”对话框中键入分层结构的名称。

（3）将“产品名称”字段拖曳至此分层结构的最下层，如图 8-5 所示。

（4）正确的顺序如图 8-6 所示，确认该分层结构的层次是否正确。如果有误，则可以在分层结构内通过手动拖曳来调整层次顺序。

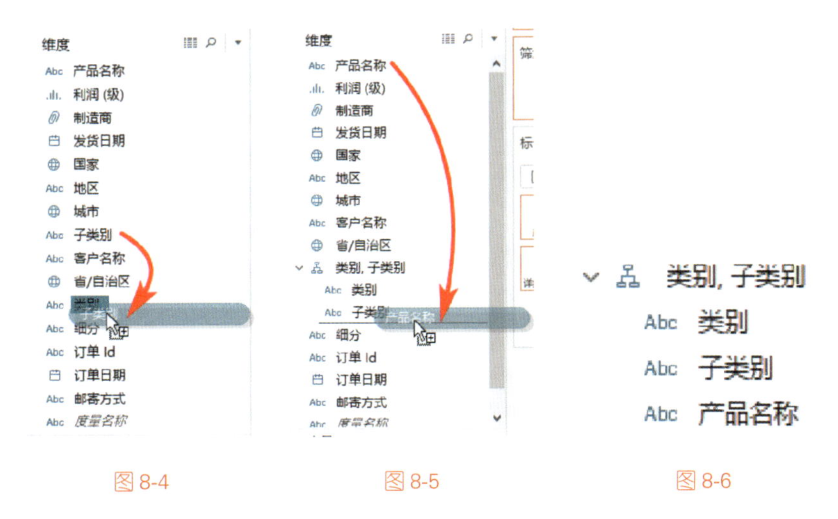

图 8-4　　图 8-5　　图 8-6

方法二

（1）在“数据”窗格中，按住 Ctrl 键用光标选中所有需要创建分层的字段，单击鼠标右键，在弹出的菜单中选择“分层结构”-“创建分层结构”命令，如图 8-7 所示。

（2）弹出“创建分层结构”对话框，根据提示键入分层结构的名称。

使用此方法创建的分层结构的层级顺序是存在问题的，如图 8-8 所示，这时可以通过手动拖曳来进行调整。

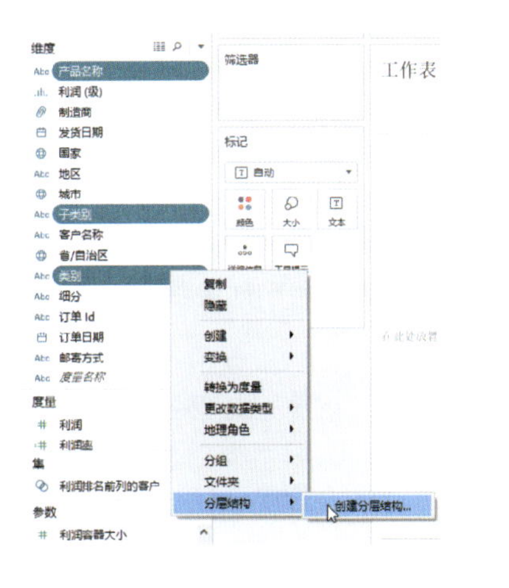

图 8-7

产品名称, 子类别, 类别
Abc 产品名称
Abc 子类别
Abc 类别

图 8-8

8.1.3 【实例 25】用分层结构实现数据的下钻和上钻

关注公众号“dkmeco”，回复“图书资源”，即可下载本书配套的“素材文件”和“结果文件”。

素材文件	\第 8 章\示例 - 超市 .xls
结果文件	\第 8 章\实例 25.twbx

（1）按照 8.1.2 节中的方法创建“产品类别”分层结构。

（2）将“数据”窗格中的度量“销售额”字段拖放至“行”功能区中，将“产品类别”分层结构内的“类别”字段拖放至“列”功能区中，在条形图中会展现各个类别的销售额情况。

（3）单击“列”功能区的“类别”胶囊前的“+”号，视图将下钻到产品的“子类别”层级；单击“类别”胶囊前的减号，将上钻到“类别”层级，以查看产品类别的销售情况，如图 8-9 所示。

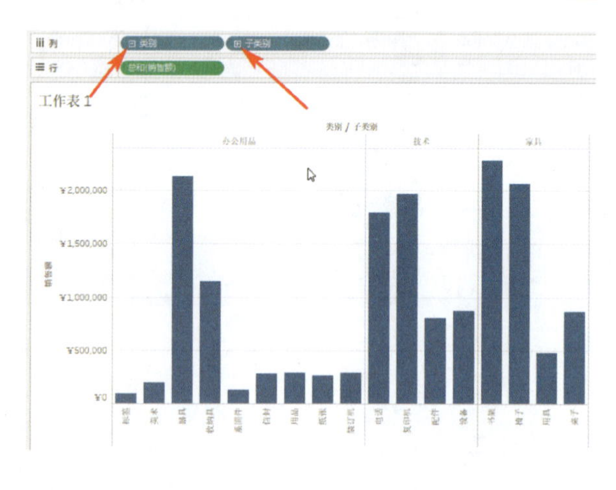

图 8-9

8.2 计算字段

1. 为什么使用计算字段

在使用 Tableau 的过程中，如果数据中未包含回答问题所需的信息（如成本、利润率），则可以通过创建计算字段来深化可视化分析和数据探索，例如：将数据分段，转换字段的数据类型，（例如将字符串转换为日期），聚合数据，筛选结果，计算比率，集成如 R 之类的外部服务……

可以利用数据源中已存在的数据来创建计算字段。创建计算字段是指：在数据源中创建一个新的字段，这个新的计算字段将被保存在 Tableau 的数据源中，可用于创建更强大的可视化项。但无须担心，原始数据不会发生变化。

和数据源本身自带的字段胶囊一样，创建的计算字段也可以被拖曳至视图中的任意部分用于可视化分析。

2. 计算字段的类型

Tableau 中的计算字段主要有 3 种类型。

- 基本计算：用于实现在数据源详细信息级别（行级别计算）或可视化项详细信息级别（聚合计算）值的转换。
- 详细级别（LOD）计算：与基本计算类似，用于在数据源级别和可视化项级别计算值。但是，LOD 计算可以更好地控制计算的粒度级别。就可视化项粒度而言，LOD 计算可以在较高粒度级别（include）、较低粒度级别（exclude）或完全独立级别（fixed）执行。
- 表计算：表计算仅可在可视化项详细信息级别实现值的转换。

下面将通过实例对上述 3 种计算类型做具体介绍。

8.2.1 【实例 26】创建简单的计算字段

在 Tableau 中创建计算字段主要通过以下几种方法：

- 选择菜单栏的“分析”-“创建计算字段”命令。
- 单击“数据”窗格区域右上方的三角图标，在弹出的菜单中选择“创建计算字段”命令。
- 双击行列功能区的空白区域，手动输入函数。
- 用鼠标右键单击“数据”窗格中的任意空白区域，在弹出的菜单中选择“创建计算字段”命令。

以下实例使用的是第 2 种方法。

素材文件	\第 8 章\示例 - 超市 .xls
结果文件	\第 8 章\实例 26.twbx

（1）单击“数据”窗格区域右上方的三角图标，在弹出的菜单中单击“创建计算字段”命令。

（2）在弹出的对话框中填写此计算字段的名称“成本”，然后在下方的空白区域中键入计算字段的内容：[销售额] – [利润]。

如果计算字段的语法没有错误，则会在对话框的最下面一行显示“计算有效”，如图 8-10 所示。单击“确定”按钮即可生成一个新的字段（成本）。

图 8-10

计算字段的公式、语法等是非常灵活多变的。对于刚接触 Tableau 的读者来说，可以借助计算字段对话框右侧的公式索引来查找和学习公式及其语法（单击书写框右侧的三角图标可展开或收起索引界面）。

此外，在公式输入框中可以使用“//”开头来书写注释内容。

8.2.2 表计算

表计算是特殊的一种计算字段类型。它将基于当前可视化视图中的内容进行二次计算，并且不考虑从可视化项中筛选出来的任何度量或维度。

表计算用于可视化项中值的转换，包括：将值转换为排名，将值转换为累计值（汇总），将值转换为总额百分比等。

1. 寻址和分区

在学习表计算时，必须理解“分区”和“寻址”概念。

在添加表计算时，必须使用视图中的所有维度进行分区（划定范围）或寻址（定向）。

- 什么是“分区”？用于定义计算分组方式（执行表计算所针对的数据范围）的维度，被称为“分区字段”。系统在每个分区内单独执行表计算。
- 什么是“寻址”？执行表计算所针对的其他维度被称为“寻址字段”，它用于确定计算的方向。

“分区字段”会将视图拆分成多个子视图（或子表），然后将表计算应用于每个子视图内。计算移动的方向由“寻址字段”来决定，因此，在选择以“特定维度”作为表计算的计算依据时，可以通过改变维度的顺序来调整计算移动的方向。如图 8-11 所示，通过调整订单中年和月的顺序，分别得到了销售额的年同比和月环比数据。

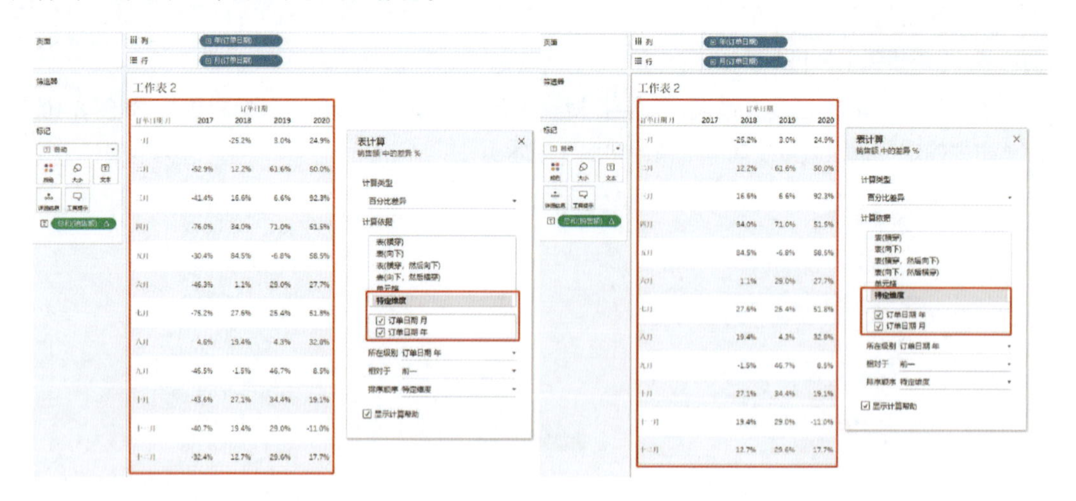

图 8-11

2. 计算依据的作用

在使用“计算依据”选项添加表计算时，Tableau 会根据用户的选择自动将某些维度作为寻址维度，将其他维度作为分区维度。但是，在使用特定维度时，则由用户来决定哪些维度用于寻址、哪些维度用于分区。

下面以如图 8-12 所示的视图为基础介绍各类计算依据的用法。

图 8-12

- 表（横穿）：以整个表为基准横向进行运算，如图 8-13 所示。
- 表（向下）：以整个表为基准向下进行运算，如图 8-14 所示。
- 表（横穿，然后向下）：以整个表为基准，先横向进行运算，然后逐行向下进行运算，如图 8-15 所示。

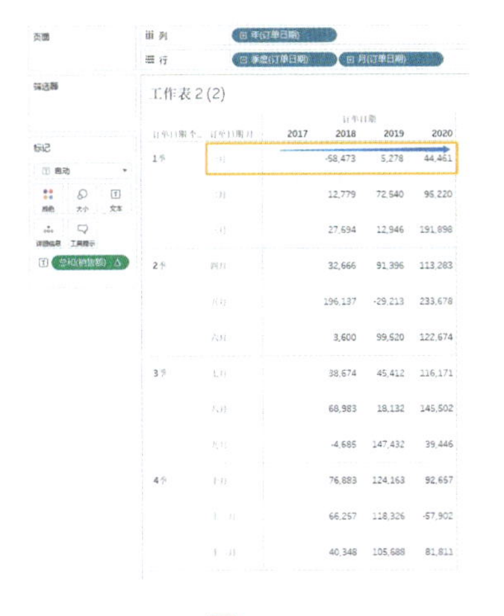

图 8-13

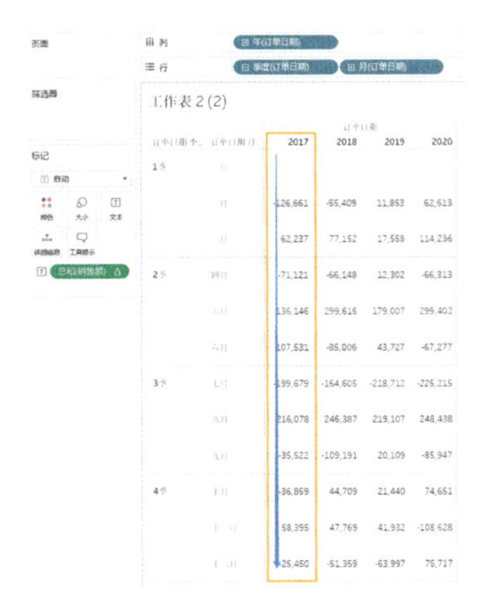

图 8-14

- 表（向下，然后横穿）：以整个表为基准，先向下进行运算，然后逐列向右进行运算，如图 8-16 所示。
- 区（向下）：在一个分区中，向下进行运算，如图 8-17 所示。
- 区（横穿，然后向下）：在一个分区中，先横向进行运算，然后向下逐行进行运算，如图 8-18 所示。
- 区（向下，然后横穿）：在一个分区中，先向下进行运算，然后逐列向右进行运算，如图 8-19 所示。
- 单元格：在单个单元格内进行运算，如图 8-20 所示。

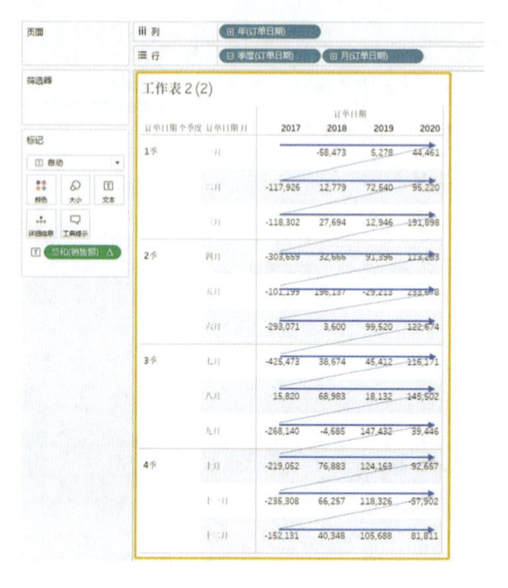

图 8-15

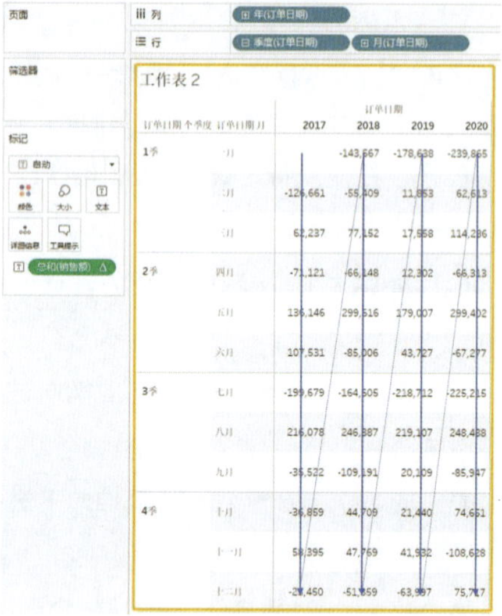

图 8-16

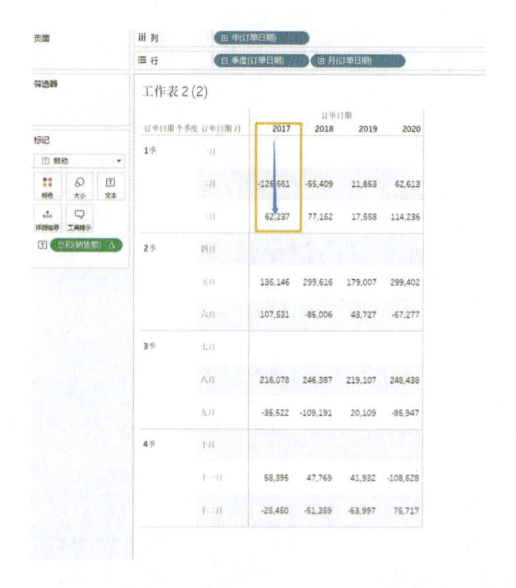

图 8-17

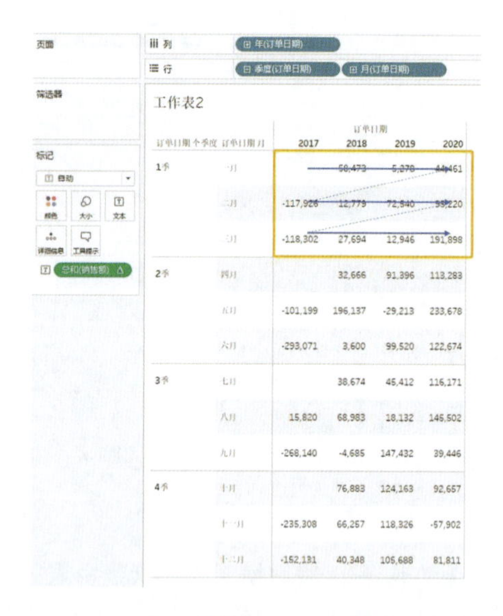

图 8-18

- 特定维度：仅在指定的维度内运算。例如在图 8-21 中，“订单日期 月”和“订单日期 个季度”为寻址字段（因为它们已被选定），而“订单日期 年”为分区字段（因为该字段未被选定）。因此，在每一个“订单日期 年”中，计算将按“订单日期 个季度”和“订单日期 月”进行。

注意，如果选择了所有维度，则整个表都在范围中。

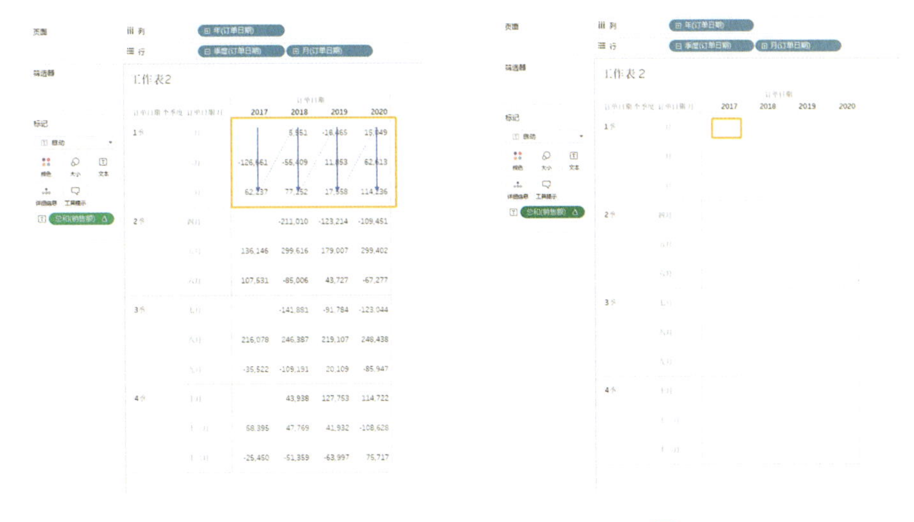

图 8-19　　　　　　　　　　　　图 8-20

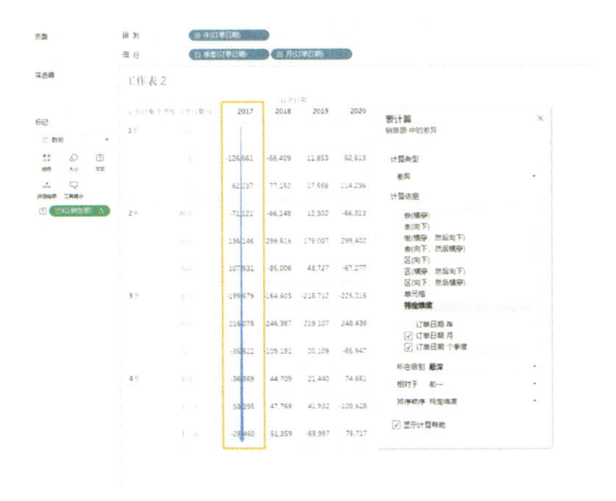

图 8-21

只有在“表计算”对话框中选择了“特定维度”，并且在紧接着的“计算依据”选项下面的字段中选择了多个维度（即仅当将多个维度被定义为寻址字段时），“所在级别”选项才可用。

在使用“计算依据”定义表计算时，“所在级别”选项不可用，因为使用这些计算依据是按位置建立分区的。但是对于“特定维度”，因为其可视结构和表计算不一定匹配，所以可以使用“所在级别”选项来微调计算。

8.2.3 【实例 27】用表计算来实现同比和环比分析

本实例将介绍如何通过表计算实现销售额的月同比和月环比分析。下面用两种方法来实现。

素材文件	\第 8 章\示例 - 超市 .xls
结果文件	\第 8 章\实例 27.twbx

方法一　使用“连续”类型的时间

（1）创建视图。

将“数据”窗格中的“销售额”字段和“订单日期”字段分别拖曳至“行”和“列”功能区中，用鼠标右键单击“列”功能区中的“年(订单日期)”胶囊，将时间维度修改为连续的“月”，效果如图 8-22 所示。

图 8-22

（2）计算环比值。

按住 Ctrl 键，用鼠标左键拖曳“行”功能区中的“总和(销售额)”胶囊，以复制一个相同的胶囊（用于后面比较同比和环比的计算结果）。用鼠标右键单击此胶囊，在弹出的菜单中选择“快速表计算”-“百分比差异”命令，如图 8-23 所示。

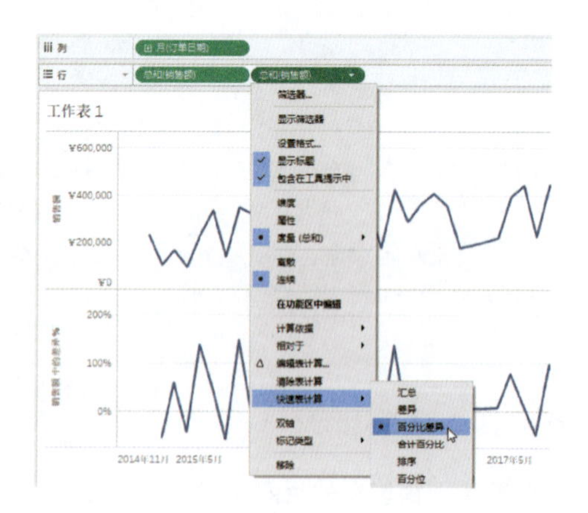

图 8-23

如此创建的表计算，其计算依据默认是“表横穿”，此计算结果为销售额的月环比值。

（3）计算同比值。

按住 Ctrl 键用鼠标左键拖曳复制出一个“总和 (销售额)”胶囊，并将其放入“行”功能区中。用鼠标右键单击此胶囊，在弹出的菜单中选择“快速表计算”-“百分比差异”命令，此计算结果和刚才创建的销售额的月环比值是一样的。

“同比”是用当前时间点的值与上一期当前时间点的值进行比较。上一期的当前月和目前的月应该在目前的视图中相差了 12 个标记，所以需要修改这个公式以计算销售额的月同比值：双击在“行”功能区中的胶囊，修改其计算公式，需要将这两处的“-1”（表示基于当前行往前偏移一行，表示上个月）更改为“-12”（表示基于当前行往前偏移 12 行，这里表示去年同期），如图 8-24 所示。

```
(ZN(SUM([ 销售额 ])) - LOOKUP(ZN(SUM([ 销售额 ])), -12)) / ABS(LOOKUP(ZN(SUM([ 销售额 ])), -12)
```

图 8-24

修改后按 Enter 键，得到销售额的月同比值，如图 8-25 所示。

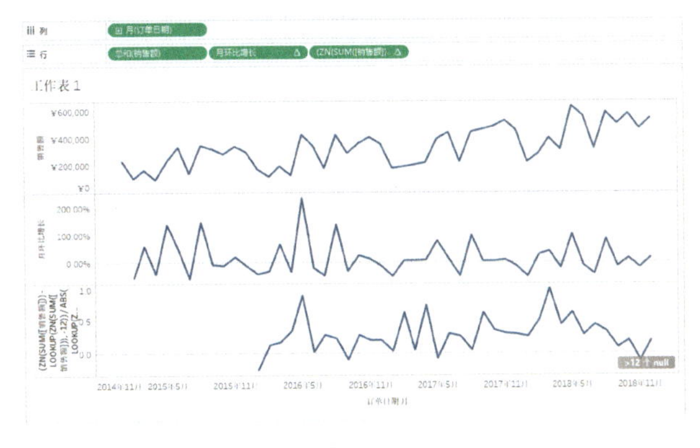

图 8-25

方法二　使用“离散”类型的时间

（1）创建视图。

将“数据”窗格中的“销售额”和“订单日期”字段分别拖放至“行”和“列”功能区中。将“列”功能区中的“年（订单日期）”胶囊下钻到“月（订单日期）”，移除“季度（订单日期）”胶囊。

（2）计算同比值。

按住 Ctrl 键，复制“行”功能区中的“总和（销售额）”胶囊。用鼠标右键单击新复制的胶囊，在弹出的菜单中选择“快速表计算”-“年度同比增长”命令。

（3）计算环比值。

按住 Ctrl 键，用鼠标左键拖曳复制第（2）步中的销售额同比值胶囊，将其拖曳至“行”功能区中。用鼠标右键单击刚复制的胶囊，在弹出的菜单中选择“编辑表计算”命令，弹出的对话框中将“所在级别”改成“订单日期 月”，如图 8-26 所示。

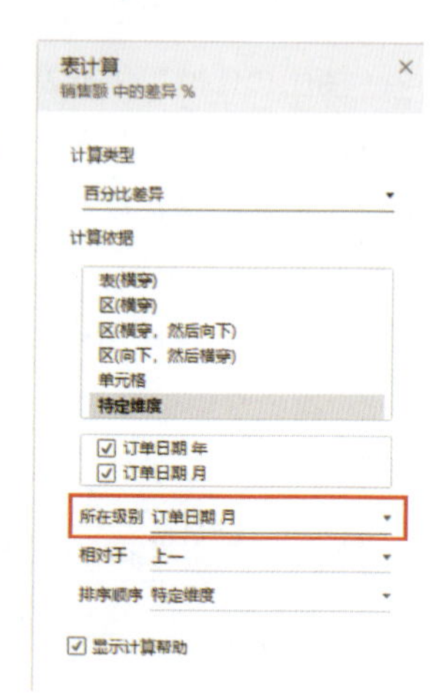

图 8-26

这样便得到了使用“离散”时间的销售额的同比和环比结果，如图 8-27 所示。

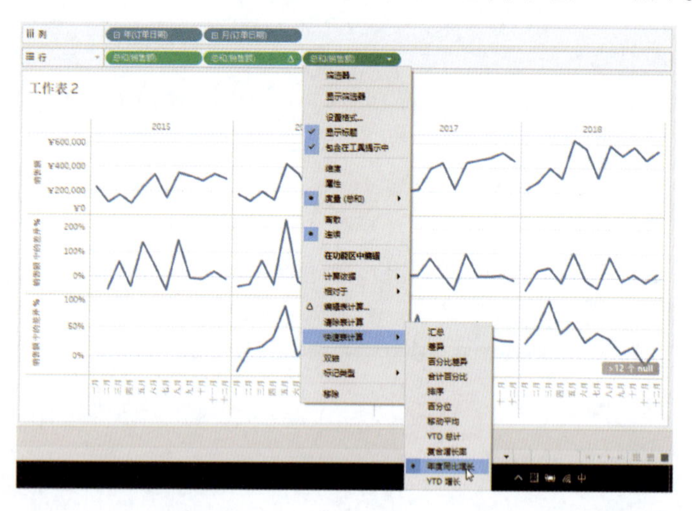

图 8-27

8.2.4　详细级别表达式（LOD 表达式）

详细级别表达式，也被称为 LOD 表达式。它允许用户在数据源级别和可视化项级别计算值，还可以让用户更好地控制计算的粒度级别，从而实现在“较高粒度级别（INCLUDE）”“较低粒度级别（EXCLUDE）”或“完全独立级别（FIXED）”执行计算。

1. 什么是视图的详细级别

要理解详细级别表达式，首先需要了解什么是视图的详细级别。

任何 Tableau 可视化项都有一个由视图中的维度来确定的虚拟表。此表与数据源中的表不同。具体来说，虚拟表由“详细信息级别”内的维度来决定，如图 8-28 所示。如果把维度和集字段添加到红框位置，则会改变详细信息级别。

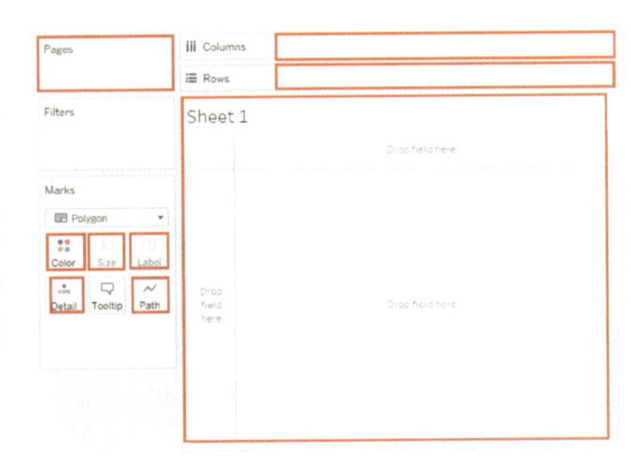

图 8-28

2.LOD 表达式语法

LOD 表达式的类型有 3 种，分别是 INCLUDE() 函数、EXCLUDE() 函数和 FIXED() 函数。

LOD 表达式的结构如下：

```
{[FIXED | INCLUDE | EXCLUDE] < 维度声明 > : < 聚合表达式 >}
```

（1）INCLUDE() 函数。

除视图中的维度外，INCLUDE() 函数详细级别表达式可以使用指定的维度来计算值。如果要在数据库中以较低粒度级别来计算，然后重新聚合并在视图中以较高粒度级别显示，则可以使用 INCLUDE() 函数详细级别表达式。在视图中添加或移除维度时，基于 INCLUDE() 函数详细级别表达式的字段也随之变化。

下面来看一个 INCLUDE() 函数表达式的应用示例。

① 图 8-29 所示视图展现了各个地区的平均销售额。但如果要计算每个地区的客户的平均销售额（即在区域中，先得到各个客户的总销售额，然后求平均值），则需要用到 INCLUDE() 函数。

② 双击“行”功能区中的空白处，新建一个计算胶囊。键入以下内容：

```
AVG({INCLUDE [ 客户名称 ]:SUM([ 销售额 ])})
```

此公式用于创建比可视化粒度更高的计算（将未添加到视图的“客户名称”信息应用到销售额平均值的计算中），{INCLUDE [客户名称]:SUM([销售额])} 计算得到的是各个客户的总销售额，然后使用 AVG() 函数求其平均值。由此便得到各个客户的销售额平均值，结果如图 8-30 所示。

（2）EXCLUDE() 函数。

EXCLUDE 函数详细级别表达式用于从视图中忽略声明的维度。EXCLUDE() 函数详细级别表达式对“占总计百分比”或“与总体平均值的差异”方案非常有用，因为这些计算的分母是一个排除了某个维度的总值，所以可以运用 EXCLUDE() 函数。

EXCLUDE() 函数详细级别表达式无法在行级别表达式（其中没有要忽略的维度）中使用，但可用于修改视图级别计算或中间的任何内容（即可以使用 ECXCLUED() 函数详细级别表达式从其他详细级别表达式中移除维度）。

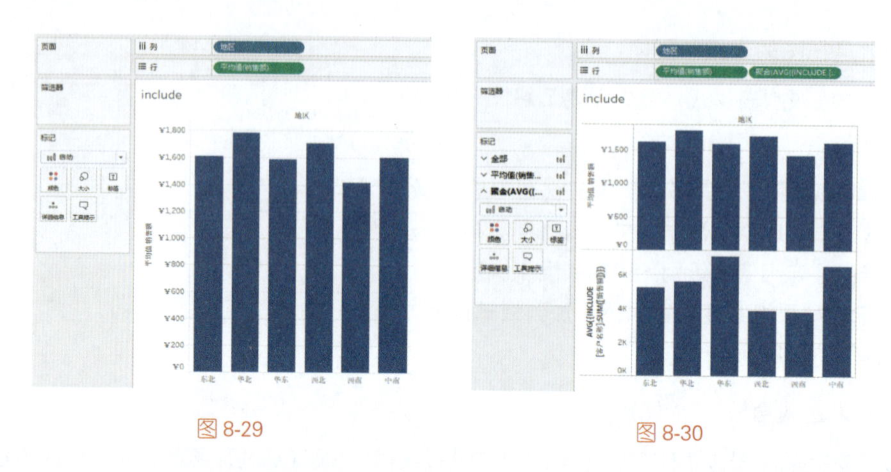

图 8-29　　　　图 8-30

下面来看一个 EXCLUDE() 函数表达式的应用示例。

① 图 8-31 展示了各地区的年销售额情况。将“销售额”字段拖放至“标记”卡的“颜色”上，可以看到条形图颜色的深浅表示销售额的大小，“销售额”的颜色受“地区”和“订单日期”字段影响（即每个条形图的颜色均不同）。如果希望颜色只受“订单日期”影响（即保证每一行的条形图颜色都一致），则可以使用 EXCLUDE() 函数表达式排除“地区”字段的影响。

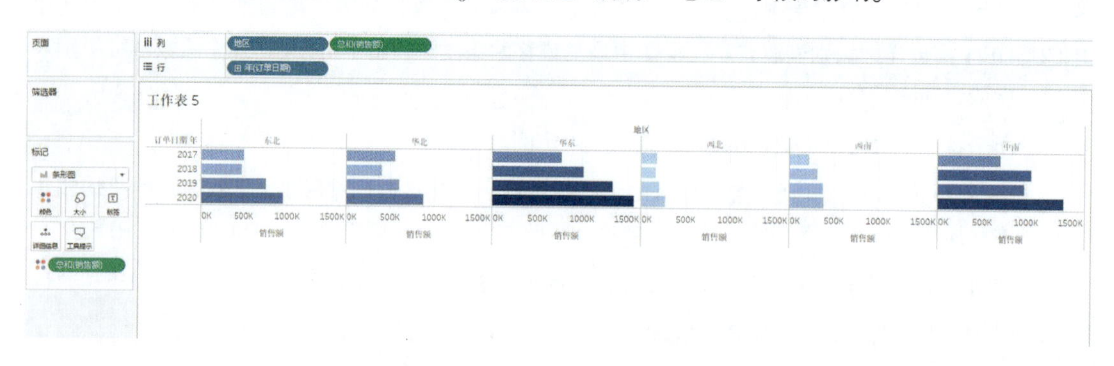

图 8-31

② 双击“颜色”标记卡区域中的胶囊，编辑计算公式，键入以下内容：

```
{EXCLUDE [ 地区 ]:sum([ 销售额 ])}
```

此公式用来排除视图中“地区”维度的影响，结果如图 8-32 所示。

（3）FIXED() 函数。

FIXED() 函数详细级别表达式使用指定的维度计算值，而不引用视图中的维度。

下面来看一个 FIXED() 函数表达式的应用示例。

图 8-32

若定义客户第一次下单的时间（即最早的订单时间）为注册时间，现在希望展示客户的新增情况，则需要用到 FIXED() 函数表达式。

① 创建一个计算字段，将其命名为“注册时间”，在“创建计算字段”对话框中键入以下内容：

```
{ FIXED [ 客户名称 ]:MIN([ 订单日期 ])}
```

此公式用于计算每一个客户的第一次下单时间。

② 将“数据”窗格中的“客户名称”字段拖放至“行”功能区中，用鼠标右键单击“行”的“客户名称”胶囊，在弹出的菜单中选择“度量”-“计数（不同）”命令；再将刚创建的“注册时间”拖曳至“列”功能区中，便得到历年新增客户数量，如图 8-33 所示。

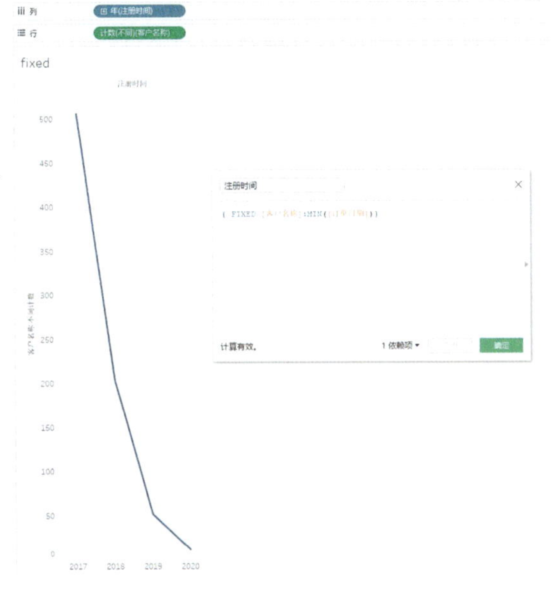

图 8-33

（4）表范围。

详细级别表达式除上述三种函数外，还可以在不使用任何维度声明的情况下在表级别定义详细级别表达式。

例如，以下表达式将返回整个表的最小（最早）订单日期：

```
{MIN([Order Date])}
```

这相当于以下没有维度声明的 FIXED() 函数表达式：

```
{FIXED : MIN([Order Date])}
```

8.2.5 【实例 28】同期群分析

同期群分析（cohort analysis）是一种常用的分析方法。如果要按照第一次购买的年份对客户进行分组，以比较每年总订单数中各同期群的贡献率，则可以对客户做同期群分析。

素材文件	\第 8 章\示例 - 超市 .xls
结果文件	\第 8 章\实例 28.twbx

具体步骤如下。

1. 创建计算字段

（1）创建“注册时间”计算字段，在对话框中键入“{FIXED [客户名称]:MIN([订单日期])}”，如图 8-34 所示。

（2）创建“客户总数”计算字段，在对话框中键入“COUNTD([客户名称])”，如图 8-35 所示。

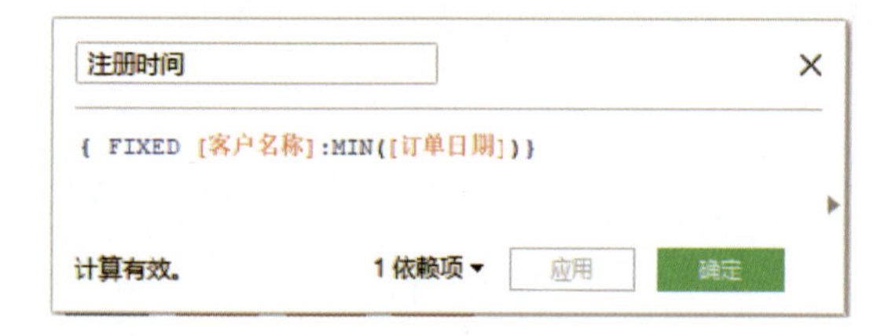

图 8-34

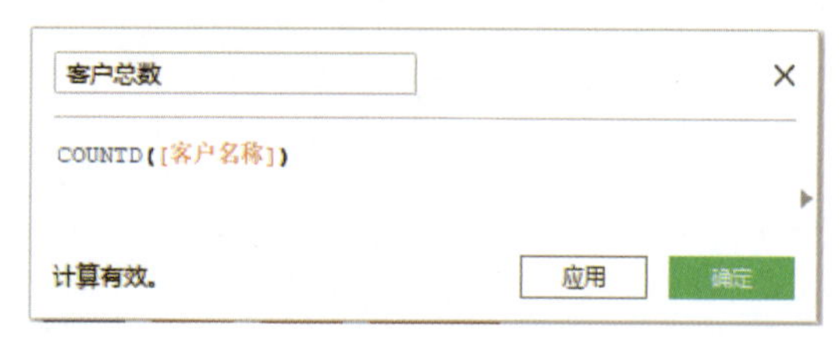

图 8-35

2. 创建视图

（1）将“数据”窗格中的“客户总数”字段和“订单日期”字段分别拖放至“行”和“列”功能区中，将“标记”卡中的标记类型更改为“条形图”。

（2）将前面创建的“注册时间”字段拖曳至“标记”卡的“颜色”上。

（3）将前面创建的“客户总数”字段拖曳至“标记”卡的“标签”上，然后用鼠标右键单击它，在弹出的菜单中选择"快速表计算"-"合计百分比"命令，并将计算依据修改为"表（向下）"。

这样便得到每年总订单数中各同期群的贡献率，如图 8-36 所示。

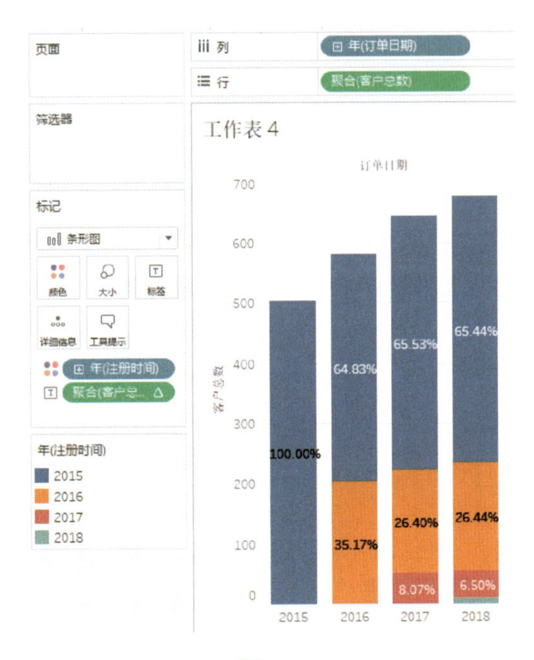

图 8-36

8.2.6 【实例 29】筛选器和详细级别表达式

LOD 表达式用来控制筛选器对计算结果的影响。在 Tableau 中有几种不同种类的筛选器，它们将按图 8-37 中的顺序从上至下执行（右侧的文本显示了在此序列中的何处执行详细级别表达式）。

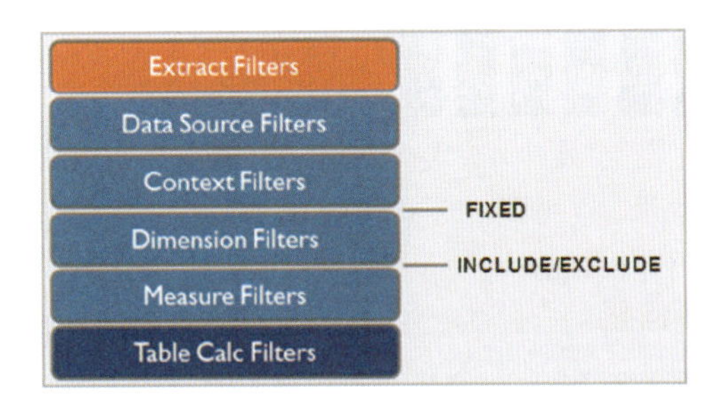

图 8-37

FIXED() 函数的计算优先级高于维度筛选器；INCLUDE() 和 EXCLUDE() 函数的计算优先级低于维度筛选器，高于度量筛选器。下面来看一个 FIXED() 函数的应用示例。

素材文件	\第 8 章\示例 - 超市 .xls
结果文件	\第 8 章\实例 29.twbx

具体步骤如下。

1. 创建视图

（1）将“数据”窗格中的“销售额”和“地区”字段分别拖放至“行”和“列”功能区中。

（2）用鼠标右键单击“行”功能区中的“总和（销售额）”，在弹出的菜单中选择“快速表计算”-“合计百分比”命令，然后按住 Ctrl 键拖动（复制）此计算至“标记”卡的“标签”上。

（3）在“数据”窗格中用鼠标右键单击“地区”字段，在弹出的菜单中选择“显示筛选器”命令，这样便完成了全国销售额贡献率的分析，如图 8-38 所示。

2. 使用筛选器发现问题

在使用筛选器时，如果更改了筛选器中的筛选条件，则各地区的贡献率均发生变化。以“华北”地区为例，在全选筛选器时，销售额贡献率为 15.23%；若取消勾选“东北”，则贡献率变成了 18.28%，如图 8-39 所示。这不是我们期望看到的。

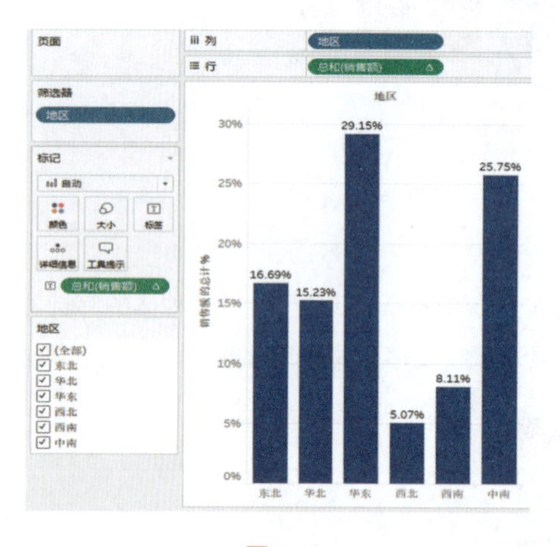

图 8-38

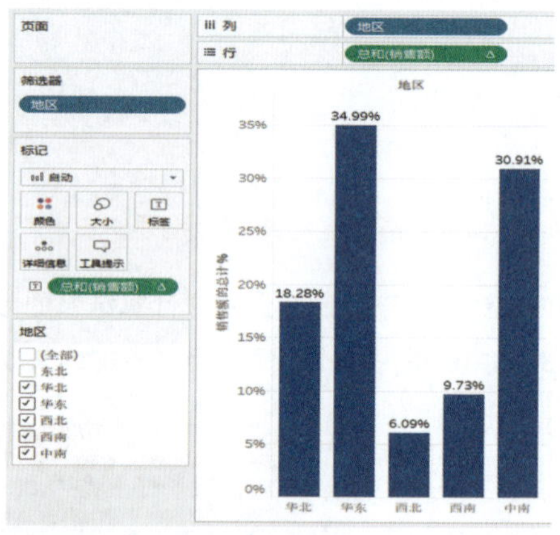

图 8-39

3. 用 FIXED() 函数解决问题

（1）创建计算字段“全国贡献率”，在弹出的对话框中键入以下内容，如图 8-40 所示。

```
SUM([ 销售额 ])/MIN({ FIXED :SUM([ 销售额 ])})
```

如果在 FIXED() 函数中没有声明维度，则是对全表中的维度进行固定。用此公式可以固定住分母的值，它将不会随筛选器变动。

（2）将此计算字段拖曳至“行”功能区中，并在“标记”卡中将“全国贡献率”图中的“标签”字段替换为“全国贡献率”。结果如图 8-41 所示。

图 8-40

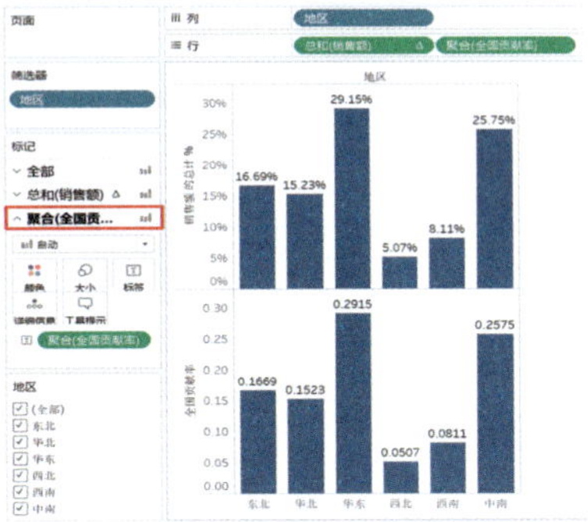

图 8-41

8.3　组的应用

“组（group）”是维度成员或度量离散值的组合。通过创建“组”，可以将一些分类不合理的维度值进行合并，或按照度量值的范围进行分类。

8.3.1　创建组

创建组有两种方法：① 在“数据”窗格中创建组；② 在视图中直接对维度成员创建组。下面以“示例 - 超市 .xls”数据为例，介绍如何用这两种方法创建组，即将“子类别”字段中的“标签”“信封”和“纸张”这 3 个值合并为单个值“纸类”。

方法一　在“数据”窗格中创建组

（1）在“数据”窗格中用鼠标右键单击“子类别”字段，在弹出的菜单中选择“创建” - “组”命令，如图 8-42 所示。

（2）在弹出的“创建组”对话框中，按住 Ctrl 用鼠标单击选中“标签”“信封”“纸张”这 3 个值，然后单击“分组”按钮，如图 8-43 所示。

（3）在创建好分组后会提示输入组的名称，这里输入“纸类”。随后可以在“字段名称”文本框中定义这个组的维度名称，系统默认为“子类别（组）”，如图 8-44 所示。

（4）单击“确定”按钮后，可以在维度区域中找到这个新建的组字段，在组图标前有一个回形针的形状，如图 8-45 所示。

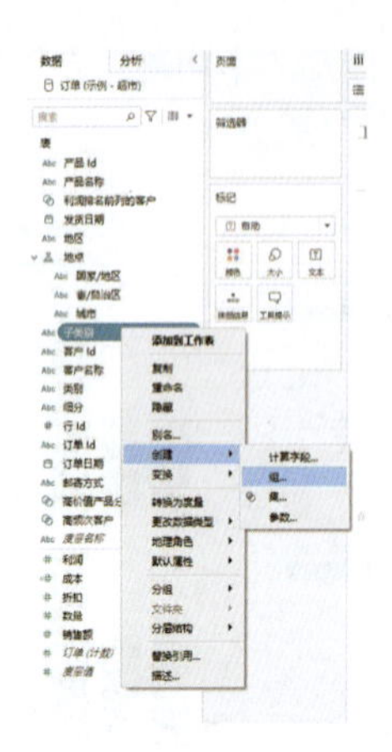

图 8-42

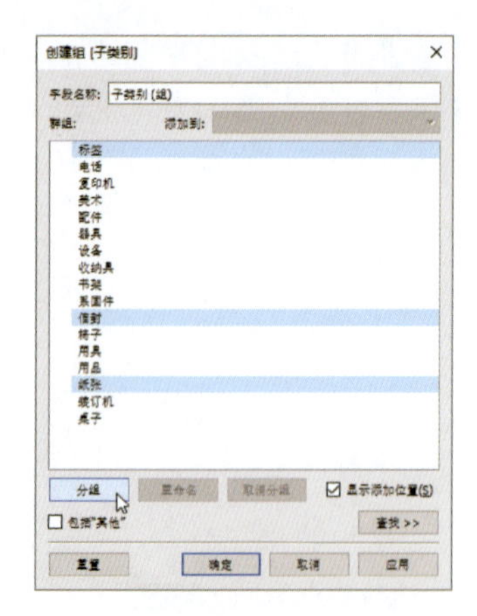

图 8-43

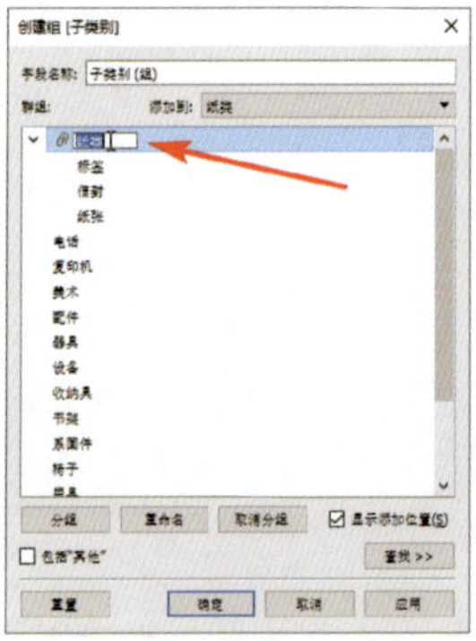

图 8-44

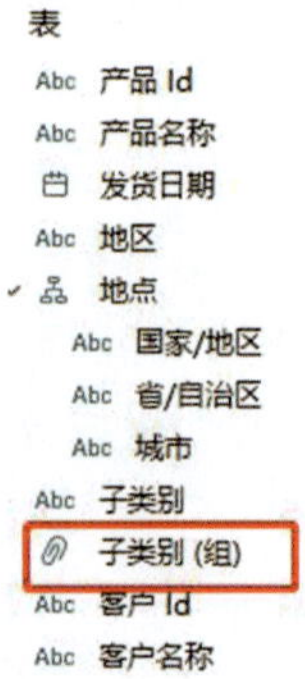

表
Abc 产品 Id
Abc 产品名称
发货日期
Abc 地区
地点
Abc 国家/地区
Abc 省/自治区
Abc 城市
Abc 子类别
子类别 (组)
Abc 客户 Id
Abc 客户名称

图 8-45

方法二　在视图中直接根据维度成员创建组

（1）创建产品子类别的销售额条形图，如图 8-46 所示。

工作表 2
¥2,000,000
¥1,500,000
¥1,000,000
¥500,000
¥0

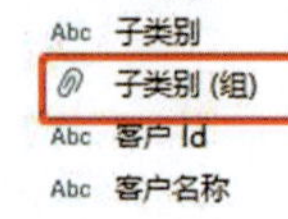

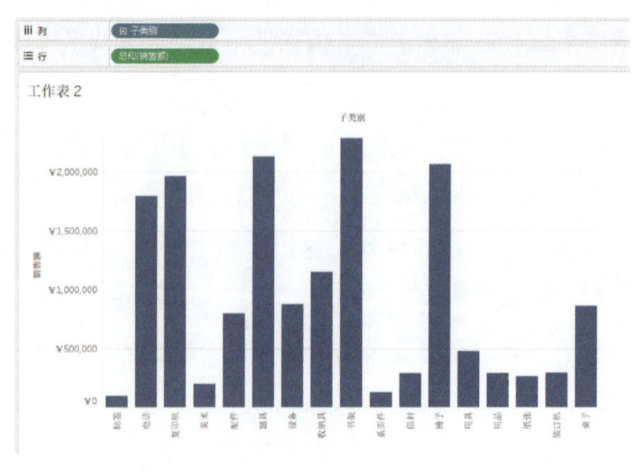

图 8-46

（2）按住 Ctrl 键，用鼠标单击选中条形图下方子类别的名称“标签”“信封”和“纸张”（注意，在选择时请单击文字名称而非柱子，如图 8-47 所示），然后用鼠标右键单击任意标签，在弹出的菜单中选择“组”命令。

（3）用鼠标右键单击新生成的维度成员名称，在弹出的菜单中选择“编辑别名”命令（如图 8-48 所示），然后在弹出的对话框中输入这个新维度成员的名称“纸类”。

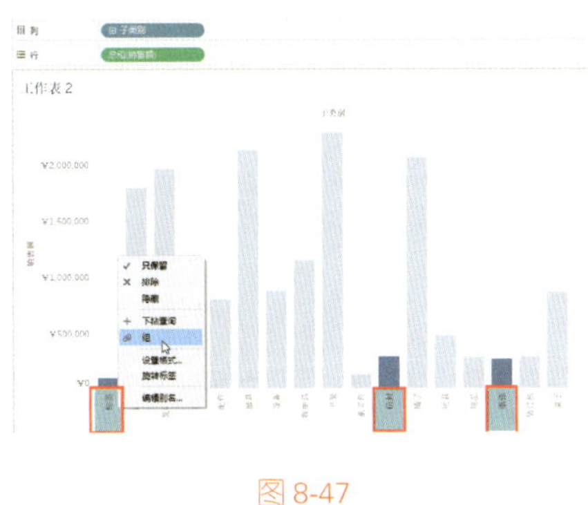

图 8-47

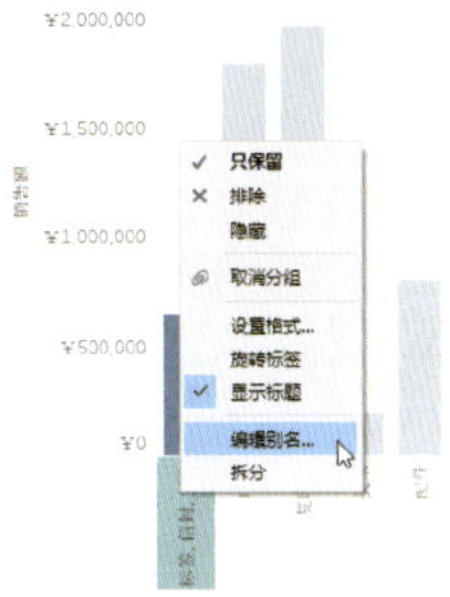

图 8-48

8.3.2 【实例 30】利用新创建的分组维度进行分析

在成功创建组后，可以利用这个新的分组维度来进行分析，例如按照新的产品子类分组分析销售额的分布情况。

素材文件	\第 8 章\实例 30 素材 .twbx
结果文件	\第 8 章\实例 30.twbx

具体步骤如下。

（1）将“数据”窗格中的度量“销售额”字段和维度“子类别（组）”字段分别拖曳至“行”和“列”功能区中。

（2）单击工具栏右侧的“智能推荐”，在下拉图表中选择“饼图”。

（3）在工具栏中将视图设置为“整个视图”，如图 8-49 所示。

（4）将“销售额”字段和“子类别（组）”字段分别拖曳至“标记”卡的“标签”上，在视图中会以文字的方式显示饼图中每个分区的子类别名称和销售额数值。

（5）单击工具栏上的“降序排序”按钮对“子类别（组）”进行排序，如图 8-50 所示。

分组字段也可以被放置在分层结构中。

由于分组字段的颗粒度一定比分组前的大，所以一般把分组维度放在原本维度胶囊的层级之上，（如图 8-51 所示），这样就可以按照自己想要的下钻方式进行数据的钻取与呈现。

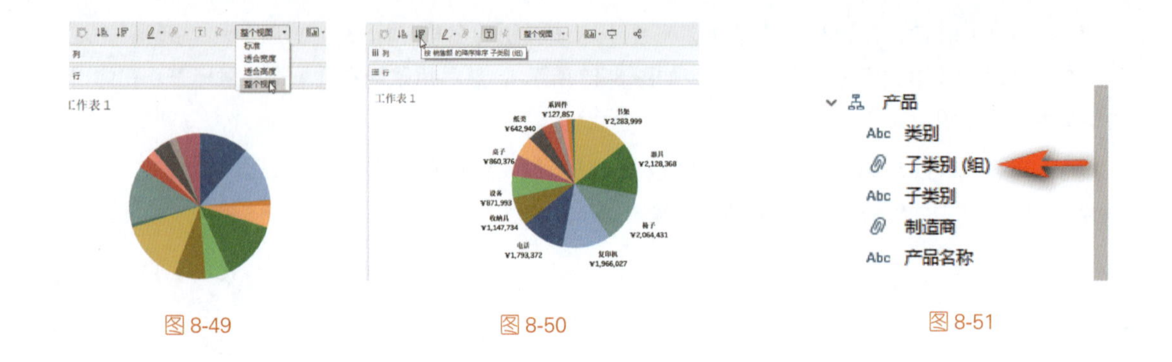

图 8-49　　图 8-50　　图 8-51

8.4　集的应用

集（set）是根据某些条件来定义数据子集的自定义字段，可以将其理解为维度字段值的一部分。在 Tableau 中，集显示在“数据”窗格的底部（如图 8-52 所示），并以 作为图标。集能够参与计算字段的编辑。

1. 集的分类

集可以分为以下两大类。

- 静态集：不会随着基础数据的变化而变化，可用于单个或多个维度。
- 动态集：会随着基础数据的变化而变化，仅用于单个维度。

多个集之间可进行合并操作，合并后的集被称为合并集。

8.4.1　创建集

本节采用“示例 - 超市 .xls”数据，分别介绍如何创建静态集和动态集。

1. 创建静态集

（1）创建包含多个维度的视图：将“数据”窗格中的“销售额”字段拖曳至“列”功能区中，将“利润”字段拖曳至“行”功能区中。将“类别”字段拖至“标记”卡的“形状”上，将“省 / 自治区”字段拖曳至“标记”卡的“颜色”上，结果如图 8-53 所示。该视图展现了各个“类别”和“省 / 自治区”组合维度下的销售额总和和利润总和的分布情况。

（2）复选多个标记并创建集：通过鼠标框选坐标系中最右上方的 5 个标记，然后用鼠标右键单击其中任意一个标记，在弹出的菜单中选择“创建集”命令，如图 8-54 所示。

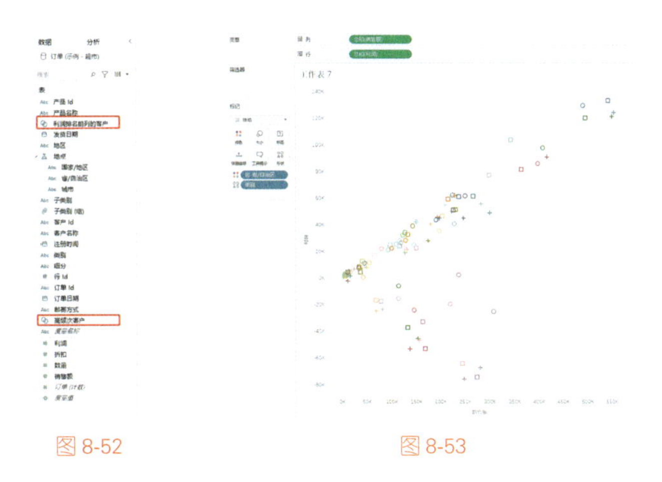

图 8-52　　　　图 8-53

除通过鼠标框选外，还可以按住 Ctrl 键选中多个标记，也可以通过选择一个或多个标题的方式来选中想要创建集成员的标记。

（3）设置集对话框：输入集的名称“高价值产品分布市场”，在本例中不对任何维度和特定行进行删减，如图 8-55 所示。

如果将光标悬停在“列标题”上，则会出现红色的“x”图标，单击这个“x”图标可以移除不需要的所有维度；如果将光标悬停在行上，则会出现红色的“x”图标，单击这个“x”图标可以移除该行。

在默认情况下，集包含在对话框中列出的所有成员。如果勾选列表上方“排除”复选框，则集将不包含在对话框中列出的成员。

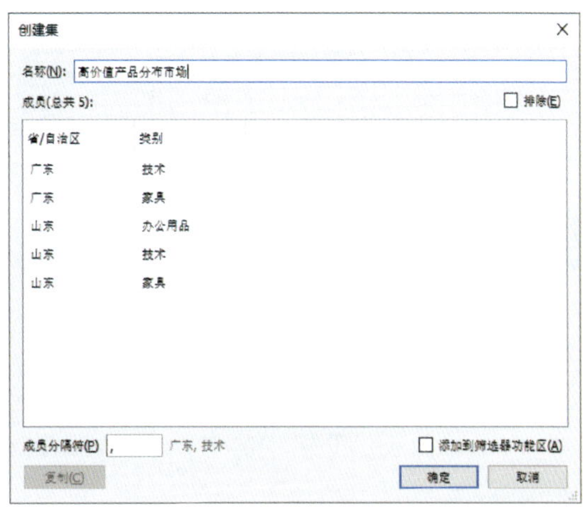

图 8-54　　　　图 8-55

2. 创建动态集

接下来创建动态集。动态集的成员会在基础数据发生变化时也发生变化，所以动态集只能基于单个维度进行创建。

下面以创建“高频次客户”集为例，具体步骤如下。

（1）用鼠标右键单击“数据”窗格中的维度“客户名称”字段，在弹出的菜单中选择“创建”-“集”命令，如图 8-56 所示。

（2）弹出“编辑集”对话框，输入集的名称“高频次客户”，选择“条件”选项卡来限定动态集的运算。

共有 3 种选项卡，分别是“常规”“条件”和“顶部”，均用于设置动态集的运算方式。

- 常规：使用“常规”选项卡来选择在计算集时考虑的一个或多个值。在这里勾选的值同样会因基础数据发生变化而更改；例如，原数据源中“城市”字段值为“上海”的数据量是 10 行，在数据源发生变化后，新增加了 1 行字段值为“上海”的行，那么更改后的这 1 行会自动添加进集。
- 条件：使用“条件”选项卡可以定义规则，以确定要在集内包含哪些成员。例如，指定一个基于总销售额的条件，其中仅包含销售额超过 100,000 的产品。
- 顶部：使用“顶部”选项卡可以限制在集内包含哪些成员。例如，指定一个基于总销售额的限制，其中仅包含基于销售额的前 5 种产品。

选中“按字段”单选按钮，在下方分别选择“订单 Id”“计数（不同）”“>=”“10”，如图 8-57 所示，单击“确定”按钮。这样设置的含义是：如果某些客户的“订单 Id”在去重后计数大于或等于 10 次，则把这些客户定义为“高频次客户”。

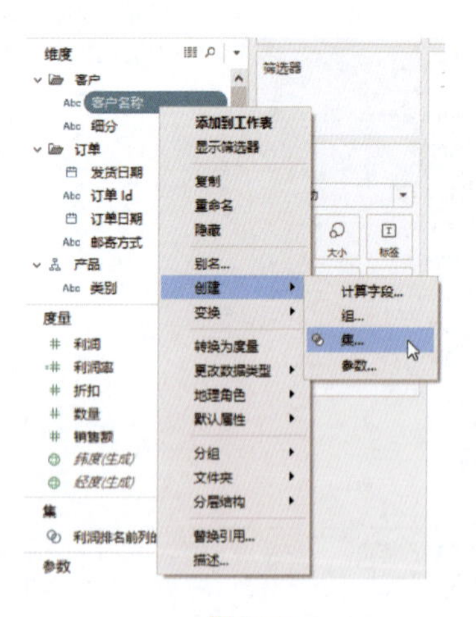

图 8-56

图 8-57

8.4.2 【实例 31】用合并集功能对高频次、高价值客户进行分析

素材文件	\第 8 章\示例 - 超市 .xls、实例 31 素材 .twbx
结果文件	\第 8 章\实例 31.twbx

在 8.4.1 节中已经创建了“高频次客户”集，下面将采用同样的方法创建一个名为“高价值客户”的集：对“客户名称”维度创建集，定义销售额总和大于或等于 50,000 元的客户为高价值客户。创建集的对话框如图 8-58 所示。

然后有两种方法对两个集进行合并。

方法一　用合并集功能

可以合并两个集以对成员进行比较。在合并集时，会创建一个新的集，可以选择“两个集的所有成员”“两个集中的共享成员”“仅存在这个集的成员”“仅存在那个集的成员”这 4 种集合并方式中的一种。具体步骤如下。

（1）创建合并集：用鼠标右键单击“高价值客户”字段，在弹出的菜单中选择“创建合并集”命令。

（2）输入合并集的名称“高频次 + 高价值客户”。

（3）设置集的合并方式：在“集”的下拉菜单中分别选择“高价值客户”和“高频次客户”，然后选中“两个集中的共享成员”单选按钮，表示选择两个原始集的交集部分，单击“确定”按钮，如图 8-59 所示。

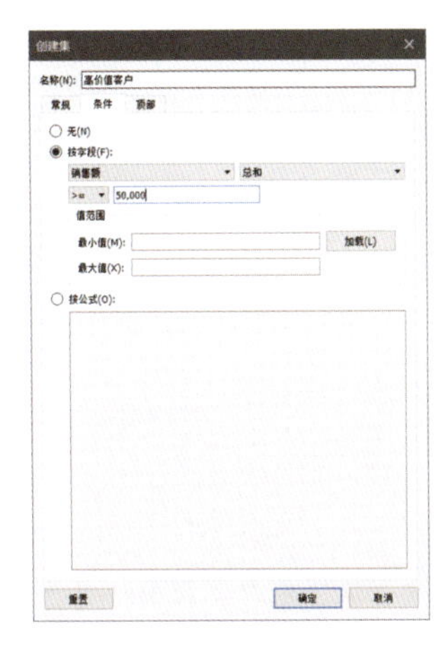

图 8-58

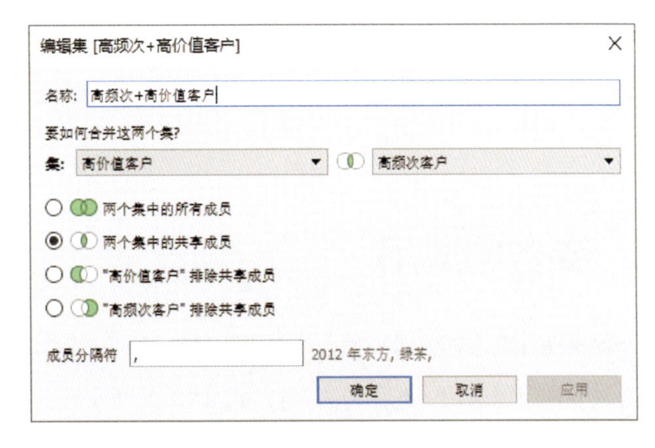

图 8-59

集的合并方式有以下几种。

- 两个集中的所有成员：合并集将包含两个集内的所有成员。
- 两个集中的共享成员：合并集将仅包含在两个集内均存在的成员。
- 排除共享成员：合并集将包含在指定集中存在而在第 2 个集中不存在的成员。

方法二　把两个集分别置于“行”和“列”功能区中

方法一是以创建一个新集的方式来合并集。如果不想创建新的集，则可以在视图中通过将集拖放至行列功能区中的方式，筛选出同在两个集合内的所有数据。

具体步骤如下。

（1）将“高频次客户”集拖曳至“行”功能区中，将“高价值客户”集拖曳至“列”功能区中，得到如图 8-60 所示的视图。可以看到，客户被划为了 4 个象限。

（2）双击“数据”窗格中的度量“销售额”字段，以查看各个象限的销售额数量。然后单击同在两个集合内的标记，在下拉菜单中选择“只保留”，如图 8-61 所示。这将得到两个集中的相同数据。

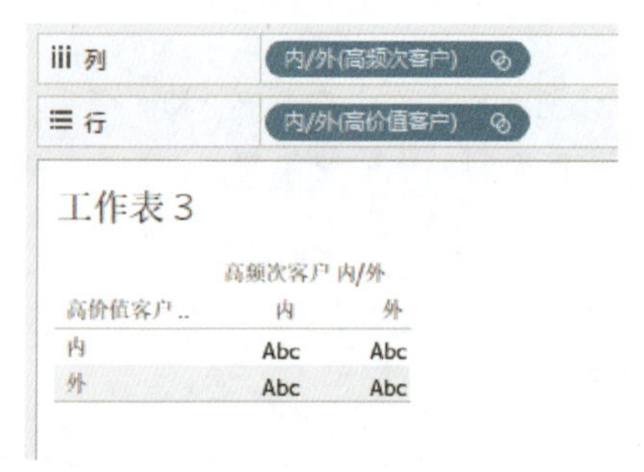

图 8-60

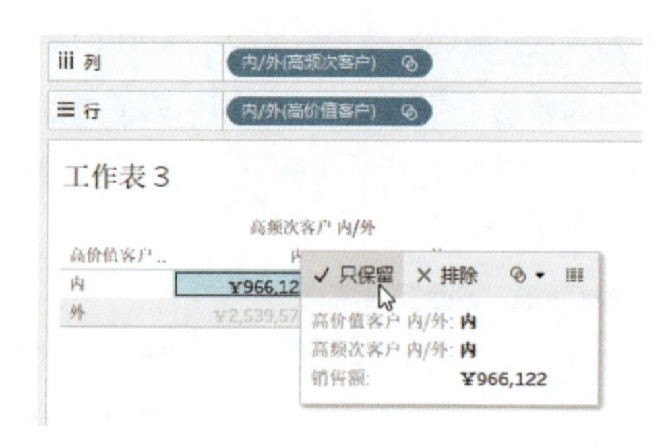

图 8-61

8.5　参数的应用

参数是在计算、筛选器和参考线中用于替换常量值的动态值。

通过参数可以实现一些用户交互行为，比如控制阈值、切换指标、限制最多数量等，也可以用于控制自定义的 SQL 语句中的动态值。

本节将介绍创建参数的方法，并运用两个实例来具体介绍参数的实际应用。

8.5.1　创建参数

在使用参数之前，需要先创建参数。创建参数的方式有两种：① 在“数据”窗格中创建参数，② 在需要使用参数的对话框中创建参数。

1. 在数据窗格中创建参数

单击“数据”窗格右上角的小三角，选择“创建参数”，弹出“创建参数”对话框，如图 8-62 所示。在这个对话框中，可设置参数的属性。

- 名称：参数的名称，默认为“参数 1”“参数 2”……
- 注释：单击名称右侧的“注释”按钮可以添加该参数的注释。
- 数据类型：参数的数据类型可以选择浮点、整数、字符串、布尔、日期、日期和时间。参数的数据类型与字段值的数据类型是一致的，它们可以在公式中进行运算。关于数据类型的说明请参见本书的 2.4 节。
- 当前值：参数的初始值。这个值应在参数的可取范围之内。
- 显示格式：设置视图中的参数以何种格式呈现。修改显示格式不会影响参数的值。
- 允许的值：参数的取值方式。共有“全部”“列表”“范围”3 种。
    - 全部：当前数据类型所允许的所有值，如图 8-62 所示。比如，选择的数据类型是“整数”，那么“全部”的参数取值范围就是所有正整数、负整数和零。
    - 列表：用户在下方“值列表”中所定义的值，参数值只能在这些值中进行选择，如图 8-63 所示。

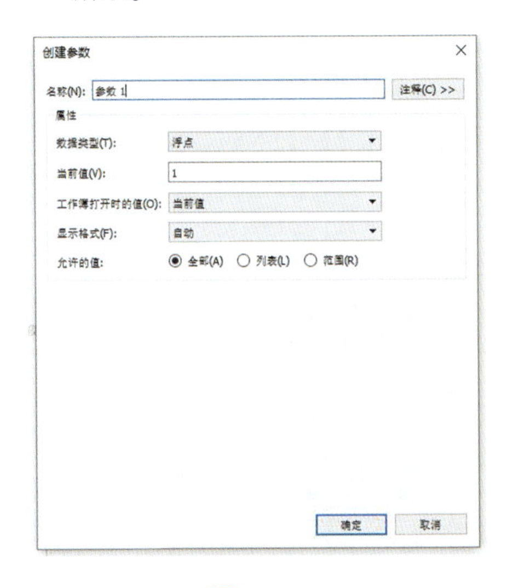

图 8-62

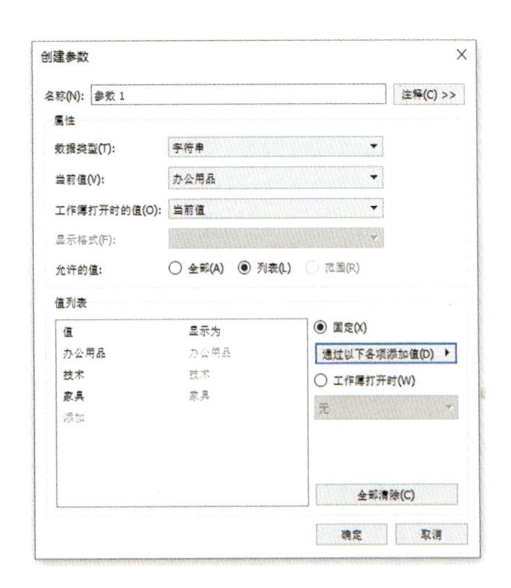

图 8-63

在使用“列表”定义参数允许的值时，可以利用列表右侧的“从参数中添加”和“从字段中添加”按钮，这将自动提取当前工作簿中的参数或字段中的值。“从剪贴板粘贴”功能可以提取从外部任务中复制到当前剪贴板的内容。用这 3 种方式输入列表的值可以提高工作效率。

- 范围：在用户指定的最大值和最小值之间，以指定的间距（“步长”）来进行等差取值。在使用字符串和布尔数据类型时，是不支持“范围”作为允许的值的。在使用“范围”时，可以从参数或字段中取最大值和最小值，如图 8-64 所示。

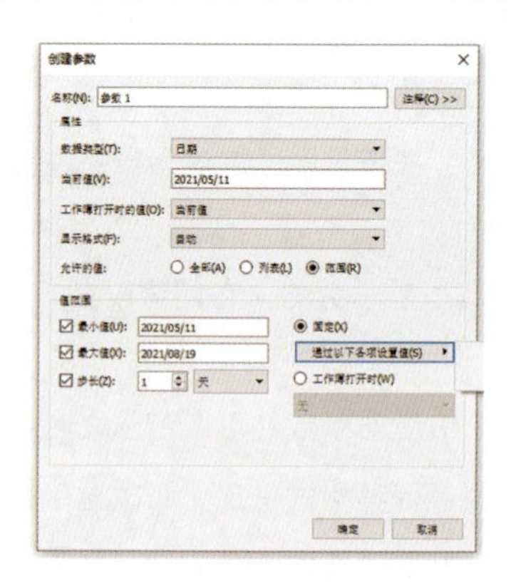

图 8-64

2. 在需要使用参数的对话框中创建参数

还可以在需要使用到参数的对话框中创建参数，比如在维度“筛选器”对话框中勾选“按字段”单选按钮，然后在下方分别选择“顶部”“创建新参数”（如图 8-65 所示），在编辑参考线时，在“值”下拉列表中选择“创建新参数”等（如图 8-66 所示）。

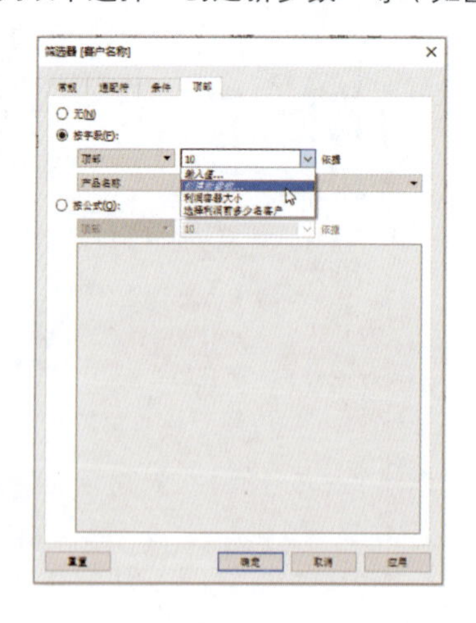

图 8-65

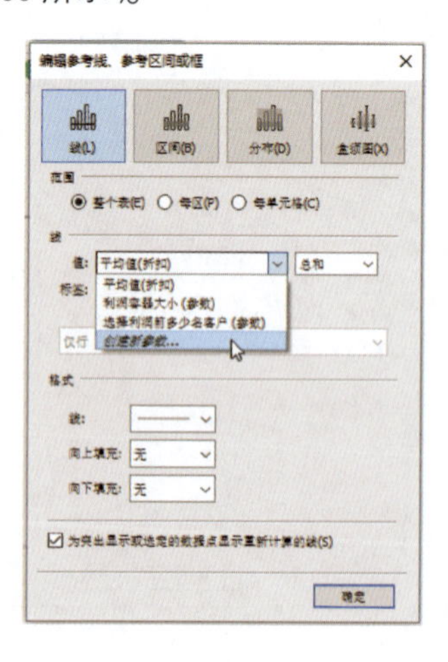

图 8-66

8.5.2 【实例 32】用参数实现动态显示 TOP *N* 名客户

在分析销售额时，如果客户的数量很多，则可以使用参数显示前 *N* 名客户的数据，且 *N* 值可以随着需求进行变化。

素材文件	\ 第 8 章 \ 示例 - 超市 .xls
结果文件	\ 第 8 章 \ 实例 32.twbx

具体步骤如下。

① 创建参数。

用鼠标右键单击“数据”窗格中的空白区域，在弹出的菜单中选择“创建参数”命令。将参数命名“TOP N”，数据类型选择“整数”，允许的值选择“范围”，最小值为“5”，最大值为“20”，步长为“5”，如图 8-67 所示。

② 创建视图。

将“客户名称”字段和“销售额”字段分别拖曳至“行”和“列”功能区中，在工具栏中选择“降序排序”，得到的视图如图 8-68 所示。

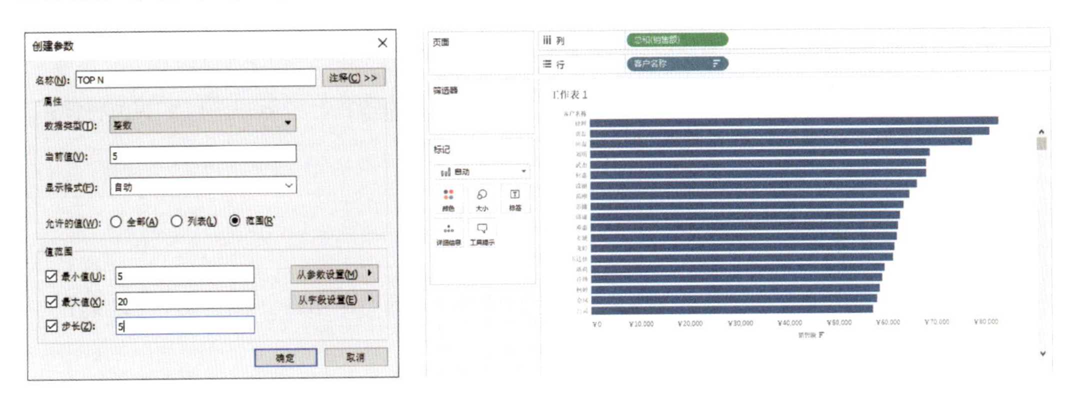

图 8-67　　　　图 8-68

③ 用“客户名称”作为筛选器，并用参数限制 TOP N。

将“客户名称”字段拖曳至筛选器中，然后选择“顶部”选项卡，筛选依据选择“按字段”并分别选择“顶部”“TOP N”，如图 8-69 所示。

④ 显示参数控件。

用鼠标右键单击“数据”窗格“参数”区域中的“TOP N”胶囊，在弹出的菜单中选择“显示参数控件”命令，如图 8-70 所示。

⑤ 切换参数值。

参数控件将显示在视图的右侧。通过调整参数预设的值，可以动态展现前 N 名客户的数量，如图 8-71 所示。

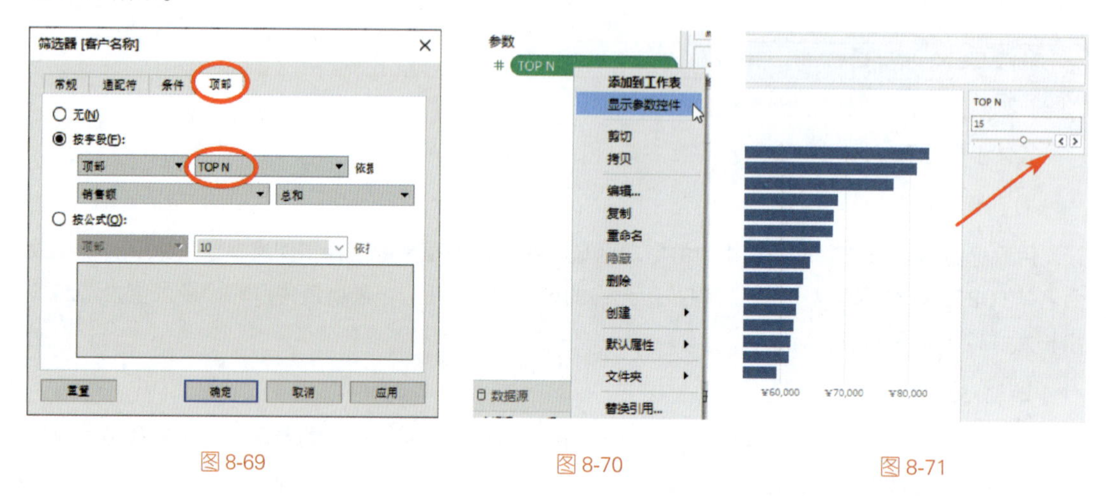

图 8-69　　图 8-70　　图 8-71

8.5.3 【实例 33】利用参数实现指标切换

利用参数还可以在一个图表中进行动态切换，以呈现不同字段指标的效果。以下实例将使用参数实现在一个图表中动态切换每月销售额、利润和数量。

素材文件	\ 第 8 章 \ 示例 - 超市 .xls
结果文件	\ 第 8 章 \ 实例 33.twbx

在本例中，需要把参数定义成字符串类型，还需要用到逻辑判断函数，以便用户在选择不同指标时调用相关字段。具体步骤如下。

1. 创建参数

（1）用鼠标单击“数据”窗格中的下拉三角符号，在弹出的菜单中选择“创建参数”命令。

（2）在弹出的“创建参数”对话框中，将参数命名为“选择指标”，将数据类型设置成“字符串”，“允许的值”选择为“列表”，并手动定义 3 种允许的值——“销售额”“利润”和“数量”，如图 8-72 所示。

2. 创建逻辑判断函数

- 用鼠标右键单击“数据”窗格中的空白区域，在弹出的菜单中选择“创建计算字段”命令；
- 在弹出的编辑框中将计算命名为“动态指标”，输入如图 8-73 所示公式后单击“确定”按钮。

```
case [ 选择指标 ]
when ' 销售额 ' then [ 销售额 ]
when ' 利润 ' then [ 利润 ]
when ' 数量 'then [ 数量 ]
end
```

使用“case…when…then…”语句可以通过不同的参数调用不同的指标。具体讲解可以参见 9.4 节。

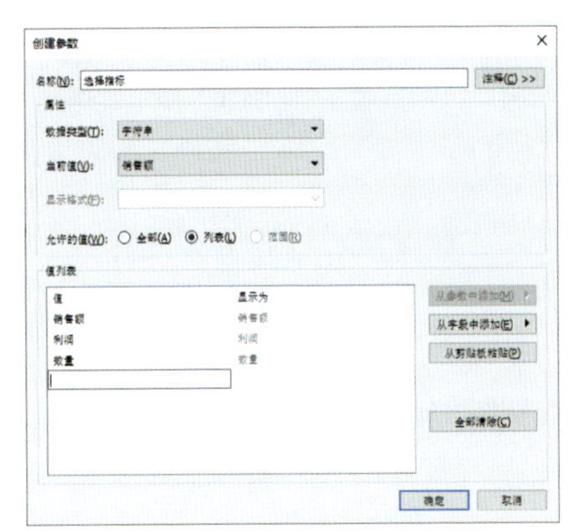

图 8–72

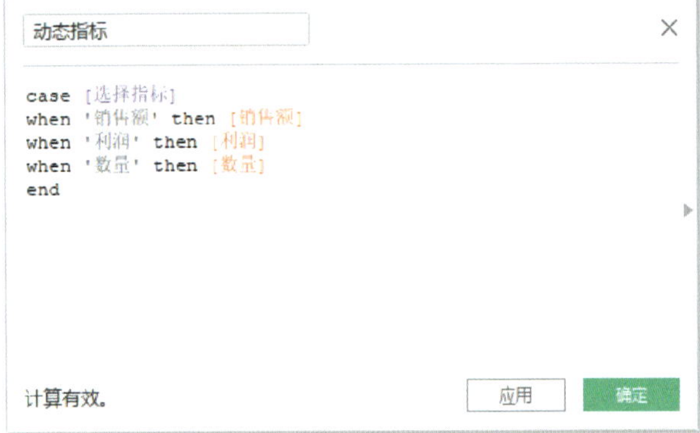

图 8–73

3. 创建视图

将“动态指标”字段和“订单日期”字段分别拖曳至“行”和“列”功能区中，然后用鼠标右键单击“年 [订单日期]”胶囊，将其修改为“月”，如图 8-74 所示。

4. 显示参数控件

用鼠标右键单击“数据”窗格参数区域中的“选择指标”胶囊，在弹出的菜单中选择“显示参数控件”命令，此参数控件将显示在视图的右侧，如图 8-75 所示。

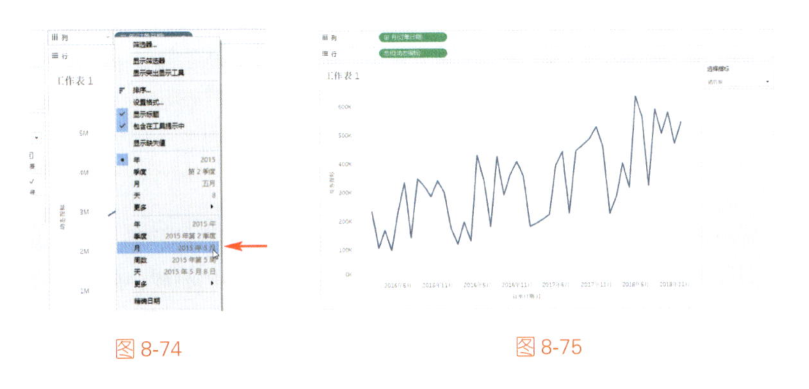

图 8-74　　图 8-75

5. 切换参数的值，查看视图变化

单击参数控件中的下拉列表（如图 8-76 所示），切换到想要查看的指标名称，即可查看视图中的指标变化。

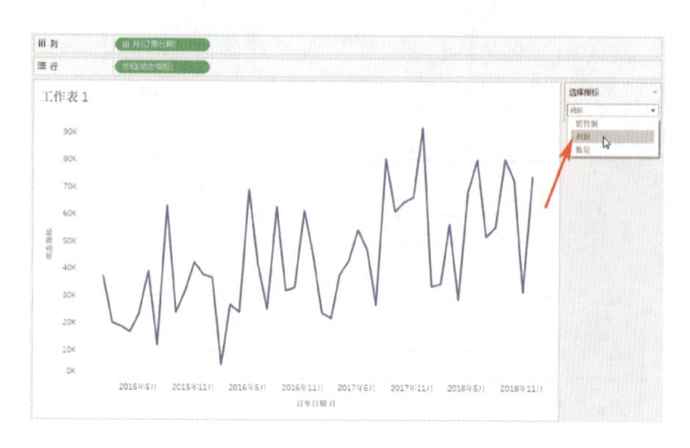

图 8-76

8.6 双轴的应用

“双轴”是在使用 Tableau Desktop 开展业务分析时经常会使用到的一个功能，它能够将同在“行”功能区或同在“列”功能区的两个度量胶囊（指标）合并到同一个坐标系中。

本节将介绍 Tableau Desktop 中的“双轴”功能，并通过一个实例介绍其具体使用方法。

8.6.1 创建双轴图形

下面以“示例 - 超市 .xls”为例，将“利润”与“成本”的变化曲线展示在同一张图表中。

1. 创建“成本”字段

创建“成本”字段的公式比较简单，在计算编辑框输入以下内容即可，如图 8-77 所示。

```
[销售额]-[利润]
```

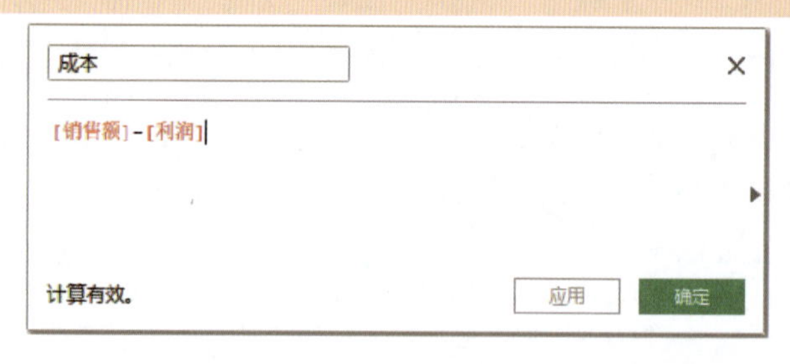

图 8-77

2. 创建视图

将“数据”窗格中的度量“成本”和“利润”字段分别拖入“行”功能区中，将维度“订单日期”字段拖入“列”功能区中。得到两条在不同坐标系里的趋势变化曲线，如图 8-78 所示。

3. 使用“双轴”功能

用鼠标右键单击“行”功能区中两个胶囊中的任意一个，在弹出的菜单中选择“双轴”命令，

发现原本在不同坐标系中的两条曲线被合并到同一个坐标系中了，如图 8-79 所示。

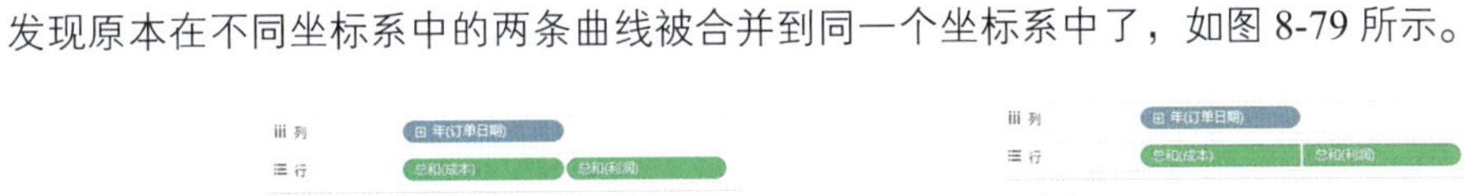

图 8-78　　图 8-79

8.6.2　编辑双轴图形

双轴图形是使用两个度量字段来展示的图形，所以在编辑双轴图形时，需要选择某一个图形或同时对两个图形进行编辑。编辑双轴图形需要使用工作区中的“标记”卡。

如果存在双轴图形，则在视图左侧的“标记”卡中会有 3 个选项卡可供选择，例如“全部”“总和(成本)”和“总和(销售额)”，如图 8-80 所示。

图 8-80

如果要对某个图进行编辑，则单击相应图形字段名的选项卡；如果要同时对两个图形进行编辑，则选择“全部”选项卡。

例如，需要将“成本”折线图改成条形图，则可以单击选中“总和(成本)”选项卡（字体变粗为选中状态），然后在“图形”下拉选框中将图形类型更改成为“条形图”，如图 8-81 所示。

再例如，将“销售额”图形按照“利润”字段值的大小进行着色，则可以先单击选中“总和(销售额)”选项卡，然后将“数据”窗格中的“利润”字段拖曳至“标记”卡的“颜色”上，如图 8-82 所示。

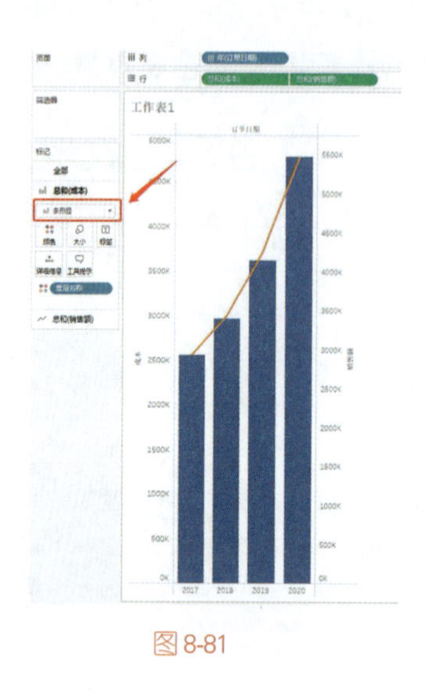

图 8-81

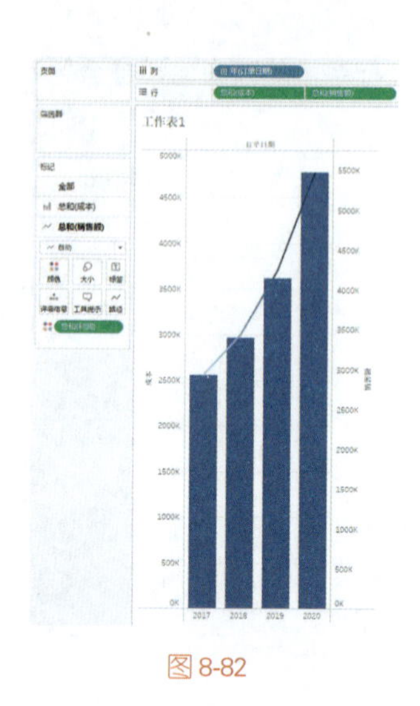

图 8-82

8.6.3 使用同步轴功能

“同步轴”是“双轴”功能生效后的一个后续功能，可以实现双轴图形中的两个指标在轴量级的一致性。

细心的读者可能会注意到，在使用 8.6.2 节的方法编辑双轴图形后，合并到同一坐标系的两条曲线图表的纵坐标所使用的单位是不同的，如图 8-83 所示。

这是因为，Tableau 在实现双轴时，默认排除了具体的数量变化，仅将两个指标的趋势变化合并显现在同一图形中。为了方便用户快速探索数据，这时需要用“同步轴”功能实现双轴图形中两个指标字段的轴同步。

用鼠标右键单击视图的中任意一条竖轴，在弹出的菜单中勾选“同步轴”（如图 8-84 所示），即可同步两条轴的轴距。

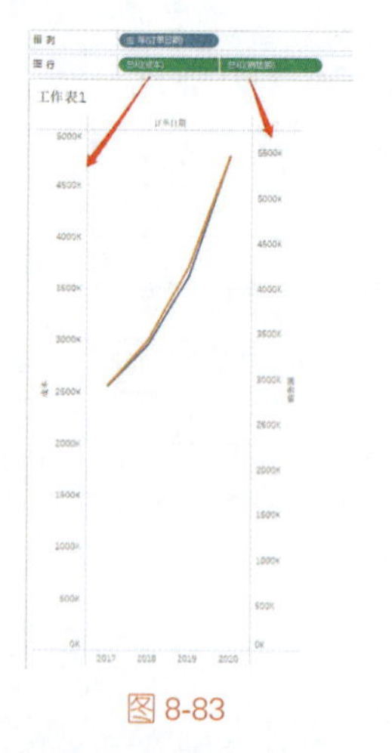

图 8-83

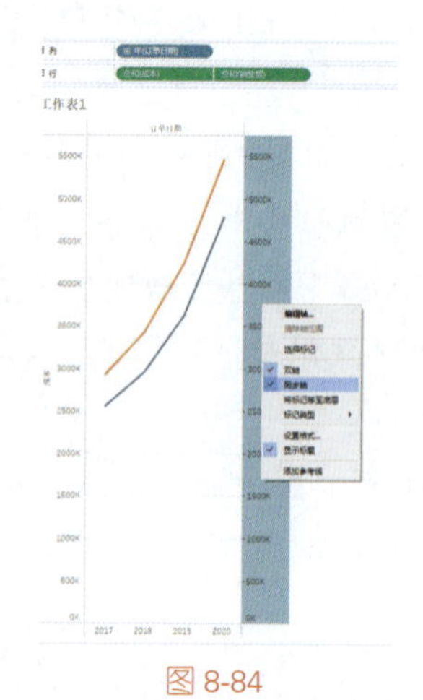

图 8-84

8.6.4 【实例 34】用双轴功能创建分层地图

用“双轴”功能不仅可以对实际值的轴进行合并，对地图也同样有效。本实例将创建一个既展示各省份销售额，又通过饼图显示各省份不同产品类别的销售额的填充地图。

素材文件	\第 8 章\示例 - 超市 .xls
结果文件	\第 8 章\实例 34.twbx

具体步骤如下。

1. 创建一个填充地图

连接“示例 - 超市 .xls”素材文件。在新建的工作表中，将“数据”窗格中的度量“销售额”字段拖曳至“行”功能区中，将维度“省 / 自治区”字段拖曳至“列”功能区中，然后在工具栏右侧的“智能推荐”中选择“填充地图”图形，快速创建填充地图。

在连接了素材文件后，需要将“省 / 自治区”字段设置为地理角色。

2. 复制出一个相同的经度 / 纬度胶囊

任意选择一个“行”或“列”功能区中的“经度”或“纬度”胶囊，按住 Ctrl 键，向右拖曳复制出一个相同的胶囊。这样视图中就出现了两张地图，扫描二维码 8-1 查看效果图。

复制地图的排列形式应根据所复制的字段来定。本图中复制的是“经度”，所以图形变成了左右排列。如果复制的是“纬度”，则会变成上下排列。

3. 对复制地图进行编辑

单击选中视图左侧“标记”卡中的“经度 (生成) (2)”选项卡，在“图形”下拉菜单中将图形类型更改为“饼图”。将“类别”字段拖曳至“标记”卡的“颜色”上，再把“销售额”字段拖曳至“标记”卡的“角度”上，扫描二维码 8-2 可查看效果图。

二维码 8-1

二维码 8-2

4. 用“双轴”功能合并两个地图

用鼠标右键单击“列”功能区中的第 2 个“经度 (生成)”胶囊，在弹出的菜单中勾选“双轴”。

5. 调整视图格式

对饼图的大小进行调整。单击选中“标记”卡的“经度 (生成) (2)”选项卡，然后单击“大小”卡，调整饼图的半径至合适大小。

8.7 分析功能的应用

前几节介绍了如何运用 Tableau 的基本功能和进阶技巧来处理图表，本节将通过实例介绍如何在视图上添加辅助分析功能，包括：参考线及参考区间、趋势线、群集、预测等常用功能。

这些功能位于工作表左侧的“分析”窗格中，如图 8-85 所示。

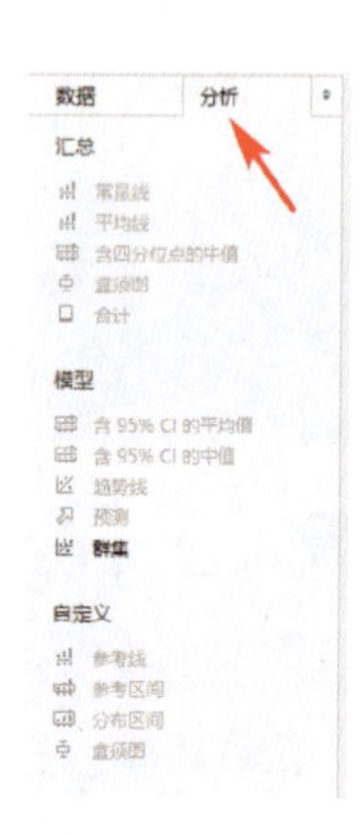

图 8-85

8.7.1 【实例 35】创建趋势线

在散点图中，可以通过创建“趋势线”来查看度量值的变化趋势并获得回归函数。本例将介绍如何在客户销售额散点图中创建趋势线。

素材文件	\ 第 8 章 \ 示例 - 超市 .xls
结果文件	\ 第 8 章 \ 实例 35.twbx

具体步骤如下。

1. 创建散点图

连接素材文件，在工作表左侧的“数据”窗格中，将“销售额”字段拖曳至“行”功能区中，将“数量”字段拖曳至“列”功能区中，将“客户名称”字段拖曳至“标记”卡的“详细信息”上。

2. 创建趋势线

从“数据”窗格切换至“分析”窗格，将“趋势线”拖曳至视图中，在弹出的“回归函数”选框中，选择“线性”，如图 8-86 所示。回归函数有多种类型，用户可根据需要选择合适的函数。

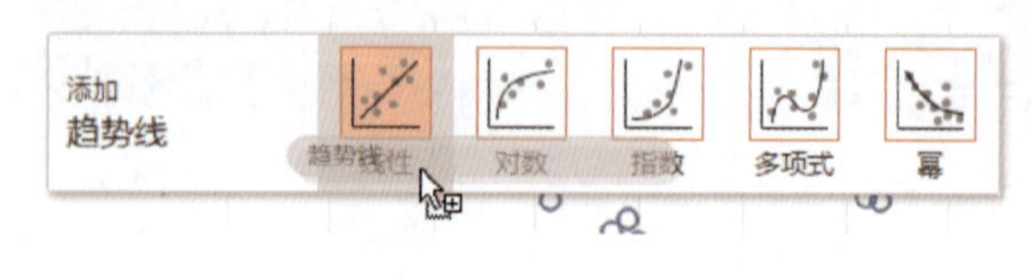

图 8-86

将光标悬停在视图中的趋势线上，会弹出一个“工具提示”，以查看该趋势线的回归公式、R 平方值和 P 值，如图 8-87 所示。

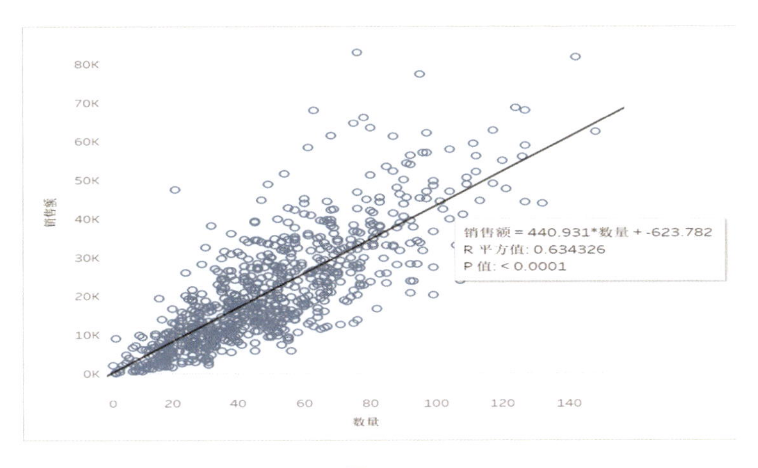

图 8-87

8.7.2 【实例 36】创建群集

通过创建群集，可以根据所选定的特定指标值，将散点图中相似程度高的指标点进行分类。本例将介绍如何在分析客户销售额和客户数量的散点图中创建群集。

素材文件	\ 第 8 章 \ 示例 - 超市 .xls
结果文件	\ 第 8 章 \ 实例 36.twbx

具体步骤如下。

1. 创建散点图

连接素材文件，在工作表左侧的“数据”窗格中，将“销售额”字段拖曳至“行”功能区中，将“数量”字段拖曳至“列”功能区中，将“客户名称”字段拖曳至“标记”卡的“详细信息”上。

2. 创建群集

从“数据”窗格切换至“分析”窗格，将“群集”拖曳至视图中。

3. 设置群集变量

在“群集”对话框中设置需要参与计算分类的字段。在默认情况下，视图将自动生成所包含的度量值，用户也可以根据需要在“数据”窗格中通过拖曳来添加或者移除变量字段。本例中用“总和 (数量)”“总和 (销售额)”和“总和 (利润)”这 3 个度量字段作为变量。

4. 设置群集数量

在对话框下方输入群集数量，视图将自动根据设定的数量对标记点进行分类。可指定的群集数量区间范围为 2~50。本例中将群集数量设置为“3”。视图的最终效果如图 8-88 所示。

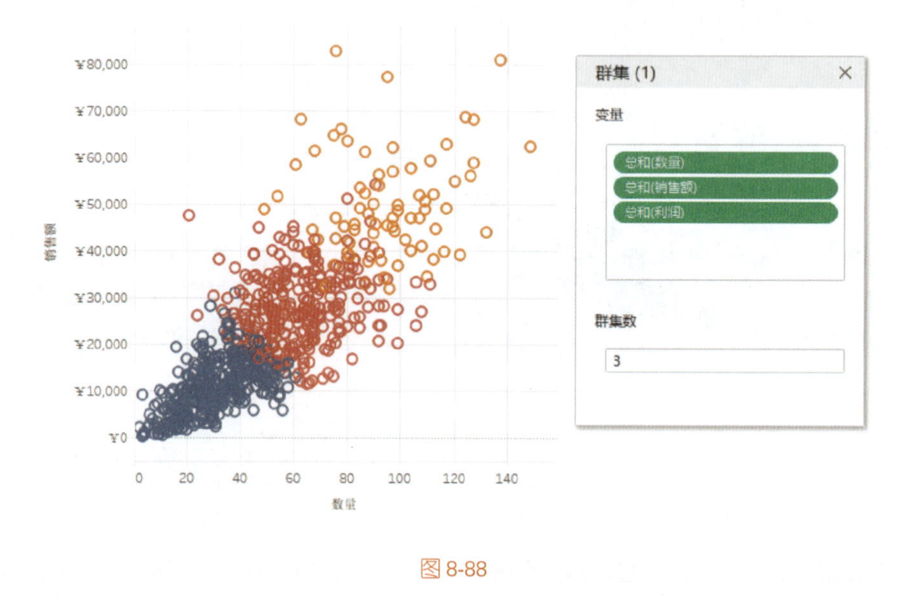

图 8-88

8.7.3 【实例 37】添加参考线及参考区间

通过添加“参考线”和“参考区间”，可以标识 Tableau 视图中某个连续轴上的某个特定值、区域或范围。本例将介绍如何在销售额条形图中添加参考线及参考区间。

素材文件	\ 第 8 章 \ 示例 - 超市 .xls
结果文件	\ 第 8 章 \ 实例 37.twbx

具体步骤如下。

1. 创建视图

连接素材文件，在工作表左侧的“数据”窗格中，将“销售额”字段拖曳至“行”功能区中，将“类别”字段与“子类别”字段分别拖曳至“列”功能区中。这样便创建了一个由三个维度构成的视图。

2. 添加参考线

从“数据”窗格切换至“分析”窗格，将“参考线”拖曳至视图中，在弹出的选框中有 3 种选项，分别是“表”“区”和“单元格”，如图 8-89 所示。

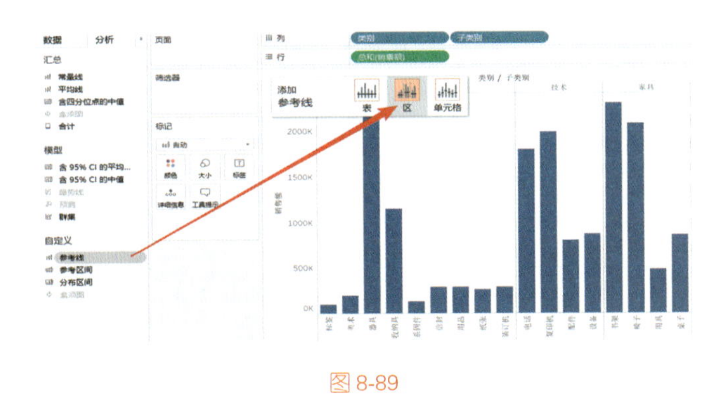

图 8-89

这 3 个选项表示参考线的不同作用区域。

- 表：给整个图表添加一条参考线。
- 区：给每一个分区（在此例中是“类别”）添加一条参考线。
- 单元格：给每一个标记（即每一个条形）添加一条参考线。

在此例中选择“区”，这意味着给每一个“类别”字段值创建一条参考线。然后在弹出的对话框中，将参考线的指标类型改为“总和(销售额)”值的“平均值”，如图 8-90 所示。

3. 添加参考区间

与添加参考线类似，将“分析”窗格中的“参考区间”拖曳至视图中，同样会出现 3 个选项：“表”“区”和“单元格”。作用域也与参考线类似。在此例中选择“表”，这意味着对整个图表创建一个参考区间。

在随后弹出的对话框中，将参考区间的开始值与结束值分别设置为“总和(销售额)”值的“平均值”和“最大值”，如图 8-91 所示。

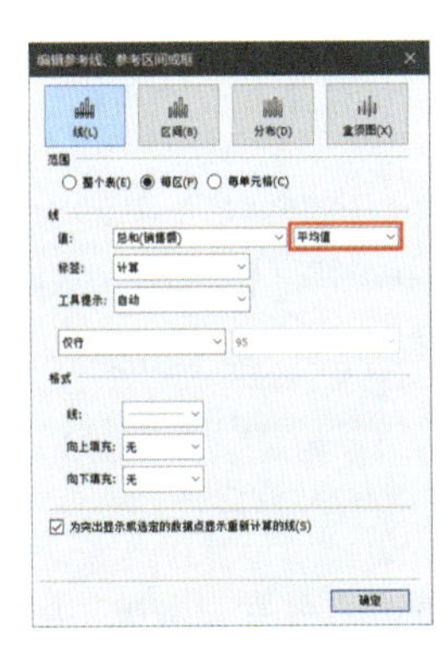

图 8-90

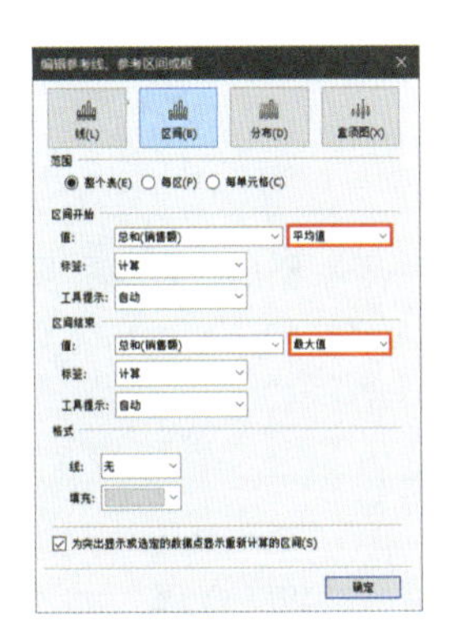

图 8-91

在此例中选择从“平均值”到“最大值”，这意味着将创建一个从全表各标记平均值到最大值的参考区间，如图 8-92 所示。

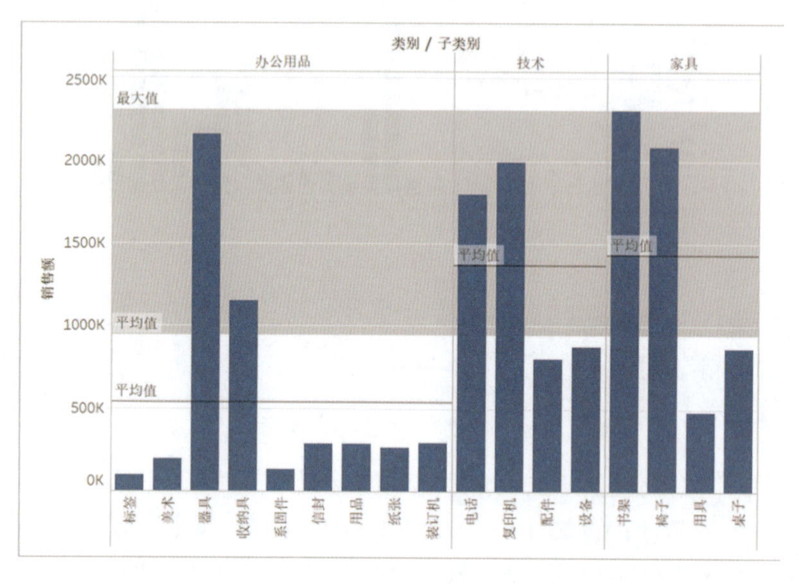

图 8-92

8.7.4 【实例 38】预测未来的销售额

如果视图中包含至少一个日期维度和一个度量，则可以对视图创建预测。本例将介绍如何在销售额随月份变化的趋势图中创建预测。

素材文件	\ 第 8 章 \ 示例 - 超市 .xls
结果文件	\ 第 8 章 \ 实例 38.twbx

具体步骤如下。

1. 创建视图

连接素材文件，在工作表左侧的“数据”窗格中，将“销售额”字段拖曳至“行”功能区中，将“订单日期”字段拖曳至“列”功能区中，然后在“列”功能区中将“年 (订单日期)”胶囊修改为“月”。

2. 创建预测

从“数据”窗格切换至“分析”窗格，将“预测”拖曳至视图中，即可自动创建未来几个月的预测值，如图 8-93 所示。

3. 设置预测选项

视图右侧的阴影区域是预测值为 95% 的预测区间，即该模型所预测的销售额值位于阴影区域内的可能性为 95%。

用鼠标右键单击任意预测标记，在弹出的菜单中选择“预测” - “预测选项”命令。在预测选型对话框的“显示预测区间”选项中可以设置预测区间中可信度的百分位，以及是否在预测中包含预测区间。

4. 描述预测

用鼠标右键单击任意预测标记，在弹出的菜单中选择“预测” - “描述预测”命令，即可查看此预测模型的各项统计指标，如图 8-94 所示。

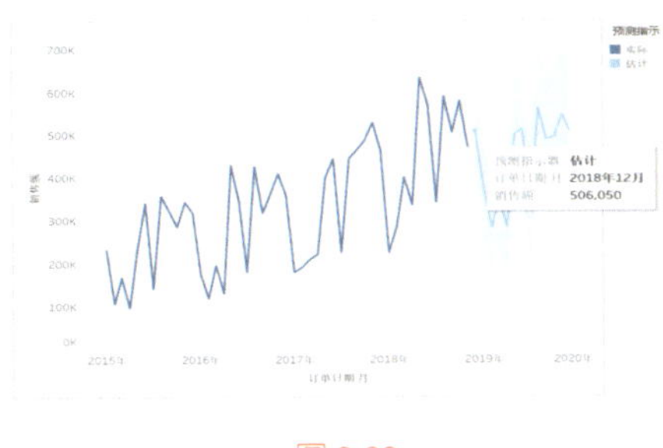

图 8-93

描述预测

摘要　模型

已使用指数平滑法计算所有预测。

销售额 总和

模型			质量指标					平滑系数		
级别	趋势	季节	RMSE	MAE	MASE	MAPE	AIC	Alpha	Beta	Gamma
累加	无	累加	51,492	38,587	0.49	12.9%	1,050	0.404	0.000	0.000

复制到剪贴板　了解有关预测模型的更多信息　关闭

图 8-94

8.8 操作功能的应用

在制作完仪表板后，能看到的仅是平面且静态的图表。灵活运用 Tableau 的众多功能，可以丰富仪表板的展示形式。

本节将通过 3 个实例介绍如何利用工具提示、页面播放、仪表板操作等功能优化报表的交互效果。

8.8.1 在工具提示中创建视图

当光标悬停在视图上的标记时，将出现“工具提示”。“工具提示”将可以呈现与该标记相关的信息，或自主创建的文字内容。

如果使用的是 Tableau Desktop 10.5 以上版本，则可以实现在“工具提示”中显示图表，这大大增加了可视化作品的交互性，也精简了仪表板的空间布局。

图 8-95 是在产品分析视图中加入了工具提示嵌套图形的交互效果。

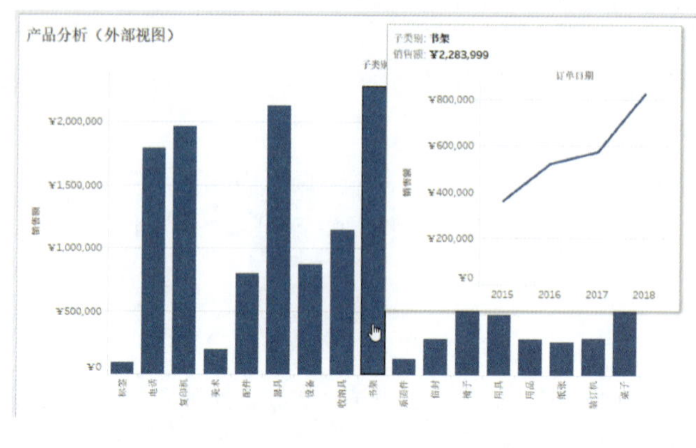

图 8-95

具体步骤如下。

1. 创建“工具提示”内的完整视图

连接素材文件，在工作表左侧的“数据”窗格中，将“销售额”字段拖曳至“行”功能区中，将“订单日期”字段拖曳至“列”功能区中，这样便创建了一个销售额随订单年份变化的折线图。然后将此工作表命名为“时间分析（内部视图）”。

2. 创建外部视图

新建一个工作表，将“销售额”字段拖曳至“行”功能区中，将“子类别”字段拖曳至“列”功能区中，这样便创建了一个产品子类别销售额分析的柱状图。然后将此工作表命名为“产品分析（外部视图）”。

3. 在外部视图的“工具提示”中引用内部视图

在“产品分析（外部视图）”工作表中，单击“标记”卡中的“工具提示”，在弹出的工具提示编辑框中单击右上角的“插入”按钮，然后选择“工作表”-“时间分析（内部视图）”，如图 8-96 所示。

4. 设置“工具提示”中工作表的显示尺寸

现在“工具提示”编辑框中的内容如下：

```
子类别：        <子类别>
销售额：        <总和(销售额)>
<Sheet name=" 时间分析（内部视图）" maxwidth=" 300" maxheight=" 300" filter=" <所有字段>" >
```

其中的 maxwidth 和 maxheight 参数用于控制“工具提示”中视图的最大长宽尺寸，其默认值为 maxwidth=“300” maxheight=“300”，可以根据需要自行调整参数的值。

5. 设置内部视图的筛选条件

如果需要替换筛选条件，则将光标悬停在 filter=" " 中的双引号中，然后通过单击“插入”菜单选择可用的字段。或者，直接将 < 所有字段 > 改为可用的字段，如图 8-97 所示。

在默认情况下，“工具提示”中可视化项的筛选级别是所有字段。在本例中，将依据内部视图中的所有维度（不包括“筛选器”功能区上的字段）的具体详细级别对视图进行筛选。

可以通过在所选字段上定义筛选器（类似于在筛选操作中的所选字段上进行筛选），以更改“工具提示”中可视化项的详细信息级别。

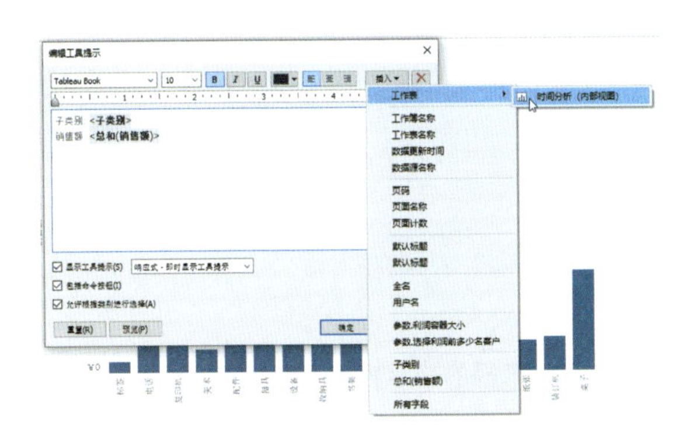

图 8-96

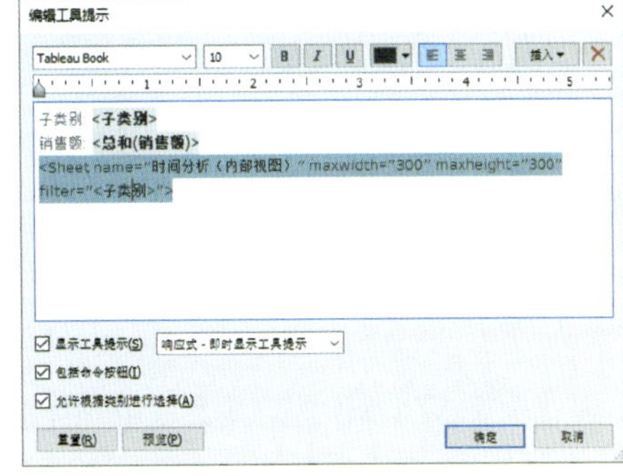

图 8-97

8.8.2　使用页面播放功能

通过“页面”卡，可以实现视图标记的动态播放。例如，将时间维度胶囊放入“页面”卡后，视图将根据时间动态展示指标数据的变化轨迹。

下面通过一个实例展现订单散点图随订单时间动态变化的效果。

（1）连接素材文件，在工作表左侧的“数据”窗格中，将度量“销售额”字段拖曳至“行”功能区中，将度量“利润”字段拖曳至“列”功能区中，然后将“订单 Id”字段拖曳至“标记”卡的“详细信息”上。

（2）将维度“订单日期”字段拖曳至“页面”卡。用鼠标右键单击此胶囊，在弹出的菜单中将日期维度修改为离散的“月”，如图 8-98 所示。

图 8–98

（4）在工作区右侧出现了一个播放控件。单击▶按钮，可以让视图按照“月(订单日期)”的日期值进行顺序播放；单击◀按钮可以让视图按照“月(订单日期)”的日期值进行倒序播放；单击■按钮可暂停播放；单击▁ ▬ ▤按钮则可以设置播放的速度。

（5）设置“历史记录”下拉控件。历史记录下拉控件包含以下几个选项。

- 标记以显示以下内容的历史记录：选择以何种方式显示历史记录，共有 4 种选项——“已选定”“已突出显示”“手动”和“全部”。如果要手动显示标记的历史记录，则需要在视图中用鼠标右键单击标记，然后在弹出的菜单中对“页面历史记录”选项进行设置。
- 长度：选择要显示在历史记录中的页面数量。
- 显示：指定显示方式，有 3 种选项——“标记”“轨迹”和“全部”。
- 标记：设置历史标记的格式，包括颜色、淡化程度等。如果已经将颜色设置为自动，则标记将使用“标记”卡中“颜色”的默认颜色。
- 轨迹：为历史标记的轨迹线设置格式。在“显示”选项中选择了“轨迹”时，此选项才可用。

如果在视图中将某个字段放在“颜色”卡上来区分视图标记的颜色，并且有多个标记是相同的颜色，则无法显示轨迹。另外，仅有离散标记类型（例如正方形、圆形或形状）支持轨迹。在标记类型为“自动”时，也无法显示轨迹。

8.8.3 仪表板的操作

通过仪表板的操作，可向数据中添加上下文以加强仪表板的交互性。除通过选择标记、光标悬停或单击菜单来实现交互外，还可以通过设置动作来实现导航和视图变化，以增强响应效果。

仪表板中的“操作”共有以下 5 类。

- 筛选器：使用一个视图中的数据来筛选另一个视图中的数据，以帮助用户分析。
- 突出显示：通过为特定标记着色、将其他所有标记显示为灰色，引起用户对特定标记的关注。
- 转到 URL：创建指向外部资源（例如网页、文本或另一个 Tableau 工作表）的超链接。
- 转到工作表：简化导航到其他工作表、仪表板或故事的操作。
- 更改集值：可通过直接与可视化项上的标记交互来更改集中的值。

在 Tableau 2018.3 之前的版本中，仪表板的操作功能仅包含上述前 3 项。“转到工作表”和“更改集值”是 Tableau 2018.3 新增的两项功能。

下面通过 3 个实例介绍在业务分析中经常用到的仪表板操作。

8.8.4 【实例 39】利用“筛选器”实现单击标记筛选跳转

通过仪表板中的“筛选器”，可以实现单击某个图形中的标记时，从当前仪表板切换到另一个仪表板的效果。并且，这种“跳转”操作是有筛选效果的，即单击某一个标记跳转到另一页面后，此页面呈现的是这个标记的情况，而不是全部标记的情况。

素材文件	无
结果文件	\第 8 章\实例 39.twbx

在 Tableau 开始界面下方找到“示例超市”“中国分析”和“世界指标”这 3 个示例工作簿，如图 8-99 所示。

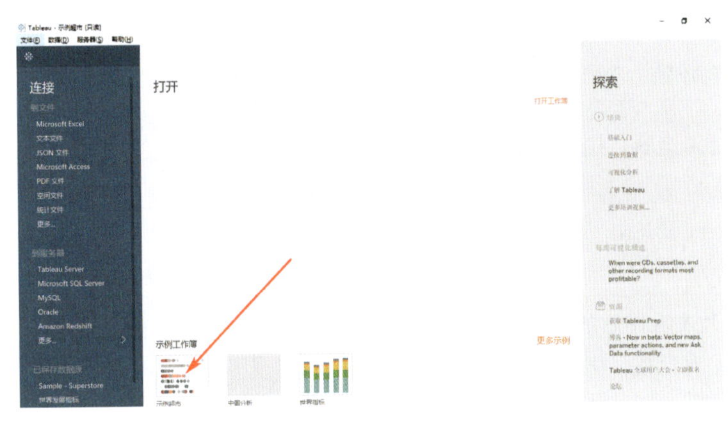

图 8-99

这里使用的是示例工作簿，而非“示例 – 超市”数据源。示例工作簿中包含 Tableau 已经制作好的一系列仪表板。如果当前软件的语言并非中文，那示例工作簿的主题和名称可能会不一样。

示例工作簿“示例超市”中一共有 4 个仪表板，分别是“概述”“产品”“客户”和“装运”。下面将介绍如何实现在“客户”仪表板中单击散点图中的圆点从而转到“产品”仪表板的效果。具体步骤如下。

（1）打开“示例超市”工作簿，单击“客户”仪表板，单击菜单栏中的“仪表板” - “操作”命令。在弹出的“操作”对话框中，可以看到当前仪表板上的所有操作，包括已经设置好的“单击标记进行筛选”操作。

（2）单击“添加操作”按钮，选择“筛选器”命令。在弹出的“添加筛选器操作”对话框中，设置此操作的名称为“筛选客户并跳转”。

（3）在“源工作表”处仅勾选“客户散点图”复选框，这意味着单击此工作表将触发动作。然后将“运行操作方式”修改为“选择”。

实现操作的动作有以下 3 种方式。

- 悬停：将光标停在视图的标记上就能触发动作。此选项适合在仪表板中突出显示和筛选动作。
- 选择：单击视图中的标记便触发动作。此选项适合所有类型的动作。
- 菜单：用鼠标右键单击视图中的标记，然后在下拉菜单中选择一个选项。此选项适合筛选和 URL 动作。

（4）在“目标工作表”处选择“产品”仪表板，并勾选其下所有工作表。这意味着在执行此操作后工作表将发生联动变化。

（5）在“清除选定内容将会”栏中选中“显示所有值”单选按钮。

- 保留筛选器：在取消选择标记后，目标工作表的筛选条件会被保留。
- 显示所有值：在取消选择标记后，目标工作表的筛选条件全部清除，恢复原状。
- 排除所有值：在取消选择标记后，目标工作表的筛选条件变为“无”，即不显示任何值。

（6）在“目标筛选器”栏中选中“所有字段”单选按钮。

在“目标筛选器”中可以设置字段，实现通过仪表板操作筛选到“所有”“无”或者某一些维度。

（7）设置完上述操作后的对话框如图 8-100 所示，单击“确定”按钮返回“操作”对话框，再次单击“确定”按钮。

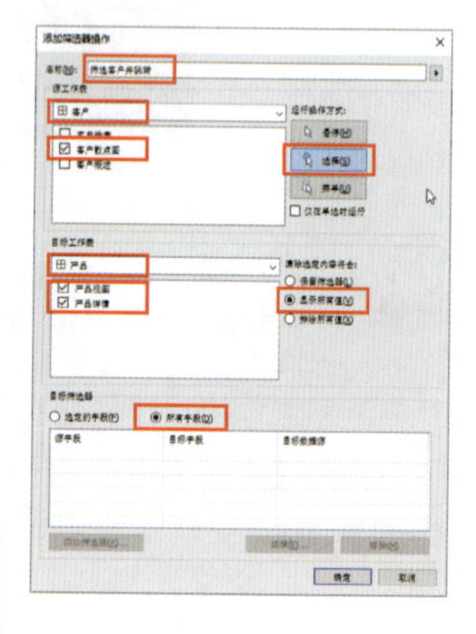

图 8-100

现在，单击在“客户”仪表板中散点图上的标记点，即可跳转到已进行筛选的“产品”仪表板。

8.8.5 【实例 40】利用“突出显示”功能高亮显示数据

另一项常用的操作功能是“突出显示”，它可以在触发操作时高亮显示目标工作表中具有相同维度的标记，以实现突出显示效果。

素材文件	无
结果文件	\ 第 8 章 \ 实例 40.twbx

在“产品”仪表板中光标悬停在单个工作表的任意标记时，如何让另一个工作表的相同维度数据产生突出显示效果（如图 8-101 所示）呢？

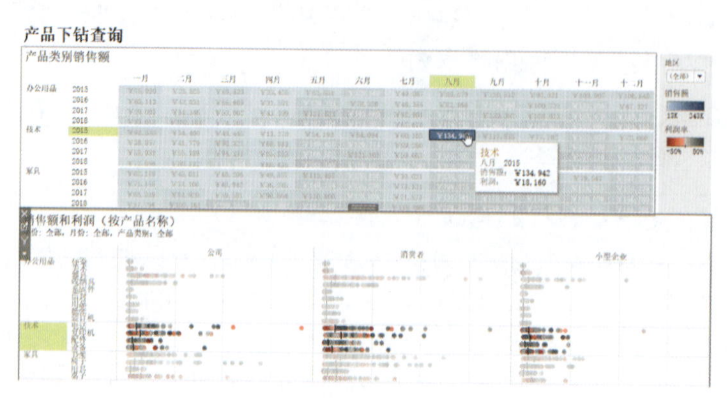

图 8-101

具体步骤如下。

（1）打开“示例 - 超市”工作簿，单击“产品”仪表板，单击菜单栏中的“仪表板”-“操作”命令。

（2）在弹出的“操作”对话框中，单击“添加操作”按钮，选择“突出显示”命令。

（3）在弹出的“添加突出显示动作”对话框中设置此操作的名称为“高亮”。

（4）在“源工作表”处勾选此操作的源工作表“产品视图”和“产品详情”，将“运行操作方式”设置为“悬停”。

（5）在“目标工作表”处勾选“产品视图”和“产品详情”工作表。在“目标突出显示”栏中选中“所有字段”单选按钮。

（6）设置完后的对话框如图 8-102 所示，单击“确定”按钮返回“操作”对话框，再次单击“确定”按钮。

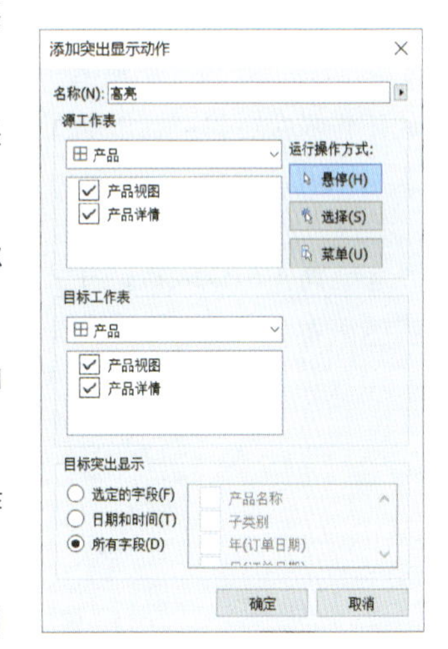

图 8-102

现在，将光标悬停在“产品”仪表板中单个图表的标记上，则其他图表中的相关维度数据会出现高亮显示效果。

8.8.6 【实例 41】利用“筛选器”功能实现容器下钻

在数据分析过程中，尤其在做数据汇报时，难免需要做多层级的精准报告，此时实现仪表板的数据下钻就显得格外重要。以往的做法是通过筛选去下钻或通过视图进行筛选，其实还可以通过在 Tableau 的同一界面中用容器来实现图表下钻。

本实例将介绍如何在单击省份地图后在同一视图中呈现下钻到该省各城市的视图。

素材文件	\第 8 章\示例 - 超市 .xls
结果文件	\第 8 章\实例 41.twbx

具体步骤如下。

1. 创建一个省份级别地图

连接素材文件，在工作表左侧的“数据”窗格中，将“销售额”字段拖曳至“行”功能区中，将已转换为地理角色的“省 / 自治区”字段拖曳至“列”功能区中。然后打开工具栏右侧的“智能推荐”菜单，选择“填充地图”，再将此工作表命名为“省份地图”。

2. 创建一个城市级别地图

新建一个工作表，将“销售额”字段拖曳至“行”功能区中，将已转换为地理角色的“城市”字段拖曳至“列”功能区中。然后打开工具栏右侧的“智能推荐”菜单，选择“点状地图”，再将此工作表命名为“城市地图”。

3. 在仪表板中的容器中插入图表

新建一个仪表板，在“仪表板”窗格中选中一个水平或垂直容器（视情况而定），将其拖曳至视图画布中，如图 8-103 所示。然后将“省份地图”和“城市地图”工作表都拖曳至此容器中。

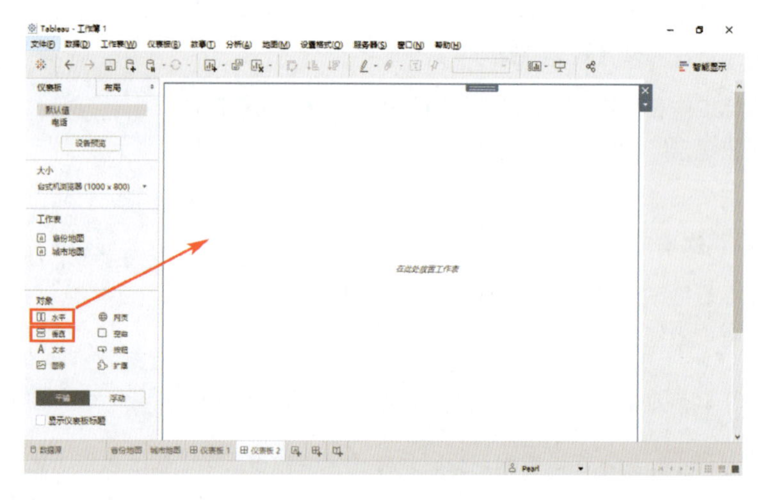

图 8-103

4. 隐藏城市地图工作表标题

用鼠标右键单击工作表“城市地图”的标题，在弹出的菜单中选择“隐藏标题”命令，如图 8-104 所示。

5. 设置操作

（1）选择菜单栏中的“仪表板”-“操作”命令，在弹出的“操作”对话框中单击“添加操作”按钮，选择“筛选器”命令。

（2）在弹出的“添加筛选器操作”对话框中，将操作命名为“省份下钻到城市”在“源工作表”处仅勾选“省份地图”，将“运行操作方式”选择为“选择”；在“目标工作表”处仅勾选“城市地图”，将“清除选定内容将会”选择为“排除所有值”，将“目标筛选器”选择为“所有字段”，如图 8-105 所示。然后单击“确定”按钮。

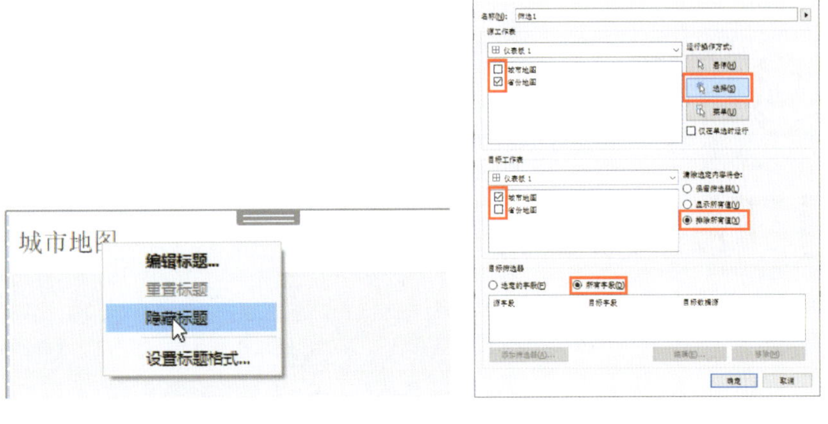

图 8-104　　　　图 8-105

此时单击“省份地图”中的任意省份，则“城市地图”将自动下钻显示各城市的销售额数据。可扫描二维码 8-3 查看效果图。

二维码 8-3

第 9 章 常用 Tableau 函数

在 8.2 节已经介绍了 Tableau 中的计算类型，本章将在其基础上介绍基本计算中的常用函数。下面列举了各类型常用函数。

- 聚合函数：SUM()、AVG()、MIN()、MAX()、COUNTD()、ATTR()
- 数字函数：ZN()、ABS()
- 字符串函数：CONTAIN()、LEFT()、RIGHT()、MID()、LEN()、FIND()
- 日期函数：DATEADD()、DATEDIFF()、YEAR()、MONTH()、TODAY()、DATEPARSE()、DATETRUNC ()
- 逻辑函数：CASE WHEN 语句、IF THEN 语句、ISNULL()、IIF()
- 类型转换函数：STR()、INT()、DATE()、MAKEDATE()
- 用户函数：USERNAME()

9.1 数字函数

9.1.1 【实例 42】用 ZN() 函数处理数据的缺失值

素材文件	\第 9 章\实例 42.xlsx
结果文件	\第 9 章\实例 42.twbx

ZN() 函数可以用于处理空值，其主要的场景是处理趋势分析中的数据缺失。另外，它也可以用来处理销售额的加法及减法等。

函数语法格式说明：ZN(expression)。

如果 expression（表达式）不为 Null，则返回该表达式，否则返回零。

下面来看一个例子：

在图 9-1 所示的“实例 42.xlsx”素材文件数据中，有几天没有销售数据。这有可能是当天没有开店营业，也有可能是漏记或确实没有销售记录。

如果要分析其销售趋势，这些缺失的数据一定会影响最终的呈现效果。此时便可以使用 ZN() 函数将缺失的数据当作“0”来处理。

具体操作步骤如下。

（1）连接“实例 42.xlsx”素材文件。然后将“订单日期”和“销售额”字段分别拖曳至“列”和“行”功能区中，再将“销售额”字段拖曳至“标记”卡的“标签”上，生成折线图，如图 9-2 所示。可以看到，折线图中的折线是断开的，因为缺少部分数据。

订单日期	销售额
2003年3月29日	670
2004年3月29日	293
2005年3月29日	438
2006年3月29日	
2007年3月29日	273
2008年3月29日	782
2009年3月29日	
2010年3月29日	766
2011年3月29日	286
2012年3月29日	678
2013年3月29日	
2014年3月29日	456
2015年3月29日	355
2016年3月29日	220
2017年3月29日	456

图 9-1　　图 9-2

（2）使用 ZN() 函数创建一个计算字段，将其命名为“计算 1”，在对话框中键入“ZN([销售额])”，如图 9-3 所示。

（3）拖曳将刚创建好的计算字段“计算 1”两次，分别放至“行”功能区中和“标记”卡上，替换掉“总和 (销售额)”胶囊。可以看到一条连续的折线图，如图 9-4 所示。

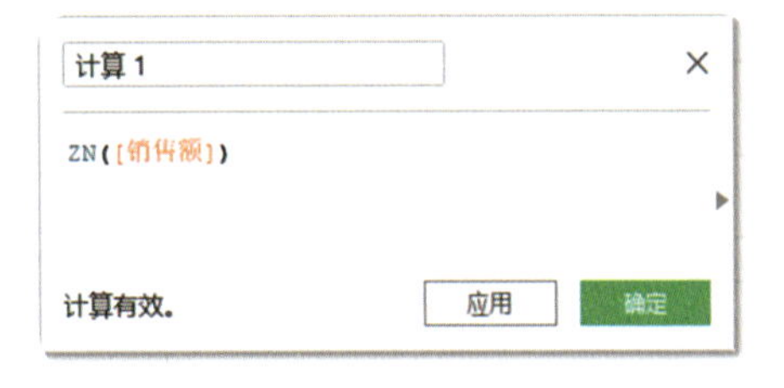

图 9-3

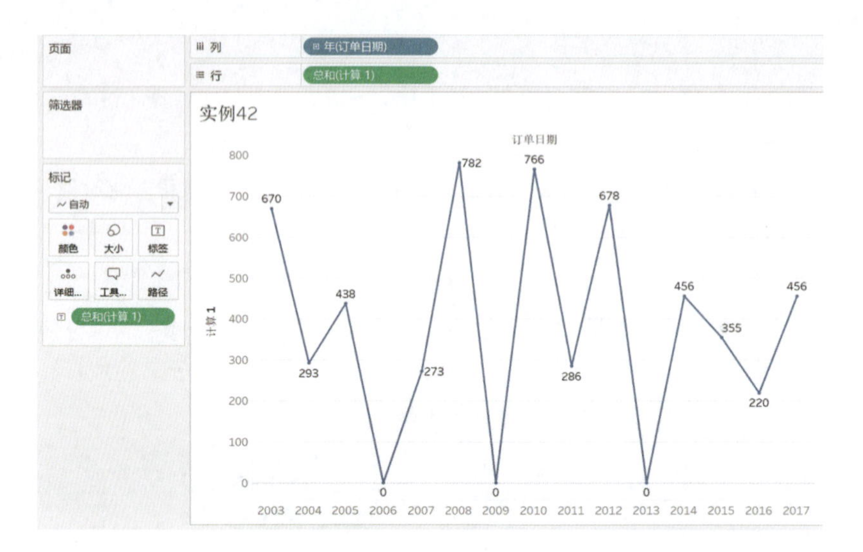

图 9-4

（4）将“销售额”字段拖曳至“行”功能区中，可以对比使用计算字段与源数据字段的可视化结果，如图 9-5 所示。

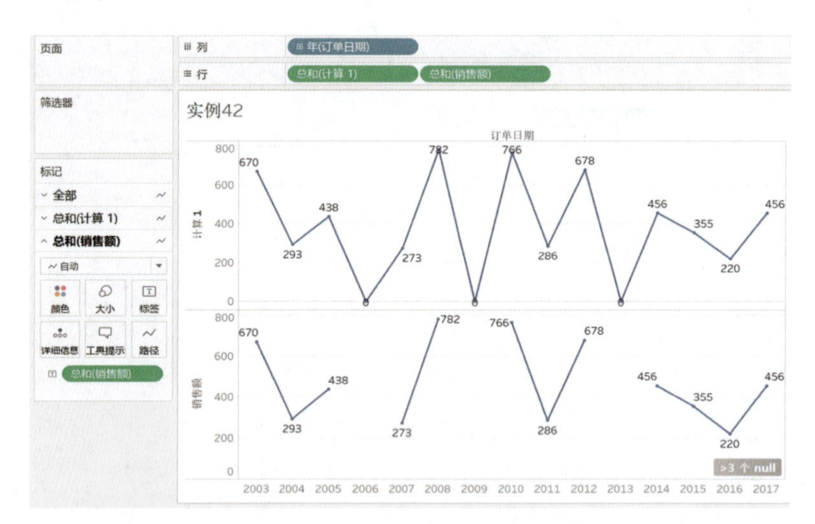

图 9-5

这是一种快速填充数据并获得连续折线图的方法。但也要谨慎使用这种方法，有时让数据保持缺失也是一种正确的选择。

9.1.2 【实例 43】用 ABS() 函数查看数据绝对值

ABS() 函数用于返回给定数字的绝对值。例如，ABS(– 5)=5。在日常业务分析场景中，常以颜色标记呈现各城市的利润情况，但由于城市数据过多，所以会有部分高盈利或高亏损城市的颜色标记被覆盖。如果只想关注高盈利和高亏损的城市，则需要置顶这些城市。

素材文件	\ 第 9 章 \ 示例 - 超市 .xls
结果文件	\ 第 9 章 \ 实例 43.twbx

具体步骤如下。

（1）连接“示例 - 超市 .xls”素材文件。将“数据”窗格中的“城市”字段类型转换为地理角色。双击“城市”字段，将“利润”字段拖曳至“标记”卡的“颜色”上。

（2）用 ABS() 函数创建一个计算字段，将其命名为“计算 1”，在对话框中键入“ABS([利润])”，如图 9-6 所示，用这个公式可以得出利润的绝对值。

图 9-6

（2）在“标记”卡中，用鼠标右键单击“城市”胶囊，在弹出的菜单中选择“排序”命令，如图 9-7 所示。

（3）在弹出的对话框中，将“排序依据”选择为“字段”，将排序顺序选择为“降序”，将“字段名称”选择为刚创建的计算字段“计算 1”，将“聚合”选择为“总和”，如图 9-8 所示。

图 9-7　　图 9-8

关闭此对话框后，想重点关注的高盈利和高亏损城市就显示出来了。

9.2 字符串函数

9.2.1 【实例 44】用 LEFT() 函数和 RIGHT() 函数截取字符串

在“实例 44.xlsx”的素材文件中（如图 9-9 所示），可以看到“地区”字段包含“北京市”和部分下辖区域的内容。如果想把字段中的“北京市”和下辖区域区分别截取出来，则可以用 LEFT() 函数和 RIGHT() 函数来快速实现。

图 9-9

函数语法格式说明：

- LEFT(string, number)：返回字符串最左侧一定数量的字符。
- RIGHT(string, number)：返回字符串最右侧一定数量的字符。

素材文件	\ 第 9 章 \ 实例 44.xlsx
结果文件	\ 第 9 章 \ 实例 44.twbx

通过观察，“北京市”在“地区”字段中占据前 3 个字符，而下辖区域则占据后 3 个字符。搞清楚这两个内容的占位符数量后，具体操作如下。

（1）用 LEFT() 函创建新的计算字段，将其命名为“计算 1”，在对话框中键入“LEFT([地区],3)”，如图 9-10 所示。

（2）将“计算 1”字段拖曳至“行”功能区中。可以看到“北京市”被截取出来了，如图 9-11 所示。

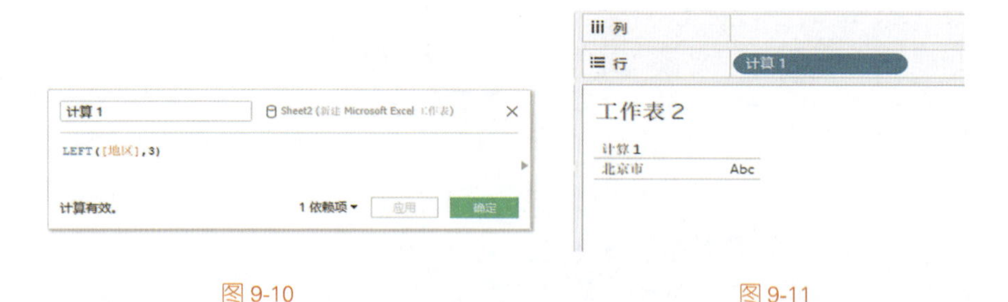

图 9-10　　图 9-11

（2）使用 RIGHT() 函数创建新的计算字段，将其命名为“计算 2”，在对话框中键入“RIGHT([地区],3)”，如图 9-12 所示。

（3）将“计算 2”字段拖曳至“行”功能区中，可以看到字段末端用来表示下辖区域的文字被截取出来了，如图 9-13 所示。

图 9-12

图 9-13

9.2.2 【实例 45】用 CONTAINS() 函数进行模糊搜索查询

CONTAINS() 函数主要用于查询关键字符，其作用对象是字符串。

函数语法格式说明：CONTAINS(string, substring)。

如果在给定字符串中包含指定子字符串，则返回 true。

下面利用素材文件中的全国销售地图，做一个省份的模糊搜索查询。

素材文件	\ 第 9 章 \ 实例 45 素材 .twbx
结果文件	\ 第 9 章 \ 实例 45.twbx

具体步骤如下。

（1）创建一个用于模糊查询输入用的参数筛选器。用鼠标单击“数据”窗格的下拉三角符号，在弹出的菜单中选择“创建参数”命令；然后在弹出的“创建参数”对话框，将“数据类型”设置为“字符串”，在“当前值”文本框中输入“全部”，在“允许的值”后选中“全部”单选按钮，单击“确定”按钮，如图 9-14 所示。

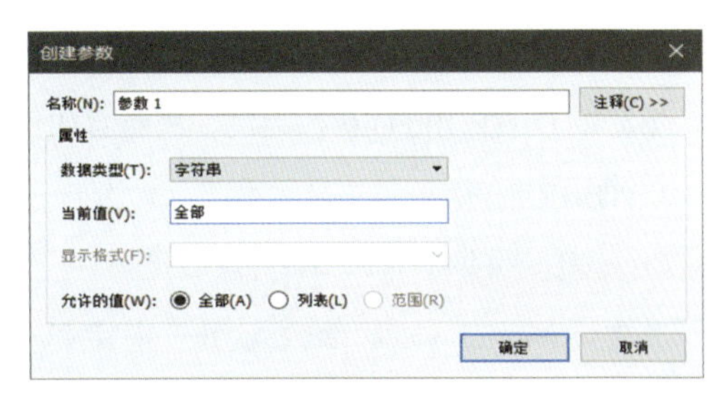

图 9-14

（2）用鼠标右键单击刚刚创建的参数，在弹出的菜单中选择“显示参数”命令。

（3）将“数据”窗格中的维度字段“省 / 自治区”拖曳至“筛选器”卡中。切换至“条件”选项卡，选中“按公式”单选按钮，在对话框中输入以下公式，单击“确定”按钮，如图 9-15 所示。

```
[参数 1]='全部' or CONTAINS([省/自治区],[参数 1])
```

（4）在“参数 1”文本框中输入省 / 自治区的关键字，如“东”，则广东省和山东省就被筛出来了，如图 9-16 所示。

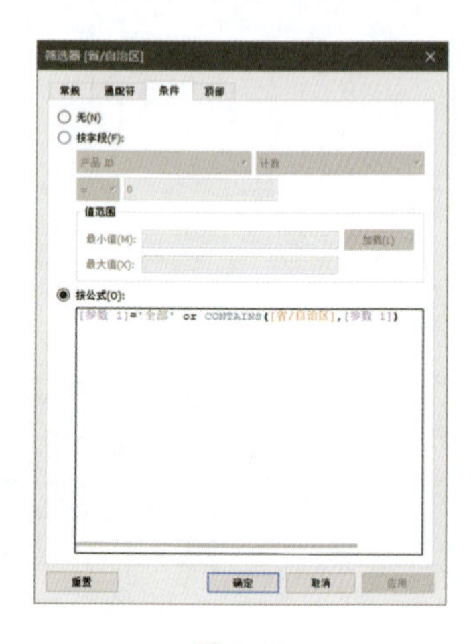

图 9-15

图 9-16

9.3 日期函数

9.3.1 【实例 46】用 DATEDIFF() 函数计算两个日期的间隔天数

在日常的数据分析工作中，对于日期的处理非常重要。关于日期的计算，Tableau 中提供了丰富的函数，如 YEAR()、MONTH()、DATEADD()、DATEDIFF()、DATEPARSE()、DATETRUNC() 等。其中，DATEADD() 和 DATEDIFF() 函数用于日期的加减运算。

下面以 DATEDIFF() 函数为例，来看看如何计算两个日期的差值。

DATEDIFF() 函数语法格式如下，它返回 date1 与 date2 之差（以 date_part 的单位表示）。

```
DATEDIFF(date_part, date1, date2, [start_of_week])
```

其中，start_of_week 参数可用于指定哪一天是一周的第一天，是可选参数，可能的值为 monday、tuesday 等。

如果省略 start_of_week 参数，则一周的开始由数据源确定（在 Tableau 中默认 Sunday 为一周的第一天）。

素材文件	\第 9 章 \ 示例 - 超市 .xls
结果文件	\第 9 章 \ 实例 46.twbx

使用“示例 - 超市 .xls”数据，若要评估每个订单的发货效率，即计算订单的“发货日期”与“订单日期”的时间差。具体步骤如下。

（1）用 DATEDIFF() 函数创建一个计算字段，将其命名为“计算 1”，在对话框中键入以下内容，如图 9-17 所示。

```
DATEDIFF('day',[订单日期],[发货日期])
```

（2）将“数据”窗格中的“订单 ID”字段拖曳至“行”功能区中，把上面创建的计算字段“计算 1”字段拖曳至“标记”卡的“文本”上，就可以展示每个订单的订单日期与发货日期的间隔天数，如图 9-18 所示。

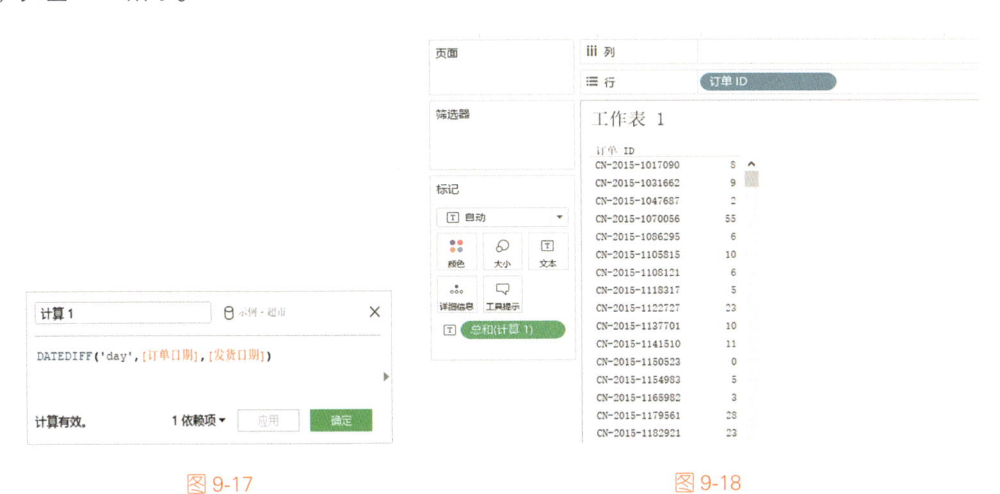

图 9-17　　　　图 9-18

9.3.2 【实例 47】用多个函数处理日期

素材文件	\第 9 章\示例 - 超市 .xls
结果文件	\第 9 章\实例 47.twbx

在日常的分析场景中，涉及日期的计算往往需要用到多个函数。下面以 YEAR() 和 DATEPARSE() 函数为例。

- YEAR() 函数：以整数形式返回给定日期的年。例如，YEAR([订单日期])，如图 9-19 所示。
- DATEPARSE() 函数：将字符串转换为指定格式的日期。其语法格式说明：DATEPARSE(format,sting)。例如，若将用 YEAR() 函数截取的整数年用在 DATEPARSE() 函数中则会报错，如图 9-20 所示。这是因为 YEAR() 函数返回的结果是整数，而 DATEPARSE() 函数要求的是字符串。

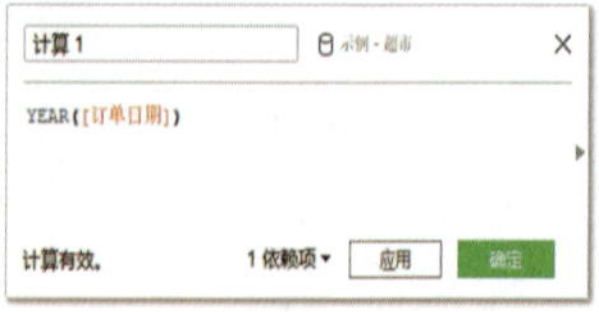

图 9-19

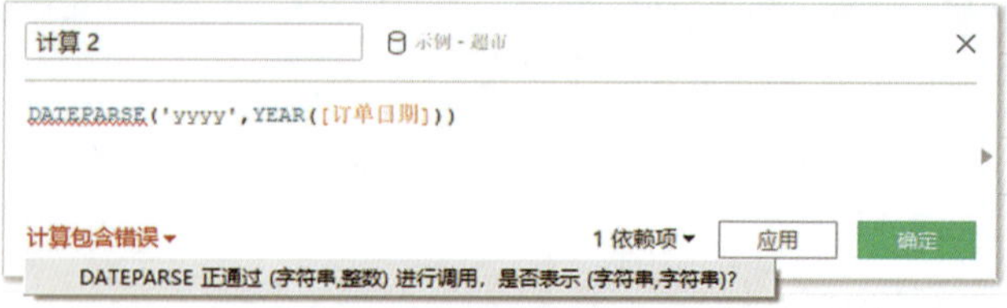

图 9-20

这里使用 STR() 函数把 YEAR() 函数的结果由数字格式转换为字符串格式，如图 9-21 所示。这样就可以使用此计算字段去查看基于“年”的数据了，如图 9-22 所示。

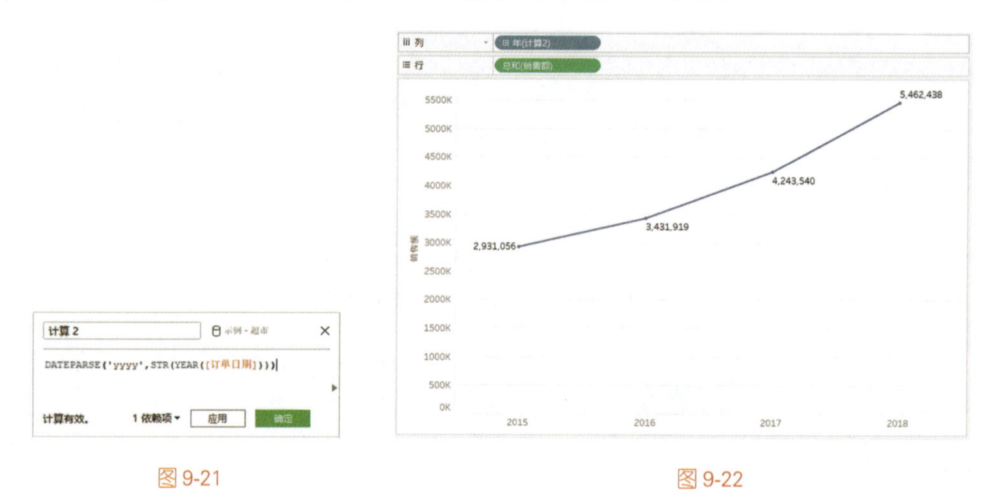

图 9-21

图 9-22

9.4 逻辑函数

9.4.1 【实例 48】使用 CASE WHEN 语句

CASE WHEN 语句用于评估表达式（expression），并将其与一系列值（value1、value2 等）进行比较，并返回相应的值。其语法格式如下：

```
CASE <expression>
  WHEN <value1> THEN <return1>
  WHEN <value2> THEN <return2>
  ...
  ELSE <default return>
END
```

- 如果遇到一个与 expression 匹配的值，则返回相应的返回值。
- 如果未找到匹配值，则使用默认的返回表达式。
- 如果不存在默认的返回表达式并且没有任何值匹配，则返回 Null。

素材文件	\第 9 章\示例 - 超市 .xls
结果文件	\第 9 章\实例 48.twbx

例如，用 CASE WHEN 语句来实现指标切换的效果。具体步骤如下。

（1）创建一个指标参数，如图 9-23 所示。

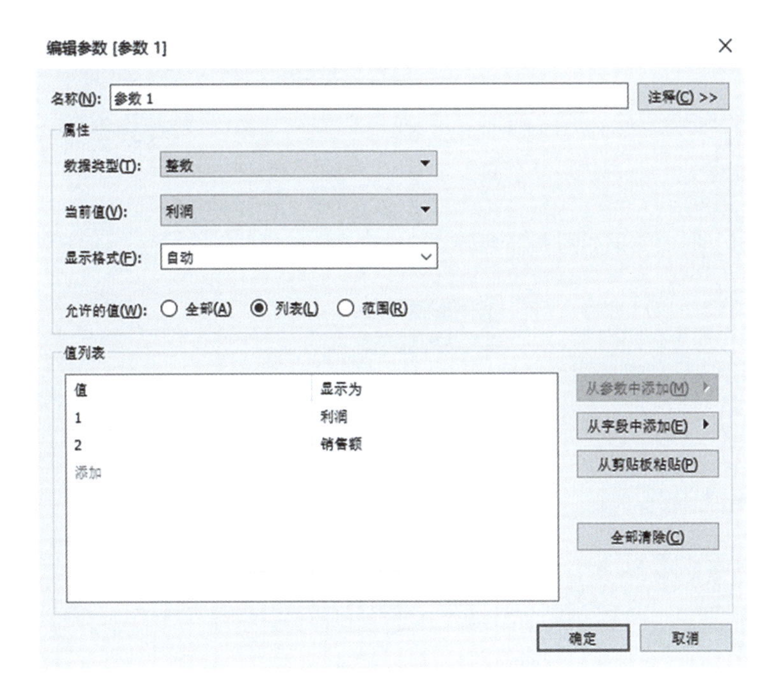

图 9-23

（2）创建一个可以通过参数切换指标的计算字段，如图 9-24 所示。

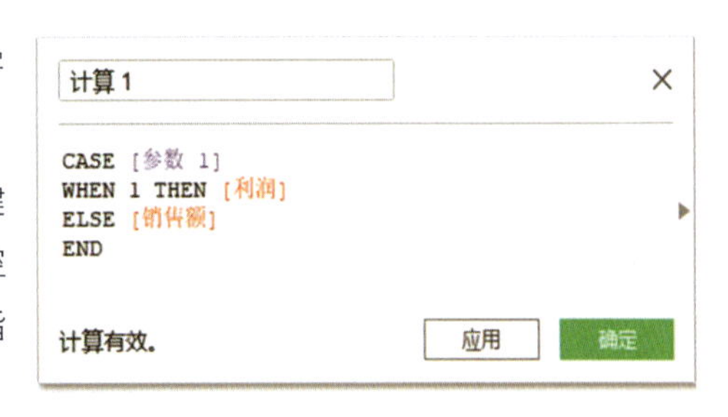

图 9-24

（3）在“数据”窗格的“参数”中，用鼠标右键单击“参数 1”，在弹出的菜单中选择“显示参数控件”命令。此时就可以用参数去切换视图上不同的指标了。

选择“利润”时的结果如图 9-25 所示。

页面　列 地区　行 子类别　筛选器　标记　自动　颜色　大小　文本　详细信息　工具提示　总和(计算 1)　参数 1　利润

子类别	东北	华北	华东	西北	西南	中南
标签	3,975	2,087	7,594	1,007	2,423	6,858
电话	10,935	36,468	89,738	6,236	20,494	59,478
复印机	29,982	62,287	66,990	10,777	-19,831	102,691
美术	-10,557	5,906	-3,821	-619	-1,707	-7,468
配件	19,842	20,994	31,427	3,659	8,223	46,660
器具	13,372	36,061	53,516	20,373	8,647	67,058
设备	22,671	25,238	40,025	3,343	10,175	42,659
收纳具	42,941	55,026	92,670	18,137	22,061	86,009
书架	30,949	100,671	98,949	6,803	29,967	93,797
系固件	2,234	3,233	2,416	776	1,807	8,163
信封	12,847	10,442	22,157	2,643	8,591	15,825
椅子	48,774	43,659	112,168	26,845	8,462	85,929
用具	8,742	17,351	21,698	5,191	5,710	26,475
用品	4,970	6,736	8,434	1,734	2,731	15,972
纸张	12,167	11,101	18,086	2,240	3,731	14,297
装订机	4,119	6,673	14,534	3,344	988	13,101
桌子	-15,773	-12,881	-69,361	-13,935	-14,837	-6,618

图 9-25

选择“销售额”时的结果如图 9-26 所示。

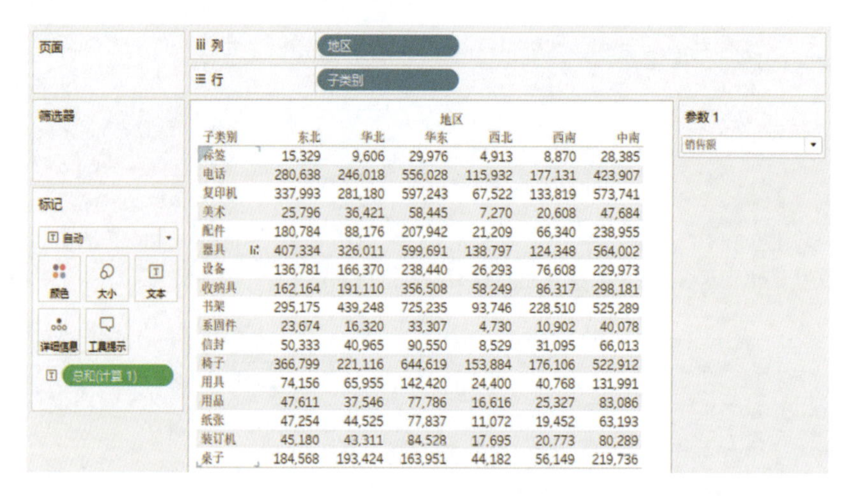

子类别	东北	华北	华东	西北	西南	中南
标签	15,329	9,606	29,976	4,913	8,870	28,385
电话	280,638	246,018	556,028	115,932	177,131	423,907
复印机	337,993	281,180	597,243	67,522	133,819	573,741
美术	25,796	36,421	58,445	7,270	20,608	47,684
配件	180,784	88,176	207,942	21,209	66,340	238,955
器具	407,334	326,011	599,691	138,797	124,348	564,002
设备	136,781	166,370	238,440	26,293	76,608	229,973
收纳具	162,164	191,110	356,508	58,249	86,317	298,181
书架	295,175	439,248	725,235	93,746	228,510	525,289
系固件	23,674	16,320	33,307	4,730	10,902	40,078
信封	50,333	40,965	90,550	8,529	31,095	66,013
椅子	366,799	221,116	644,619	153,884	176,106	522,912
用具	74,156	65,955	142,420	24,400	40,768	131,991
用品	47,611	37,546	77,786	16,616	25,327	83,086
纸张	47,254	44,525	77,837	11,072	19,452	63,193
装订机	45,180	43,311	84,528	17,695	20,773	80,289
桌子	184,568	193,424	163,951	44,182	56,149	219,736

图 9-26

在本例中是使用 CASE WHEN 语句来计算的，也可用 IF THEN 语句来计算：

```
IF [ 参数 1 ]=1
  THEN [ 利润 ]
  ELSE [ 销售额 ]
END
```

但从查询性能的角度上来看，推荐使用 CASE WHEN 语句，它可以减少数据的重复查询。

9.4.2 【实例 49】使用 IF THEN 语句

IF THEN 语句用于测试一系列表达式，并为第一个为 true 的 <expr> 返回 <then> 值。其语法格式如下：

```
IF <expr>
  THEN <then>
  [ELSEIF <expr2>
    THEN <then2>...]
  [ELSE <else>]
END
```

素材文件	\ 第 9 章 \ 示例 - 超市 .xls
结果文件	\ 第 9 章 \ 实例 49.twbx

例如，用 IF THEN 语句判断盈亏的具体步骤如下。

（1）创建计算字段，将其命名为“计算 1”，在对话框中键入以下代码，如图 9-27 所示。

```
IF SUM([ 利润 ])>0 THEN ' 盈利 '
  ELSE ' 亏损 '
END
```

图 9-27

（2）将“数据”窗格中的字段“子类别”和“计算 1”都拖曳至“行”功能区中，将“利润”字段拖曳至“标记”卡的“文本”卡中，再将“计算 1”拖曳至“标记”卡的“颜色”上，这样便能清晰地看出各个子类别产品的盈亏情况，如图 9-28 所示。

图 9-28

9.4.3 【实例 50】使用 ISNULL() 函数

ISNULL() 函数是用来处理数据中的 Null 值的函数。在实例 42 中，提到了用 ZN() 函数将 Null 值赋予 0 值，而 ISNULL() 函数则用来判断数据中是否存在 Null 值。

其语法格式为：ISNULL(expression)。

如果表达式中没有 Null 值，则返回 true。

素材文件	\第 9 章\实例 50.xlsx
结果文件	\第 9 章\实例 50.twbx

例如，在图 9-29 中可以看到，“利润”这一列中存在缺失值。

	A	B	C
1	子类别	销售额	利润
2	用品	129.696	-60.704
3	信封	125.44	42.56
4	装订机	31.92	4.2
5	器具	321.216	-27.104
6	设备	1375.92	550.2
7	椅子	11129.58	3783.78
8	纸张	479.92	
9	系固件	8659.84	
10	复印机	588	
11	配件	154.28	
12	电话	434.28	4.2
13	标签	1219.58	639.52
14	书架	879.92	88.62
15	用具	1326.5	344.4
16	收纳具	5936.56	2849.28
17	美术	10336.45	-3962.73
18	桌子	85.26	38.22

图 9-29

若要计算产品子类别的成本，则需要创建计算成本的字段（具体公式见下方），如图 9-30 所示。会得到复印机、配件、系固件和纸张的成本为空，如图 9-31 所示。

```
[销售额]-[利润]
```

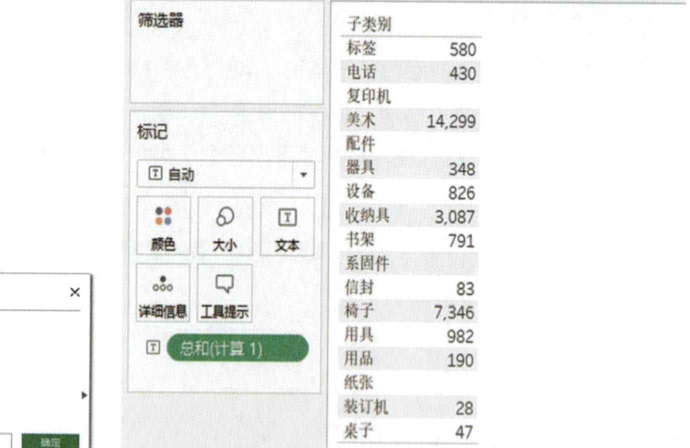

图 9-30　　图 9-31

为了排除这些无效的值，可以使用 ISNULL() 函数来处理。具体步骤如下。

（1）创建一个 ISNULL([利润]) 的计算字段，如图 9-32 所示。

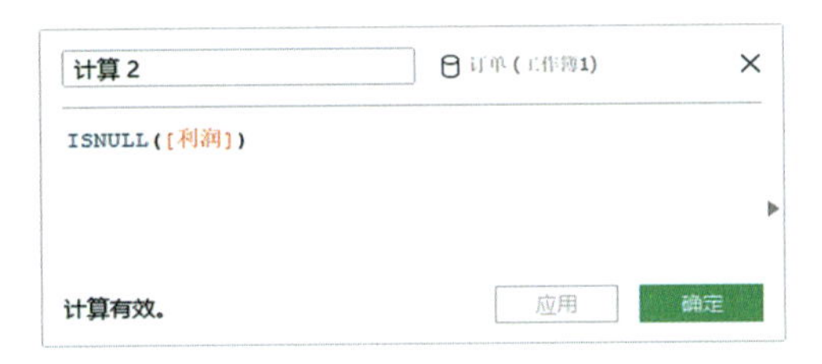

图 9-32

（2）将此计算字段拖曳至“筛选器”卡，在弹出的对话框中勾选“排除”和“真”（即排除那些无效值）复选框，如图 9-33 所示，则这些无效的空值便被排除掉了，如图 9-34 所示。

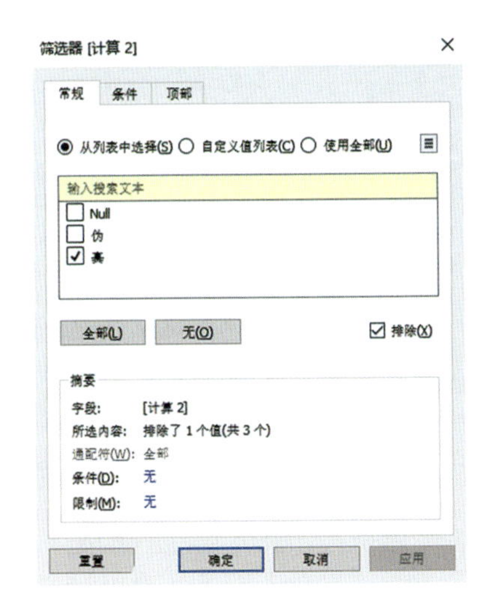

图 9-33

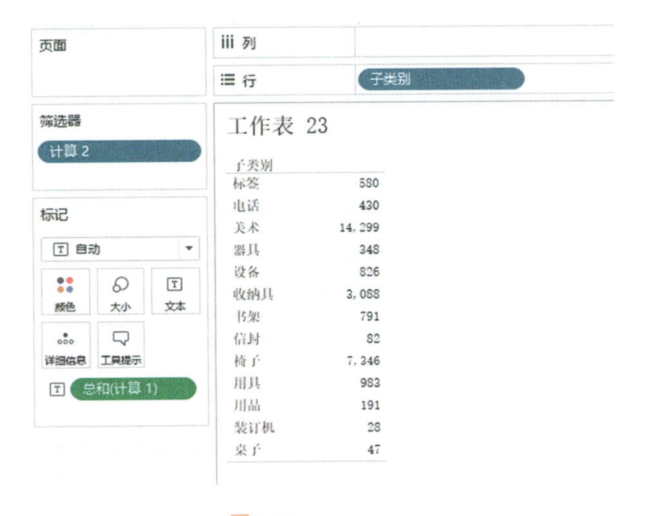

图 9-34

第 10 章 图形的进阶操作

本章将详细介绍几种比较常用图形的制作方法。

10.1 【实例 51】创建帕累托图

帕累托图遵循帕累托法则，帕累托法则俗称“二八定律”，即百分之八十的问题往往是由百分之二十的原因所造成的。因此，帕累托图体现两个重要信息：“至关重要的极少数”和“微不足道的大多数”。

素材文件	\第 10 章\示例 - 超市 .xls
结果文件	\第 10 章\实例 51.twbx

10.1.1 应用场景

如果数据源中包含较详细颗粒度的维度字段（比如客户名称、产品名称等），同时也包含一个需要分析的度量值（比如销售额、销售数量等），则可以用帕累托图来进行分析，查看占据销售额或销售数量较大比重的是否为少数客户或少数产品。

本例使用“示例 - 超市 .xls”数据源，查看销售额和产品名称之间的关系，如图 10-1 所示。

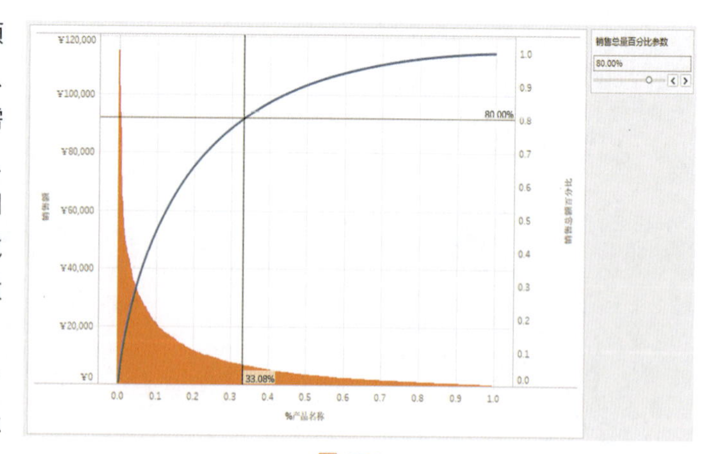

图 10-1

10.1.2　步骤 1：创建销售额累计百分比图

（1）用鼠标右键单击“数据”窗格中的空白区域，在弹出的菜单中选择“创建计算字段”命令。在弹出的计算窗口中输入以下函数，并将该计算字段命名为“销售总额百分比”。

```
RUNNING_SUM(SUM([ 销售额 ]))/TOTAL(sum([ 销售额 ]))
```

这个计算字段表示，某产品之前（按横轴从左往右）的所有产品的销售额占总销售额的百分比，如图 10-2 所示。

（2）将维度“产品名称”字段拖曳至“列”功能区中，将计算字段“销售总额百分比”拖曳至“行”功能区中。用鼠标右键单击“行”上的“销售总额百分比”胶囊，将下拉菜单中的“计算依据”选择为“产品名称”，然后在上方将“视图”选择为“整个视图”，如图 10-3 所示。

（3）用鼠标右键单击“列”功能区中的“产品名称”胶囊，弹出如图 10-4 所示的窗口，按照“销售额”字段的“总和”值进行“降序”排序。

图 10-2

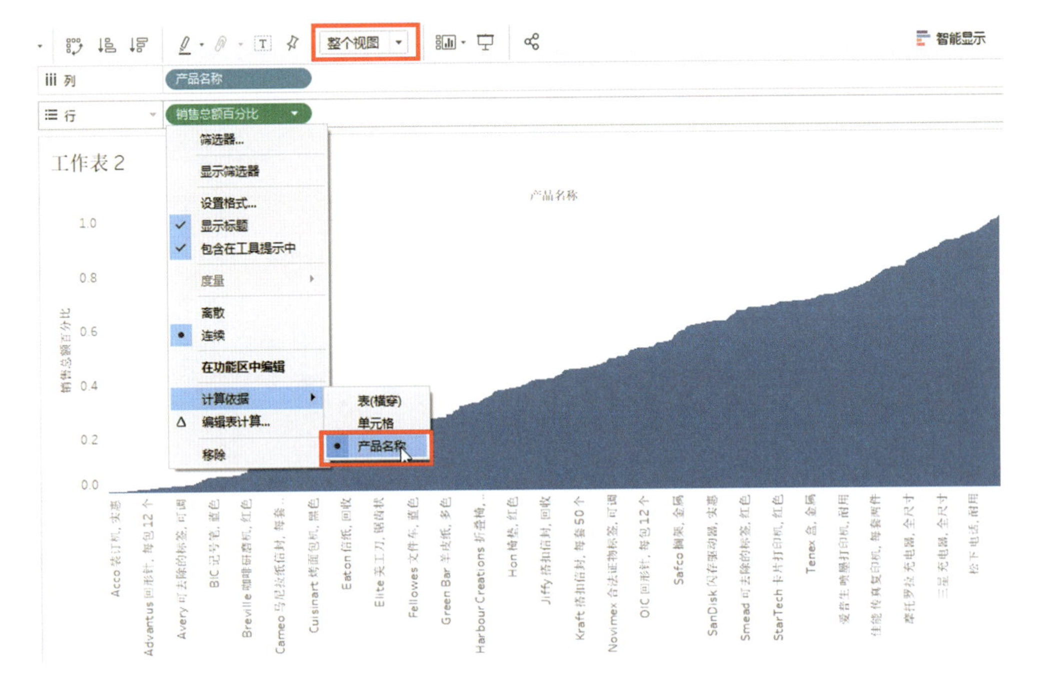

图 10-3

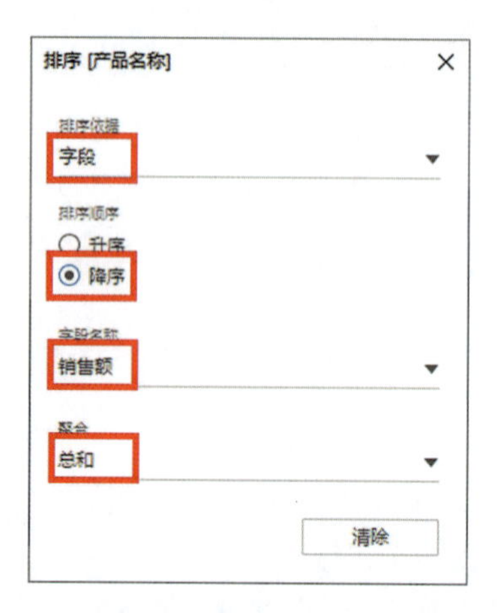

图 10-4

（4）在“标记”卡的标记类型中选择“线”图，则完成了累计百分比图，如图 10-5 所示。

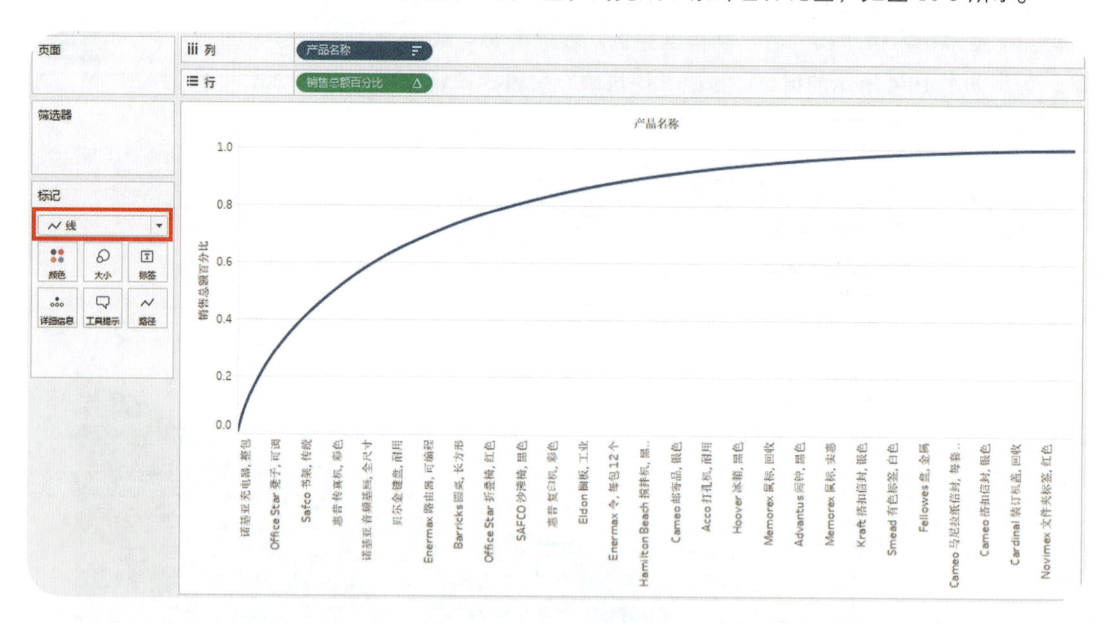

图 10-5

10.1.3 步骤 2：创建销售额柱形图

下面在图 10-5 的基础上进行调整。

（1）将度量“销售额”字段拖曳至“行”功能区中，放在其最左侧。

（2）在“标记”卡中选中“总和（销售额）”选项卡，将标记类型设置为条形图。

（3）用鼠标右键单击“行”功能区中的“销售总额百分比”胶囊，在弹出的菜单中选择“双轴”命令，如图 10-6 所示。

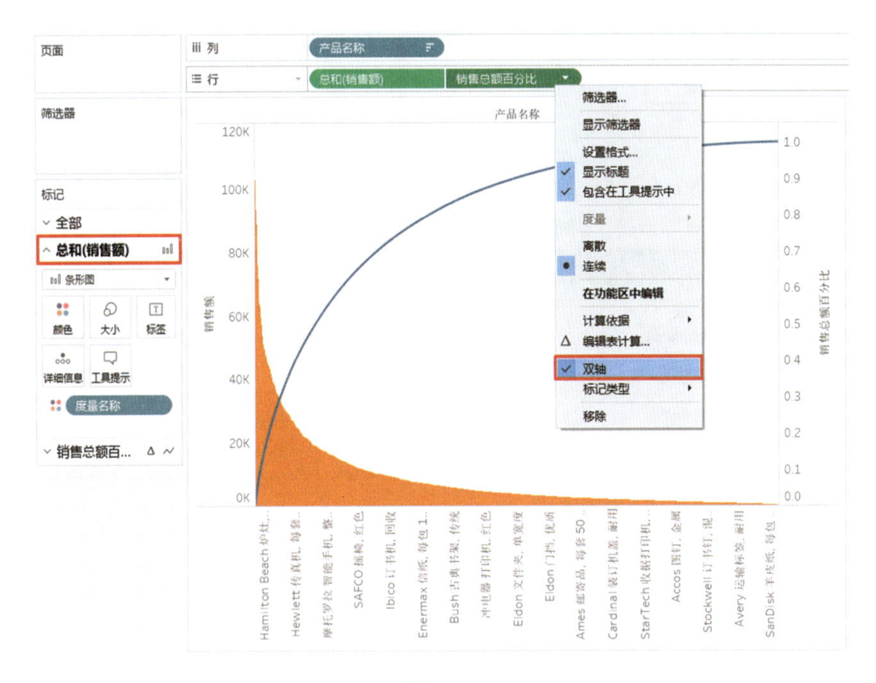

图 10-6

此时横轴显示的是产品名称，但通过帕累托图需要了解的是分布情况，而不是具体的产品名称。所以，接下来需要将横轴转换为“产品名称”的百分比形式。

（4）用鼠标右键单击“数据”窗格的空白区域，在弹出的菜单中选择“创建计算字段”命令。在弹出的计算窗口中输入以下函数，并将该计算字段命名为“% 产品名称”。

```
INDEX()/SIZE()
```

这个计算字段表示，该产品之前的产品占所有产品的百分比。

（5）将计算字段“% 产品名称”拖曳至“列”功能区中，将“列”功能区中的“产品名称”胶囊拖曳至“标记”卡中“全部”页签的“详细信息”中。

（6）用鼠标右键单击“列”上的“% 产品名称”胶囊，将下拉菜单中的“计算依据”选择为“产品名称”，如图 10-7 所示。

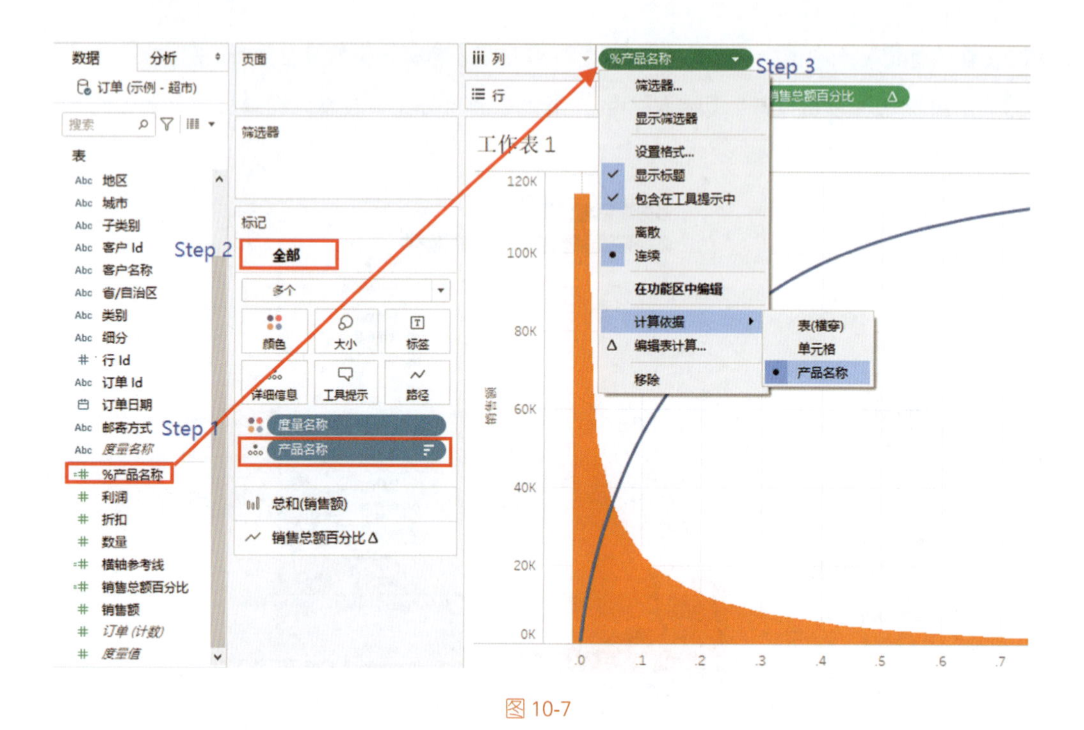

图 10-7

10.1.4 步骤 3：创建动态参数

虽然帕累托图已经完成了，但如果要快速获取信息（查看百分之多少的销售额集中于多少比例的产品中），则需要创建动态参数，具体步骤如下。

1. 创建动态参数

（1）用鼠标右键单击“数据”窗格中的空白区域，在弹出的菜单中选择“创建”-“参数”命令。

（2）在弹出的“创建参数”对话框中，将此参数命名为“销售总额百分比参数”，作为销售总额百分比纵轴的参考线。

将“数据类型”设置为“浮点”，“当前值”设置为“0.8”，“显示格式”设置为“80.00%”，“允许的值”设置为“范围”，“最小值”设置为“0”，“最大值”设置为“1”，“步长”设置为“0.01”，如图 10-8 所示。

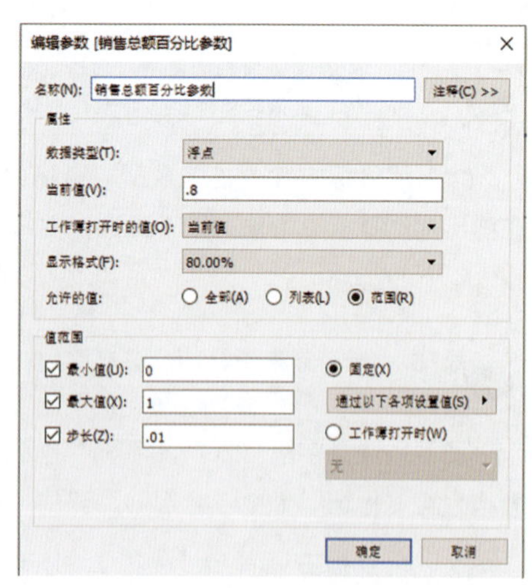

图 10-8

2. 创建计算字段“横轴参考线”

为让横纵坐标参考线的交点落在累计百分比图上，需要创建计算字段“横轴参考线”。

（1）用鼠标右键单击“数据”窗格的空白区域，在弹出的菜单中选择“创建计算字段”命令。

（2）在弹出的计算窗口中输入以下代码：

```
IF [ 销售总额百分比 ]<=[ 销售总额百分比参数 ] THEN [% 产品名称 ]
ELSE NULL END
```

3. 为右侧纵轴添加参考线

（1）用鼠标右键单击图表右侧的纵轴“销售总额百分比”，在弹出的菜单中选择“添加参考线”命令。

（2）在“添加参考线、参考区间或框”对话框中，将“值”设置为“销售总量百分比参数”，将“标签”设置为“值”，然后再设置颜色和线形等，如图 10-9 所示。

4. 为横轴添加参考线

（1）将前面创建的计算字段“横轴参考线”胶囊拖曳至“标记”卡中“全部”选项卡的“详细信息”上，如图 10-10 所示。

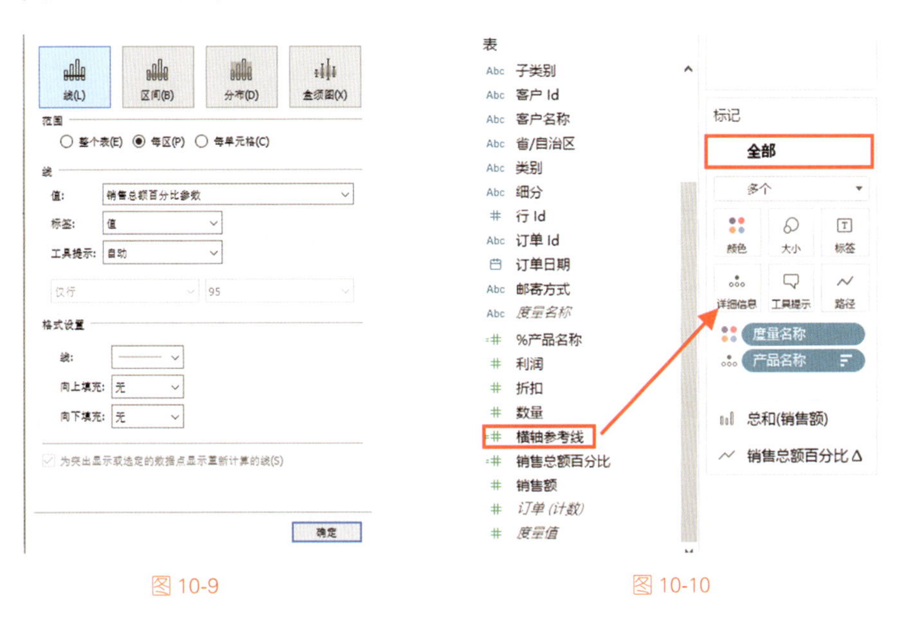

图 10-9　　　　图 10-10

（2）用鼠标右键单击横轴“% 产品名称”，在弹出的菜单中选择“添加参考线”命令，将“值”设置为“横轴参考线”的“最大值”，将“标签”设置为“值”，并设置颜色和线形等，如图 10-11 所示。

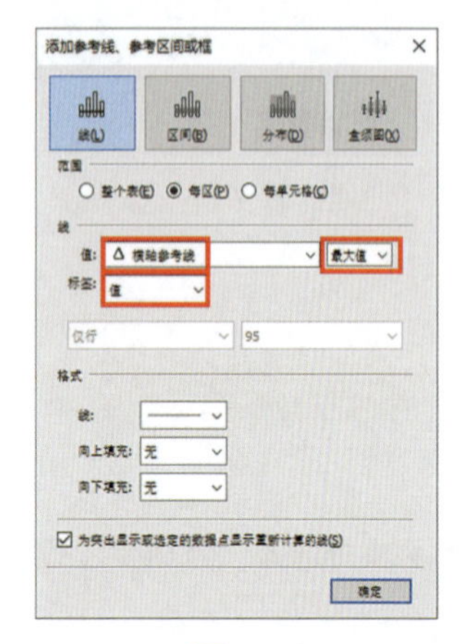

图 10-11

5. 使用动态参数

（1）用鼠标右键单击“数据”窗格中的“销售总量百分比参数”胶囊，在弹出的菜单中选择“显示参数控件”命令，即可把参数设置控件显示在视图中。调整参数的值，参考线会同步变化。

（2）用鼠标右键单击“数据”窗格中的“横轴参考线”字段或参数中的“销售总量百分比参数”胶囊，在弹出的菜单中选择“默认属性”-“数字格式”命令。在弹出的对话框中，在左侧选择“百分比”，将小数位数设置为 0，如图 10-12 所示，这样显示的数字就是百分比形式了。

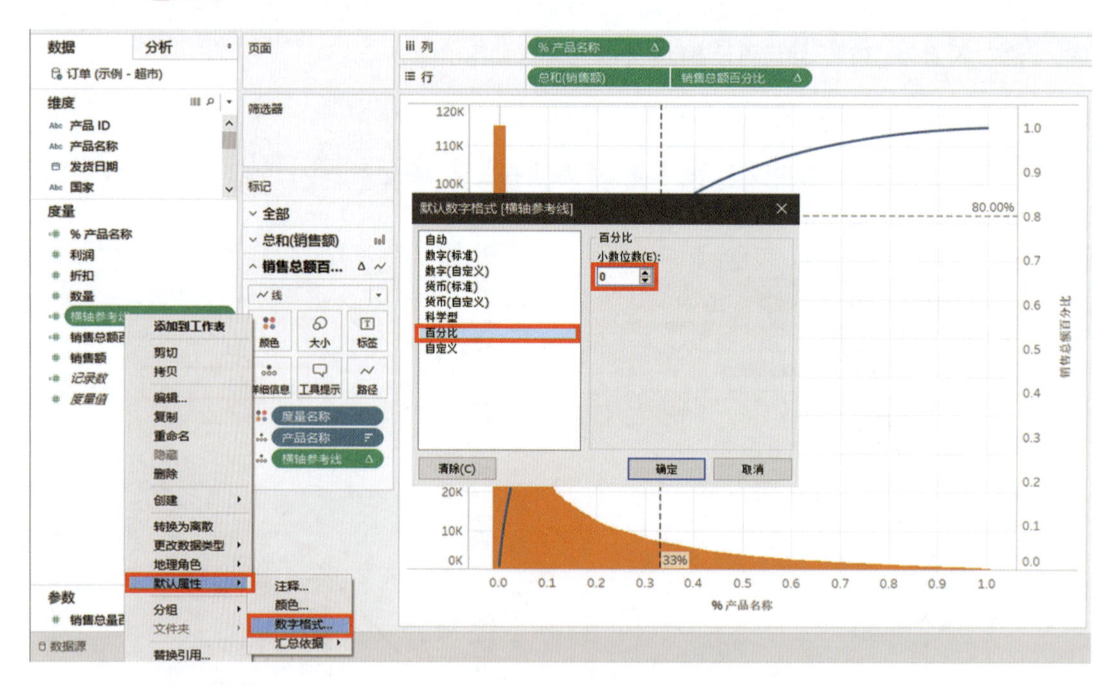

图 10-12

至此，帕累托图就完成了，如图 10-13 所示。可以看出：参数为 80% 时对应 x 轴为 33%，这表示该企业 80% 的销售额来源于 33% 的产品。因此，这 33% 的产品值得关注，勉强符合“二八定律”。

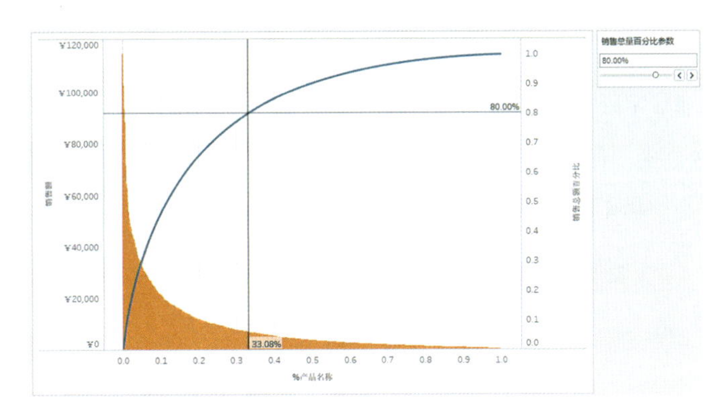

图 10-13

10.2 【实例 52】创建瀑布图

瀑布图不仅能反映数据的多少，还能直观地反映数据正负值的增减变化。通常在源数据有分类的情况下，用瀑布图来反映各部分之间的差异。

10.2.1　应用场景

瀑布图最适用于数据源中包含“一个可能有少量负值会拉低整体水平的值”的指标分析，比如利润。当然，对于不存在负数指标的数据源，也可以用瀑布图进行分析。瀑布图的主要思想是先进行排序，再对维度的每一部分进行汇总。

素材文件	\第 10 章\示例 - 超市 .xls
结果文件	\第 10 章\实例 52.twbx

本例中使用“示例 - 超市 .xls”数据源，各子类别的利润情况如图 10-14 所示。

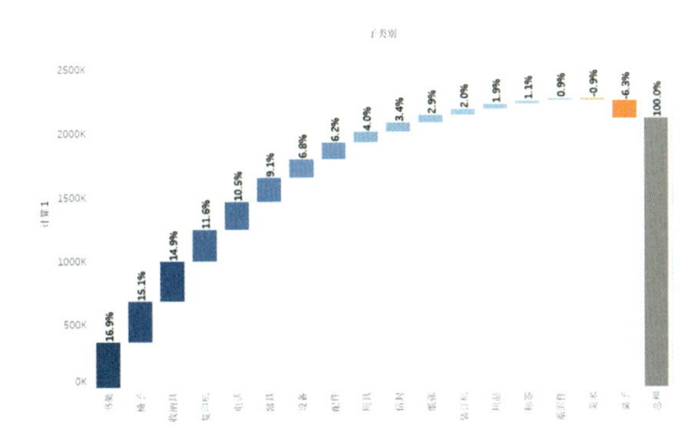

图 10-14

10.2.2 步骤 1：创建基本甘特条形图

（1）将度量“利润”字段拖曳至“行”功能区中，将维度“子类别”字段拖曳至“列”功能区中。

（2）用鼠标右键单击“行”功能区中的“总和（利润）”胶囊，在弹出的菜单中选择“快速表计算”-“汇总”命令，如图 10-15 所示。

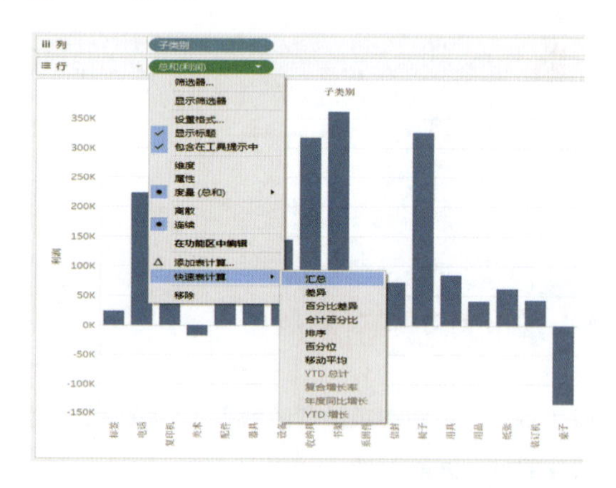

图 10-15

（3）在“标记”卡中将标记类型修改为“甘特条形图”，结果如图 10-16 所示。

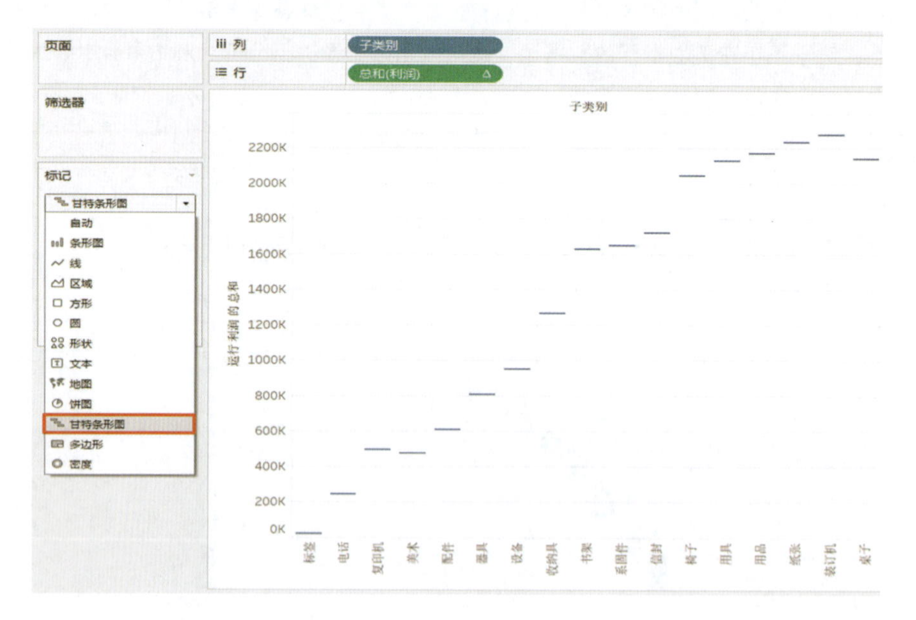

图 10-16

10.2.3　步骤 2：制作基本瀑布图

（1）用鼠标右键单击“数据”窗格中的空白区域，在下拉菜单中选择“创建计算字段”命令。在弹出的计算窗口中输入以下内容（如图 10-17 所示），并将该计算字段命名为“- 利润”，然后将此计算字段拖曳至“标记”卡的“大小”上。

```
-[利润]
```

图 10-17

值的大小反映为柱子的高低，值的正负对应不同的方向，即以甘特图的位置为基准。若“－利润”为正，则方向向上；若“－利润”为负，则方向向下。

（2）对子类别进行排序，按照“利润”字段的值从大到小降序排序。用鼠标右键单击“列”上的“子类别”胶囊，在弹出的菜单中选择“排序”命令，然后在“排序”窗口中选择按照“利润”字段的总和进行降序排列，如图 10-18 所示。

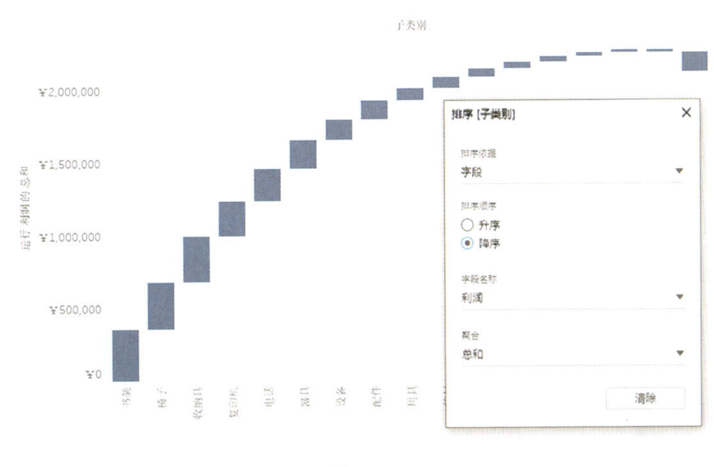

图 10-18

（3）在菜单栏中选择“分析”-“合计”-“显示行总和”命令，如图 10-19 所示。此时生成各子类别利润的总和。

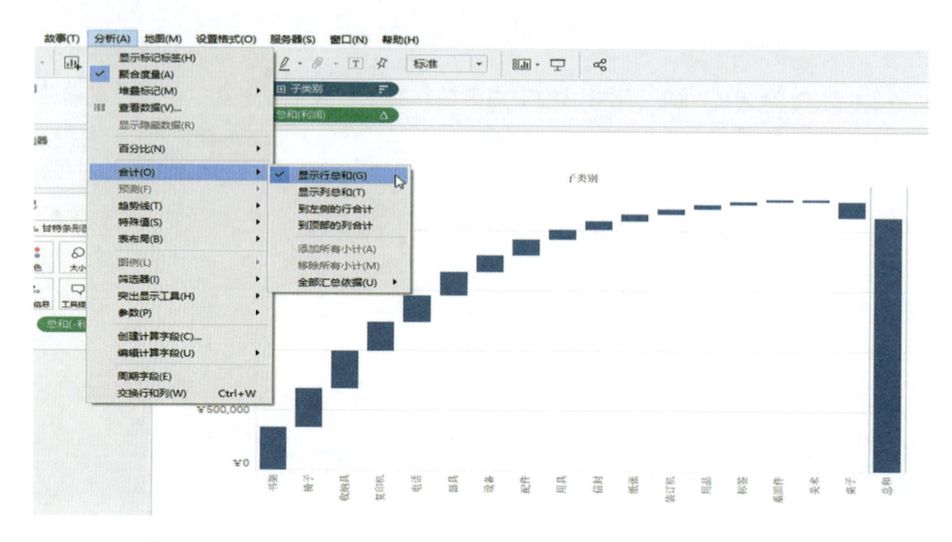

图 10-19

10.2.4 步骤 3：调整格式

（1）添加颜色。将度量“利润”字段拖曳至“标记”卡的“颜色”上。

（2）显示标签。将度量“利润”字段拖曳至“标记”卡的“标签”上。然后用鼠标右键单击“标记”卡中的“利润”字段，在弹出的菜单中选择“快速表计算”-“合计百分比”命令，结果如图 10-20 所示。

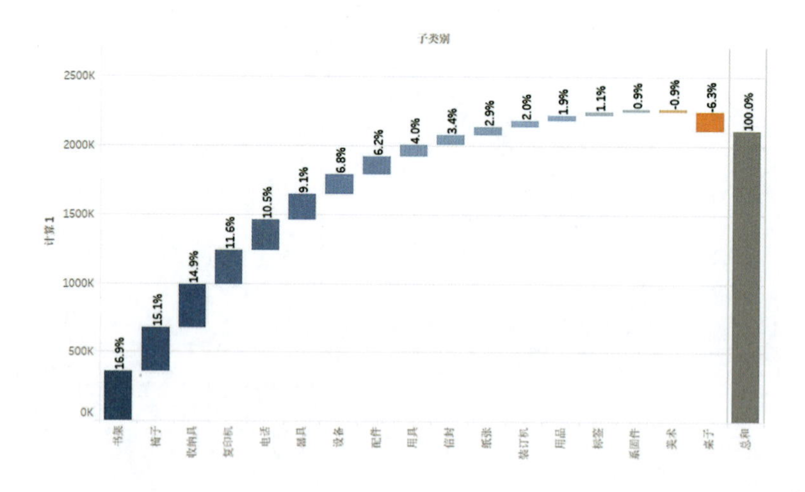

图 10-20

10.3 【实例 53】创建双柱折线组合图

10.3.1 应用场景

在销售分析中，经常需要呈现去年和今年的业绩和增长率，如图 10-21 所示。在这个分析图表中，橙色代表去年的业绩，蓝色代表今年的业绩，折线代表今年相比去年的增长率。既有双柱图，又有折线图，可以很直观地查看每个月的业绩同比增长情况。

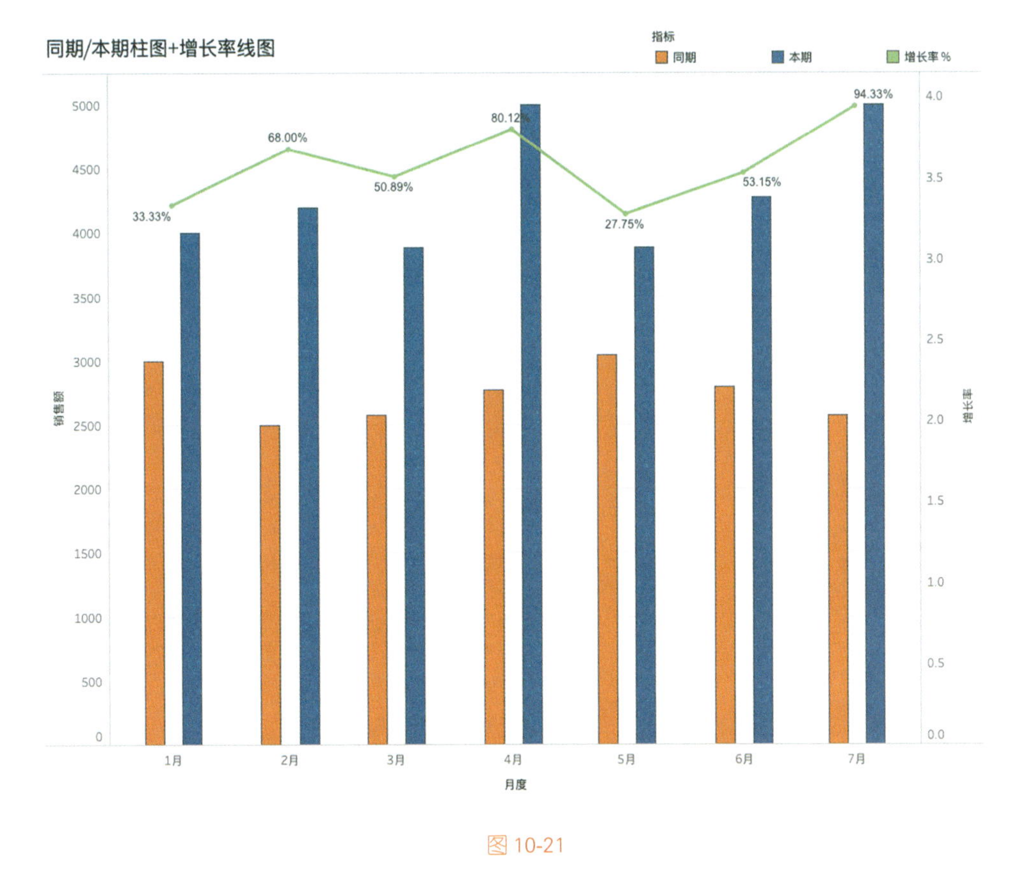

图 10-21

在 Tableau 中，根据数据源结构的不同，可以选用不同的方式来实现“双柱图 + 折线图”的组合图表。下面介绍两种方法。

10.3.2 方法一

	A	B	C	D
1	日期	指标	销售额	增长率
2	2017/1/1	本期	4,000	
3	2017/2/1	本期	4,200	
4	2017/3/1	本期	3,890	
5	2017/4/1	本期	5,000	
6	2017/5/1	本期	3,890	
7	2017/6/1	本期	4,279	
8	2017/7/1	本期	5,000	
9	2017/1/1	同期	3,000	
10	2017/2/1	同期	2,500	
11	2017/3/1	同期	2,578	
12	2017/4/1	同期	2,776	
13	2017/5/1	同期	3,045	
14	2017/6/1	同期	2,794	
15	2017/7/1	同期	2,573	
16	2017/1/1	增长率 %		0.33333333
17	2017/2/1	增长率 %		0.68
18	2017/3/1	增长率 %		0.50892164
19	2017/4/1	增长率 %		0.80115274
20	2017/5/1	增长率 %		0.27750411
21	2017/6/1	增长率 %		0.53149606
22	2017/7/1	增长率 %		0.9432569

图 10-22

素材文件	\第 10 章\实例 53.xlsx
结果文件	\第 10 章\实例 53.twbx

（1）准备数据：这种方法对数据源结构要求比较高，如图 10-22 所示。

① 新建“日期”列，并复制 3 份日期；

② 新建“指标”列，将 3 份日期赋予不同的指标名称：“同期”“本期”“增长率 %”；

③ 新建“销售额”列，填写同期和本期的销售额；新建“增长率”列，填写相应日期的增长率。

“同期”和“本期”的日期值相同，都是 2017 年的数据，这是设计的数据结构，不是错误。

（2）将此结构的数据导入 Tableau，然后新建工作表，用鼠标右键单击“数据”窗格中的空白区域，在弹出的菜单中选择“创建计算字段”命令，如图 10-23 所示，输入以下公式，并将计算字段命名为“月度”。

图 10-23

```
CASE [ 指标 ]
    WHEN " 同期 " THEN DATETRUNC('day',[ 日期 ]) - 5   // 设置合适的距离让两个柱形图分开
    WHEN " 本期 " THEN DATETRUNC('day',[ 日期 ]) + 5   // 设置合适的距离让两个柱形图分开
    else DATETRUNC('month',([ 日期 ]))   // 显示线图
END
```

（3）将刚创建的计算字段“月度”拖曳至“列”功能区中，用鼠标右键单击“月度”胶囊，在弹出的菜单中选择“精确日期”命令，如图 10-24 所示。

图 10-24

（4）将度量“销售额”和“增长率”字段分别拖曳至“行”功能区中。然后在“标记”卡上，将“总和（销售额）”的标记类型选择为“柱形图”，“总和（增长率）”的标记类型选择为“线图”。用鼠标右键单击“行”功能区中的“总和（增长率）”胶囊，在弹出的菜单中选择“双轴”命令，如图 10-25 所示。

（5）这时会发现增长率显示的是点，而不是一条线。别急，先将“指标”字段拖曳至“标记”卡的“颜色”上，如图 10-26 所示。

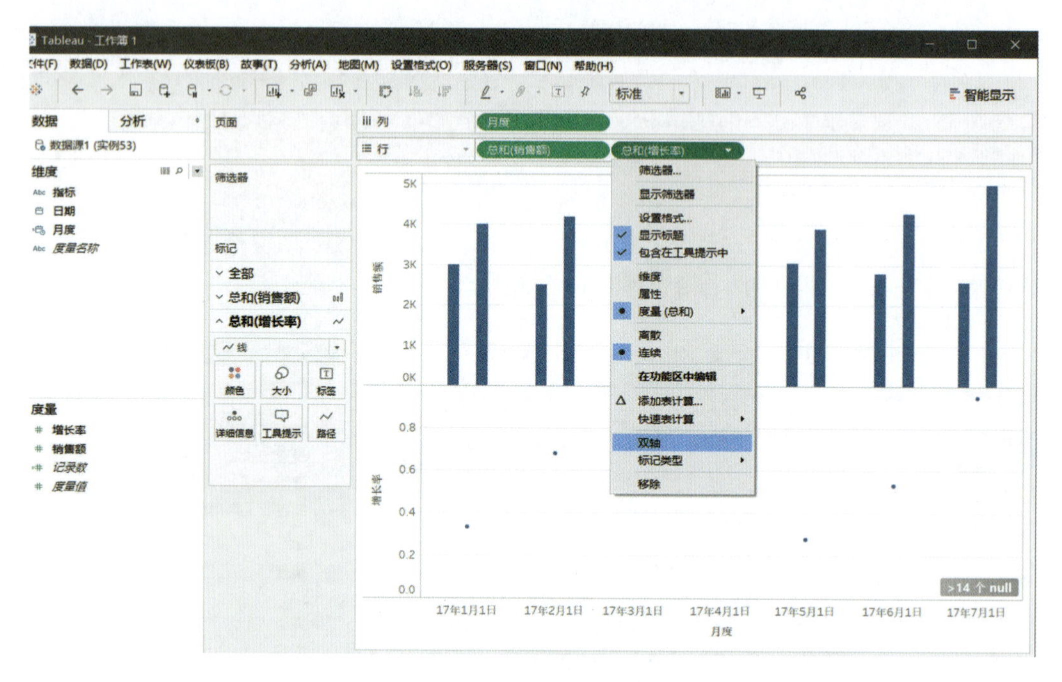

图 10-25

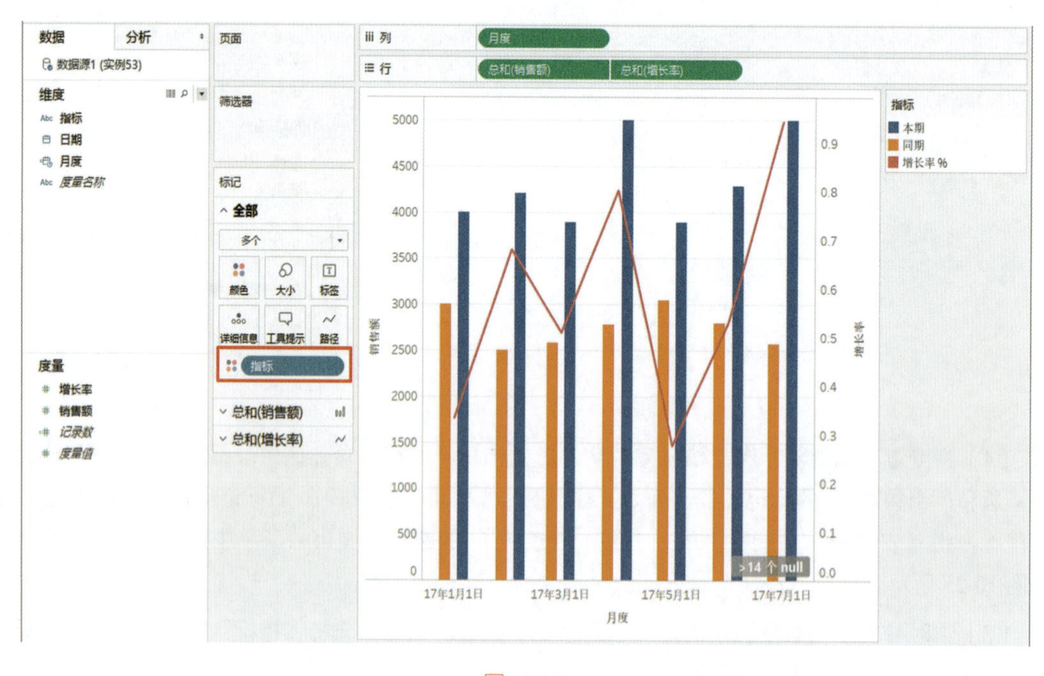

图 10-26

（6）可能有的读者会发现右下角会提示几个 Null 值，那是为了在 Tableau 中做出该图对数据的结构进行了调整所导致的，它们不会影响真实数据。要消除 Null 值，只需要用鼠标右键单击 Null 值标记，然后在弹出的提示框中选择隐藏指示器即可。

（7）根据自己的情况修改细节，如颜色等。最终结果如图 10-27 所示。

图 10-27

10.3.3　方法二

素材文件	\第 10 章\实例 53.xlsx
结果文件	\第 10 章\实例 53.twbx

这种方法不同于方法一，它更适用于数据源结构比较常见的数据分析，如图 10-28 所示。

	A	B	C
1	日期	销售额	指标
2	2016/1/1	3000	同期
3	2016/2/1	2500	同期
4	2016/3/1	2578	同期
5	2016/4/1	2776	同期
6	2016/5/1	3045	同期
7	2016/6/1	2794	同期
8	2016/7/1	2573	同期
9	2017/1/1	4000	本期
10	2017/2/1	4200	本期
11	2017/3/1	3890	本期
12	2017/4/1	5000	本期
13	2017/5/1	3890	本期
14	2017/6/1	4279	本期
15	2017/7/1	5000	本期

图 10-28

（1）将度量“销售额”字段拖曳至“行”功能区中，将维度“日期”字段拖曳至“列”功能区中。用鼠标右键单击“列”功能区中的“日期”胶囊，在弹出的菜单中选择离散的“月”，并对其进行手动排序。接着将维度“指标”字段拖曳至“标记”卡的“颜色”上，如图 10-29 所示。

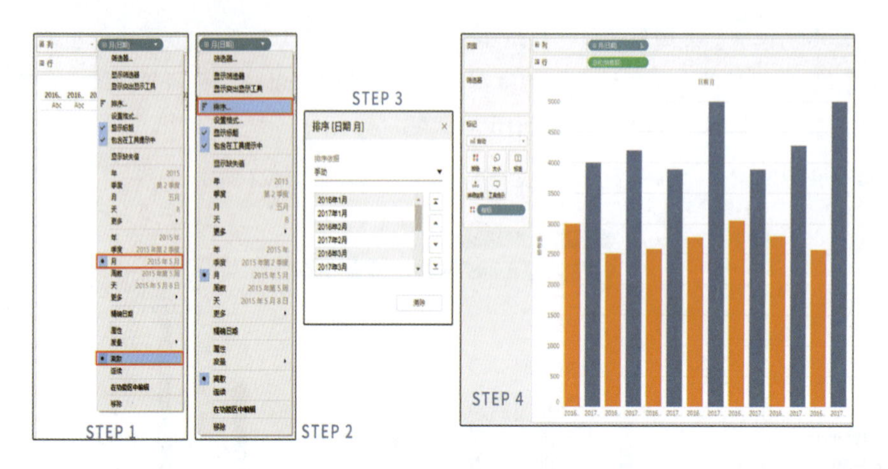

图 10-29

（2）用鼠标右键单击“数据”窗格的空白区域，在弹出的菜单中选择“创建计算字段”命令，输入以下公式，并将该计算字段命名为“增长率”，如图 10-30 所示。

```
SUM(IF YEAR([ 日期 ])=2017 THEN
 { FIXED MONTH([ 日期 ]):
 SUM(IF [ 指标 ]=' 本期 ' THEN[ 销售额 ] END)/
 SUM(IF [ 指标 ]=' 同期 'THEN[ 销售额 ] END)-1}
 END)
```

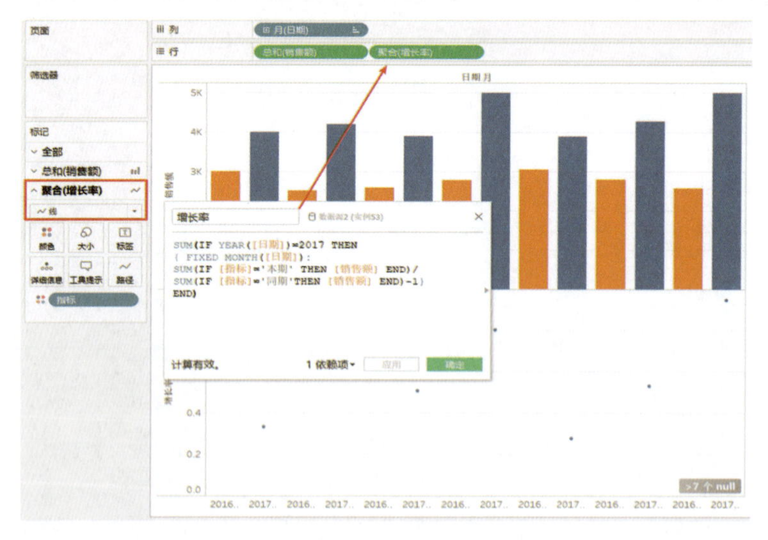

图 10-30

（3）将维度“日期”字段拖曳至“标记”卡的“颜色”上，原本的散点就自动变成了线图，如图 10-31 所示。用鼠标右键单击“行”功能区中的“聚合（增长率）”胶囊，在弹出的菜单中选择“双轴”命令。

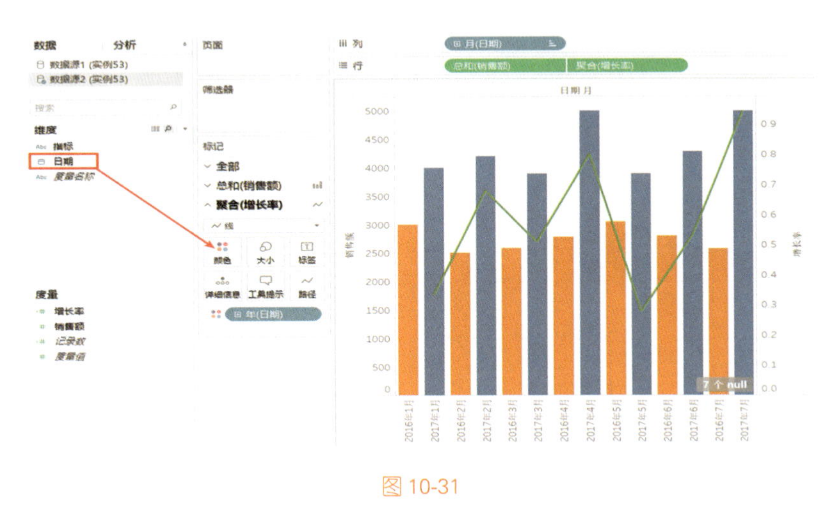

图 10-31

到这里你已经学习了如何在 Tableau 中创建“双柱图＋折线图”组合图表的两种方法。在实际工作中，往往将利润、销售额、增长率这类指标用此图来展示，此时就可以更改数据结构以选择适合的方法来实现。

10.4 【实例 54】创建南丁格尔玫瑰图

南丁格尔玫瑰图（Nightingale rose diagram）是弗罗伦斯·南丁格尔所发明的，又被称为极区图。它是一种圆形的直方图。这种色彩缤纷的图可以让数据给人的印象更深刻。

10.4.1 应用场景

在工作中，如果需要计算总费用或金额的各个部分构成比例，则可以使用饼图直接显示各个组成部分及其所占比例。但是，如果组成部分较多，则饼图的分区会多且密集，图表就变得不易查看。

南丁格尔玫瑰图能等分各部分占用的角度（占比小的项不会被忽略），又能体现各个项的大小（突出占比大的项），还能对比不同维度的差异。

如图 10-32 所示，把 3 种类型的产品（电子、家具、办公）在一年中各月的销售额进行了汇总对比分析。可以看到每种类型的产品在 12 个月中的销售额占比，销售额大的会突出显示；也能看到每个月 3 种产品销售额的不同；还能看到整一年的总体情况，即红色的面积比蓝色的面积大，表示一年中电子产品的销售额比家具产品的销售额高。

本例将制作如图 10-33 所示的图形，用来展示一年 12 个月中各个月份不同类型产品的销售情况。

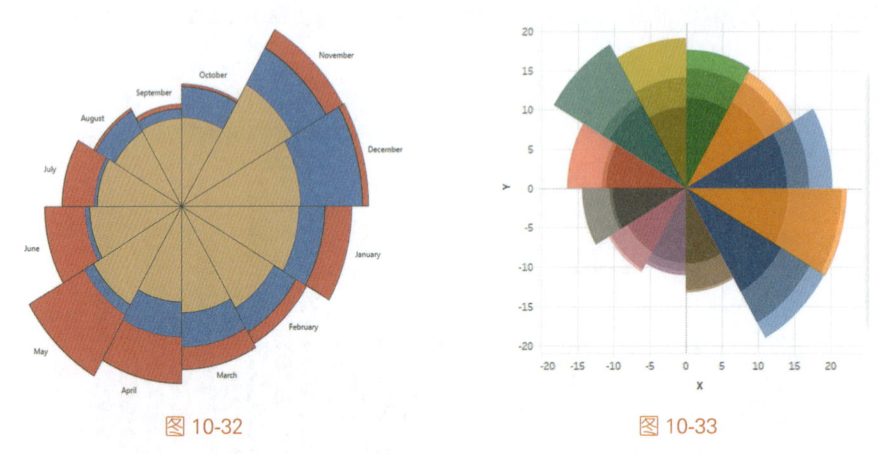

图 10-32　　图 10-33

素材文件	\第 10 章\实例 54.xlsx
结果文件	\第 10 章\实例 54.twbx

10.4.2　步骤 1：准备数据及创建数据桶

（1）给原始数据增加一列“path”，字段的值只有“1”和“102”，如图 10-34 所示。

path 值可根据自己需要自行设置，它的作用是增加圆形的平滑度。

（2）将此数据源导入 Tableau Desktop 中，用于后续的分析制图。

（3）用鼠标右键单击维度“Path”字段，在弹出的菜单中选择“创建”-“数据桶”命令，将数据桶的大小设置为“1”，如图 10-35 所示。

Date	Path	Product Category	Sales
2009/11/1 0:00	1	Electronics	1,200
2009/11/1 0:00	1	Furniture	1,650
2009/11/1 0:00	1	Office Supplies	750
2009/11/1 0:00	102	Electronics	1,200
2009/11/1 0:00	102	Furniture	1,650
2009/11/1 0:00	102	Office Supplies	750
2010/1/1 0:00	1	Electronics	900
2010/1/1 0:00	1	Furniture	1,750
2010/1/1 0:00	1	Office Supplies	600
2010/1/1 0:00	102	Electronics	900
2010/1/1 0:00	102	Furniture	1,750
2010/1/1 0:00	102	Office Supplies	600
2010/2/1 0:00	1	Electronics	750
2010/2/1 0:00	1	Furniture	950
2010/2/1 0:00	1	Office Supplies	510
2010/2/1 0:00	102	Electronics	750
2010/2/1 0:00	102	Furniture	950
2010/2/1 0:00	102	Office Supplies	510
2010/3/1 0:00	1	Electronics	700
2010/3/1 0:00	1	Furniture	950
2010/3/1 0:00	1	Office Supplies	430
2010/3/1 0:00	102	Electronics	700
2010/3/1 0:00	102	Furniture	950

图 10-34

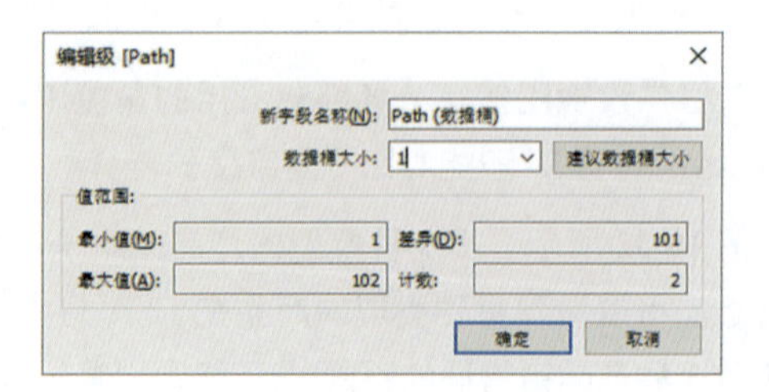

图 10-35

10.4.3　步骤 2：创建计算字段

共需要创建 8 个计算字段，详见表 10-1。

表 10-1

字段名	计算	备注
Edges	INDEX()	—
Angle	([Edges]-1)*(2*PI()/WINDOW_MAX([Edges]))	—
Count	INDEX()	—
Number of Slices	WINDOW_MAX([Count])	—
Radius	SQRT(AVG([Sales])/PI())	其中的 AVG 可根据实际情况修改
Index	INDEX()	—
X	IIF([Index]=1 OR[Index]=WINDOW_MAX([Index]),0,WINDOW_MAX([Radius]) *COS([Angle]+((([Index]-2)*WINDOW_MAX(2*PI())/([Number of Slices]*99)))))	—
Y	IIF([Index]=1 OR[Index]=WINDOW_MAX([Index]),0,WINDOW_MAX([Radius]) *SIN([Angle]+((([Index]-2)*WINDOW_MAX(2*PI())/([Number of Slices]*99)))))	—

10.4.4　步骤 3：创建视图

（1）将维度“Date”字段拖曳至“标记”卡的“颜色”上，单击“标记”卡上“Date”胶囊右侧的小三角，在下拉选项中选择“月”。将维度“Product Category”字段拖曳至“标记”卡的“详细信息”上，然后单击“标记”卡上“Product Category”胶囊左侧的“详细信息”图标 ，在下拉选项中选择“颜色”。

如果不先把“Product Category”拖曳至标记卡的“详细信息”上，而直接拖曳至标记卡的“颜色”上，则会把之前的“Date”颜色给替换掉。

（2）将“标记”卡中的标记类型更改为“多边形”，再将维度上的数据桶“Path”拖曳至“行”功能区中，并用鼠标右键单击此胶囊，确认“显示缺失值”已被勾选，如图 10-36 所示。

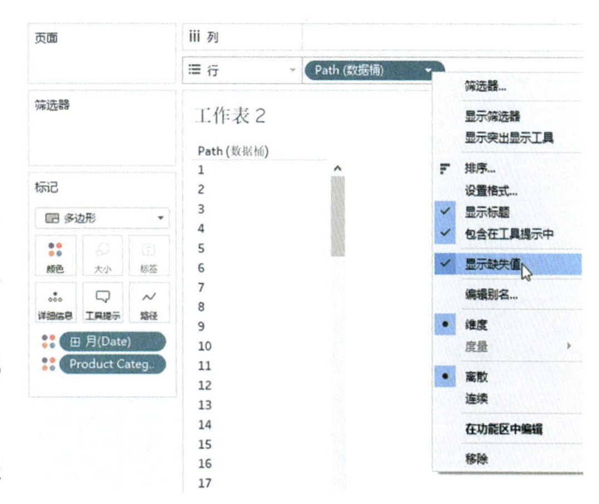

图 10-36

（3）将维度上的数据桶“Path”拖曳至“标记”卡的“路径”上。然后将度量“X”和“Y”

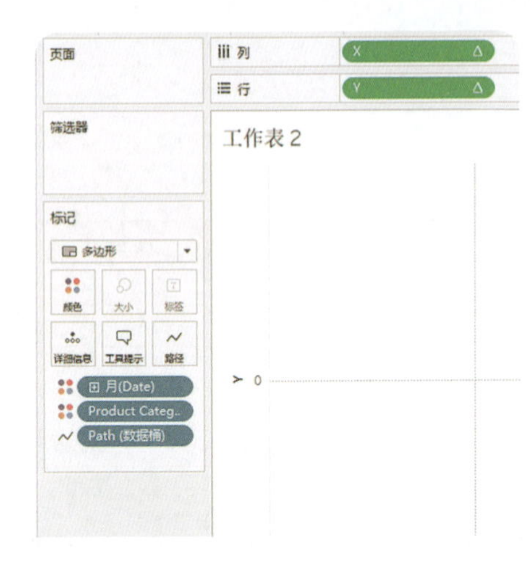

图 10-37

字段分别拖曳至“列”和“行”功能区中，如图 10-37 所示。

此时画布中是没有任何图形的，因为计算依据目前是不正确的。

10.4.5 步骤 4：修改计算依据

（1）编辑“X”的表计算。单击“列”功能区中的“X”胶囊右侧的小三角，在下拉选项中选择“编辑表计算”，在弹出的“表计算”对话框中，通过“嵌套计算”右侧的小三角进行如下设置：

- 将嵌套计算“X”的“计算依据”设置为“特定维度”，勾选“Path（数据桶）”复选框，如图 10-38 所示。
- 将嵌套计算“Index”的“计算依据”设置为“特定维度”，勾选“Path（数据桶）”复选框，如图 10-39 所示。
- 将嵌套计算“Angle”的“计算依据”设置为“特定维度”，勾选“Date 月”复选框，如图 10-40 所示。

图 10-38

图 10-39

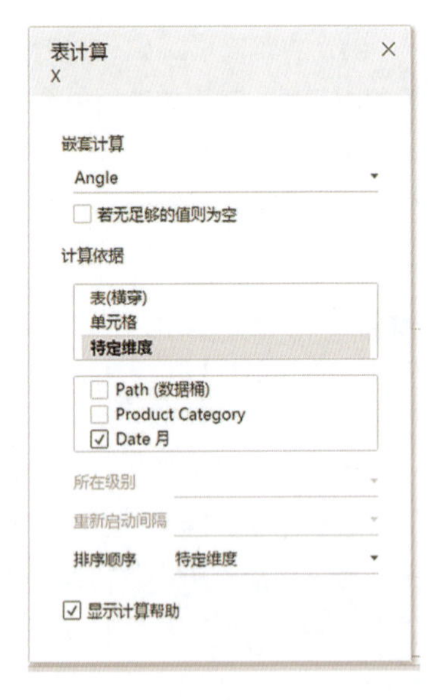

图 10-40

- 将嵌套计算“Edges”的“计算依据”设置为“特定维度”，勾选“Date 月”复选框，如

图 10-41 所示。

- 将嵌套计算“Number of Slices”的“计算依据”设置为“特定维度”，勾选“Date 月”和“Path (数据桶)”复选框，如图 10-42 所示。
- 将嵌套计算“Count”的“计算依据”设置为“特定维度”，勾选“Date 月”复选框，如图 10-43 所示。

图 10-41　　图 10-42　　图 10-43

（2）编辑“Y”的表计算。单击“列”功能区中“Y”胶囊右侧的小三角，在下拉列表中选择“编辑表计算”，在弹出的表计算对话框中，通过“嵌套计算”右侧的小三角采用上述对“X”计算依据相同的修改方法，对“Y”也依次进行设置。

待这些设置完成后，南丁格尔玫瑰图就出现了。

10.4.6　步骤 5：调整字段排序

但是，为什么每个花瓣只有两种颜色呢？是因为大的图将小的图覆盖了。这时，只需要调整“Product Category”字段的排序即可。

用鼠标右键单击“标记”卡中的“Product Category”胶囊，在弹出的菜单中选择“排序”命令，进入“排序”对话框。将排序依据选择为“手动”，然后在下方将面积小的字段值排到靠前面。

这样就完成了这个南丁格尔玫瑰图，它呈现了一年 12 个月不同产品的销售分析，如图 10-44 所示。

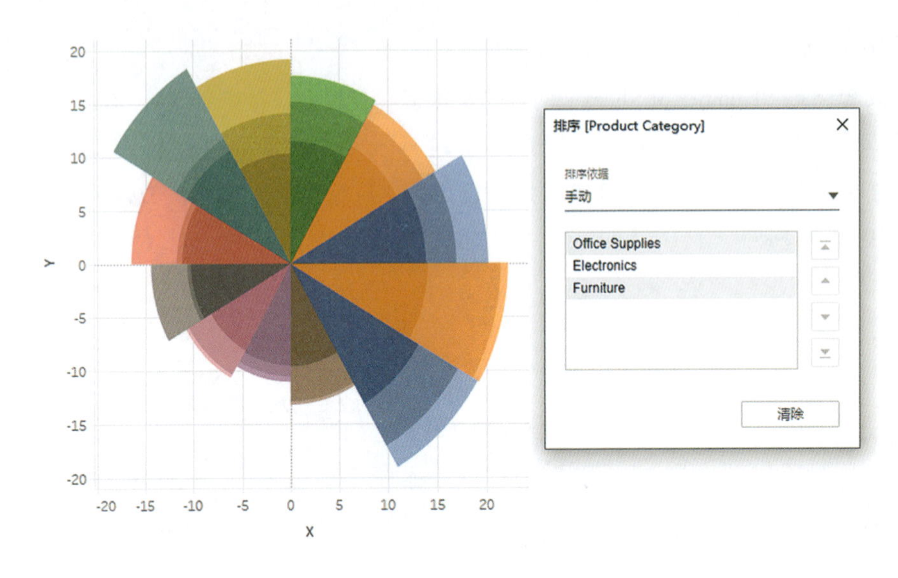

图 10-44

10.5 【实例 55】创建盒须图

盒须图（Box plot），又被称为箱形图、盒式图或箱线图，是一种用作显示一组数据分散情况的统计图。它被应用于各领域，较多应用于品质管理。

10.5.1 应用场景

盒须图能显示一组数据的最大值、最小值、中位数，以及上下四分位数，可以帮助阅图者查看一组数据的分布情况。例如：一目了然地理解数据，查看数据如何向某一端偏斜，查看数据中的异常值。盒须图是显示数据分布情况的重要方式。

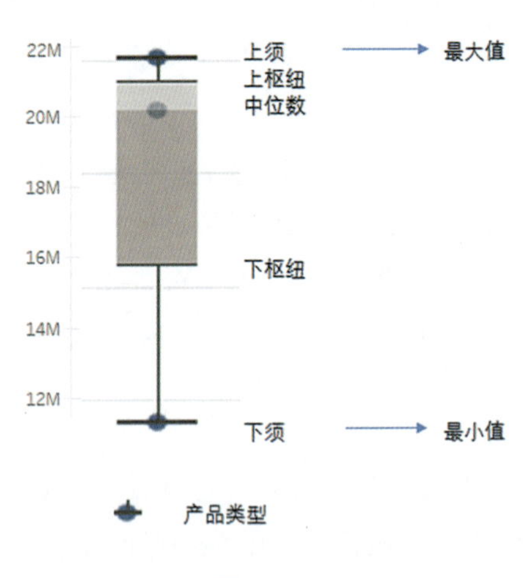

图 10-45

盒须图，从名称上可以看出，这种图表包含两个部分，如图 10-45 所示。

- 盒，包含数据的中位数，以及第 1 和第 3 个四分位数（比中位数分别大、小 25%）。
- 须，一般代表四分位距 1.5 倍以内的数据（第 1 个和第 3 个四分位数之间的差）。“须”也可用来显示数据内的最高点和最低点。

在很多分析工具里，盒须图的制作过程非常烦琐，经常令用户望而却步。但在 Tableau 的“智能推荐”里，用户可以直接选用盒须图，数据呈现变得轻而易举！

素材文件	\第 10 章\示例 - 超市 .xls
结果文件	\第 10 章\实例 55.twbx

10.5.2 具体创建步骤

（1）将度量“销售额”字段拖曳至“行”功能区中，将维度“类别”字段拖曳至“列”功能区中，默认生成柱形图，如图 10-46 所示。

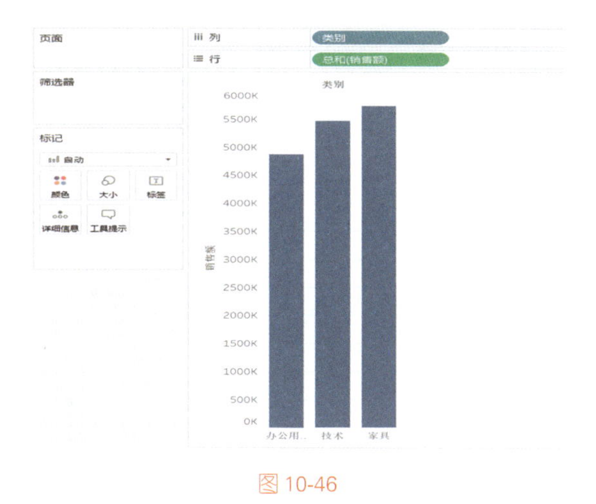

图 10-46

（2）用鼠标右键单击工具栏右侧的“智能推荐”按钮，选择“盒须图”图形，如图 10-47 所示。

图 10-47

（3）将维度“订单日期”字段拖曳至“列”功能区中，用盒须图来呈现订单数据，如图 10-48 所示。

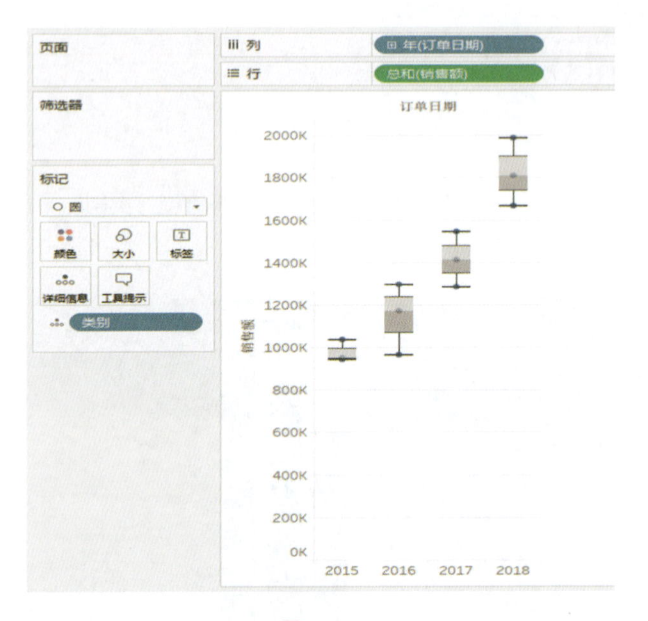

图 10-48

下面来解读这个图表，以便读者更好地理解盒须图。通过上面的盒须图，可以大致得出以下数据结果：2017 年的销售额的最大值最高，2016 年销售额的最小值最低；2017 年的上枢纽接近等于 2014 年的最大值，但 2017 年的中位数整体偏低；2016 年的下枢纽最低，中位数最低。

10.6 【实例 56】创建凹凸图

凹凸图（Bump chart）是一种经典的图表，因呈现效果像波峰波谷般凹凸有致，故被称为凹凸图。它通常用于分析相同事物的不同排名情况，直观显示排名间的发展变化关系。

本例将显示销售总额排名前 10 的子类别在不同年份的表现。

素材文件	\第 10 章\示例 - 超市 .xls
结果文件	\第 10 章\实例 56.twbx

10.6.1 步骤 1：创建基础视图

本节将创建销售总额排名前 10 的子类别在各年份的业绩视图。

（1）将度量“销售额”字段拖曳至“行”功能区中，将维度“订单日期”字段拖曳至“列”功能区中，将维度“子类别”字段拖曳至“标记”卡的“颜色”上，如图 10-49 所示。

（2）将维度“子类别”字段拖曳至“筛选器”卡，系统会自动弹出筛选器【子类别】窗口，在“顶部”选项卡中选“按字段”单选按钮，默认选择销售总额的前 10 名，如图 10-50 所示。

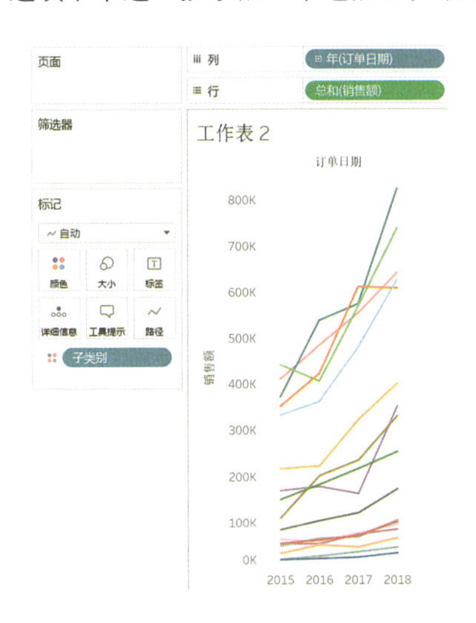

图 10-49

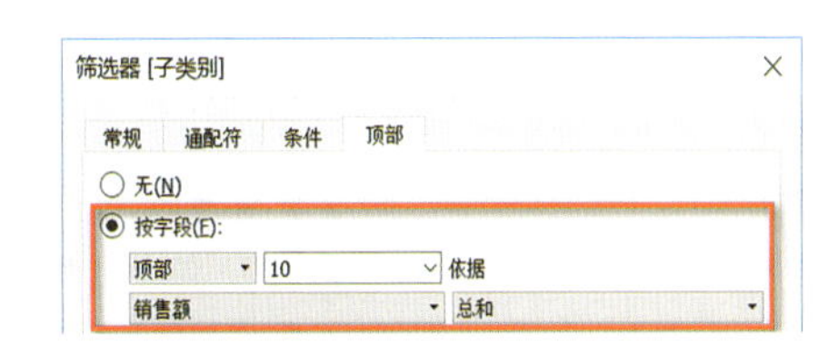

图 10-50

（3）用鼠标右键单击“行”功能区中的“销售额”胶囊，在弹出的菜单中选择“快速表计算”-“排序”命令，如图 10-51 所示；再用鼠标右键单击“行”功能区中的“销售额”胶囊，在弹出的菜单中选择“计算依据”-“子类别”命令，如图 10-52 所示。

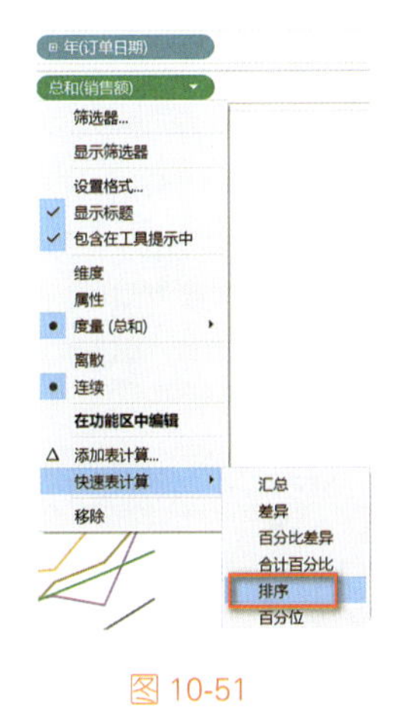

图 10-51

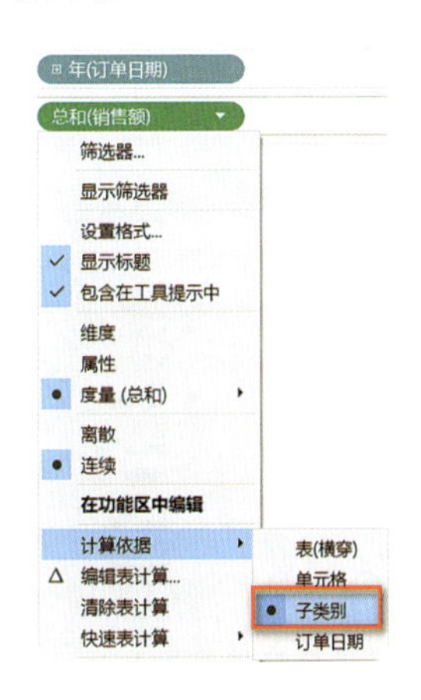

图 10-52

10.6.2 步骤 2：添加双轴功能

本节将使用双轴功能来呈现凹凸图。

（1）按住 Ctrl 键选中“行”功能区中的“销售额”胶囊，将其向右侧拖曳至“行”，从而复制“销售额”胶囊。此时在“行”功能区中并排了两个“销售额”胶囊。在“标记”卡中，将刚复制的“总和（销售额）(2)”的标记类型改为圆形，如图 10-53 所示。

（2）单击“标记”卡中的“标签”，在弹出的标签设置菜单中，勾选“显示标记标签”复选框，将对齐方式选择为“中部”和“居中”，勾选“允许标签覆盖其他标记”复选框，如图 10-54 所示。

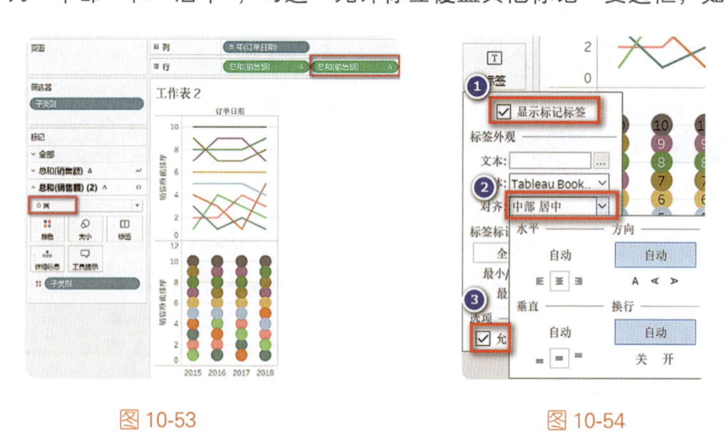

图 10-53　　　　图 10-54

（3）用鼠标右键单击“行”功能区中的第 2 个“总和（销售额）”胶囊，在弹出的菜单中选择“双轴”命令，如图 10-55 所示。

（4）用鼠标右键单击图表两侧的纵轴，在弹出的“编辑轴”对话框中勾选“倒序”复选框。这样即可按升序排列，如图 10-56 所示。

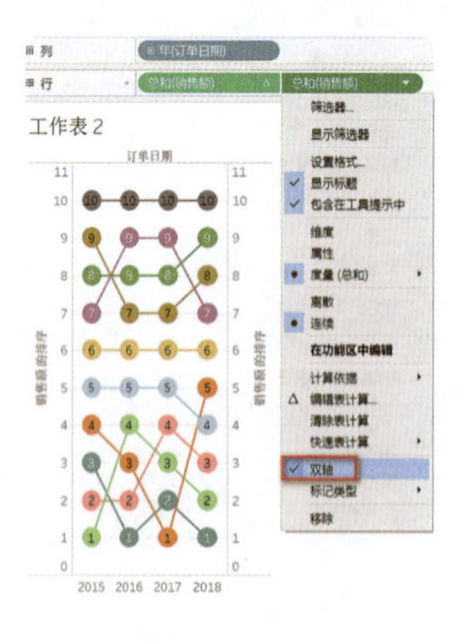

图 10-55

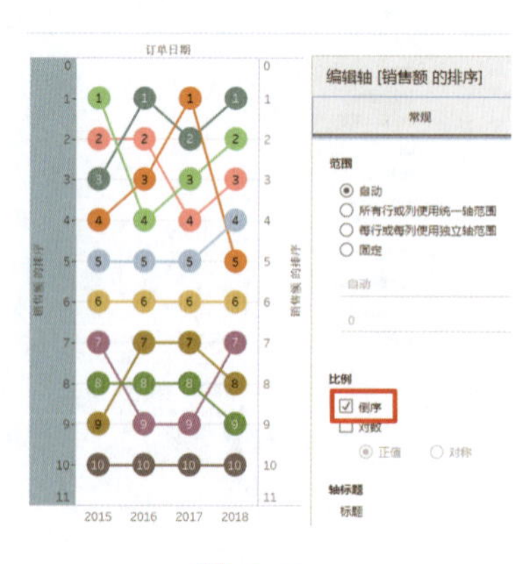

图 10-56

（5）用鼠标右键单击图表的任意纵轴，在弹出的菜单中取消勾选“显示标题”选项。

10.7 【实例 57】创建雷达图

雷达图（Radar chart），又被称为蜘蛛网图（Spider chart），常用来表示多个指标的对比情况。

10.7.1 应用场景

如果要展现某一个维度的多个指标（至少 3 个，绘成三角雷达图），且它们的指标范围是完全相等的。比如有一个评分字段，其评分周期均是一个月，评分分值都是 0 ~ 100 分，则可以使用雷达图来呈现数据。

比如，要展示各个学生的语文、数学、英语、物理、化学考试的成绩对比情况。用雷达图可以很直观地展示某学生的强项指标和弱项指标，并且能清楚地与其他学生进行对比，如图 10-57 所示。

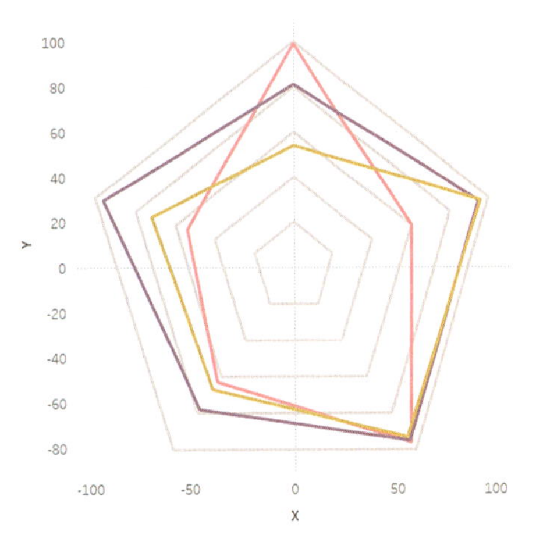

图 10-57

素材文件	\第 10 章\实例 57.xlsx
结果文件	\第 10 章\实例 57.twbx

10.7.2 步骤 1：准备数据

下面对数据源（如图 10-58 所示）做一些处理。

（1）复制雷达图零点位置（第 1 项指标“语文”的数据），然后将其命名为“语文 0”，并添加同心圆参照数据，形成如图 10-59 所示的新数据源。

学生	语文	数学	英语	物理	化学
张三	99	60	96	63	54
李四	54	96	93	67	72
王五	81	95	95	78	96

图 10-58

学生	语文	语文0	数学	英语	物理	化学
张三	99	99	60	96	63	54
李四	54	54	96	93	67	72
王五	81	81	95	95	78	96
Ring1	20	20	20	20	20	20
Ring2	40	40	40	40	40	40
Ring3	60	60	60	60	60	60
Ring4	80	80	80	80	80	80
Ring5	100	100	100	100	100	100

图 10-59

（2）将此数据源导入 Tableau Desktop 中，用于后续的分析制图。

10.7.3 步骤 2：使用转置功能

（1）在数据源界面中单击“管理元数据”按钮，如图 10-60 所示。

（2）选中所有指标的字段（包括“语文 0”字段），然后单击鼠标右键，在弹出的菜单中选择“转置”命令（注意：此功能在有些版本中表述为“数据透视表”，在英文版中表述为“Pivot”），如图 10-61 所示。

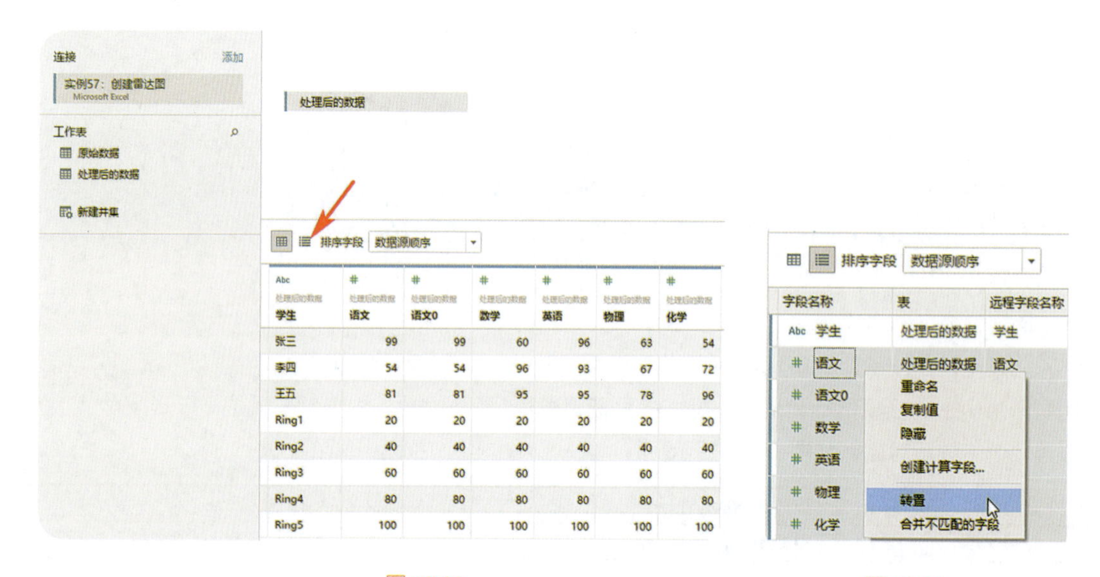

图 10-60　　　　图 10-61

10.7.4 步骤 3：创建计算字段

（1）用鼠标右键单击“数据”窗格空白区域，在弹出的菜单中选择“创建计算字段”命令。

（2）依次创建 4 个计算字段：“路径”“弧度”“X”和“Y”。在计算窗口分别输入以下公式，如图 10-62 至图 10-65 所示。

“路径”对应的公式如下：

```
CASE [转置字段名称]
  WHEN '语文' then 1
  WHEN '数学' then 2
  WHEN '英语' then 3
  WHEN '物理' then 4
  WHEN '化学' then 5
  ELSE 6
END
```

“弧度”对应的公式如下：

```
if [ 路径 ]=6 then pi()/2
  else pi()/2-([ 路径 ]-1)*2*pi()/5
END
```

X 对应的公式如下：

```
[ 转置字段值 ]*COS([ 弧度 ] )
```

Y 对应的公式如下：

```
[ 转置字段值 ]*sin([ 弧度 ])
```

图 10-62

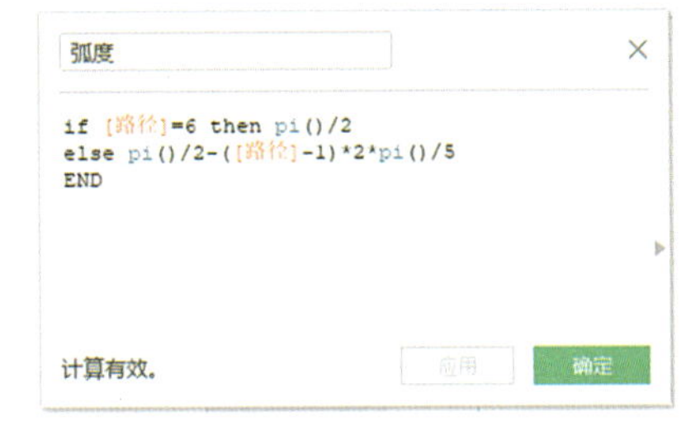

图 10-63

函数中的值是根据指标数量而定的，在实际工作应用中应根据实际情况书写函数。

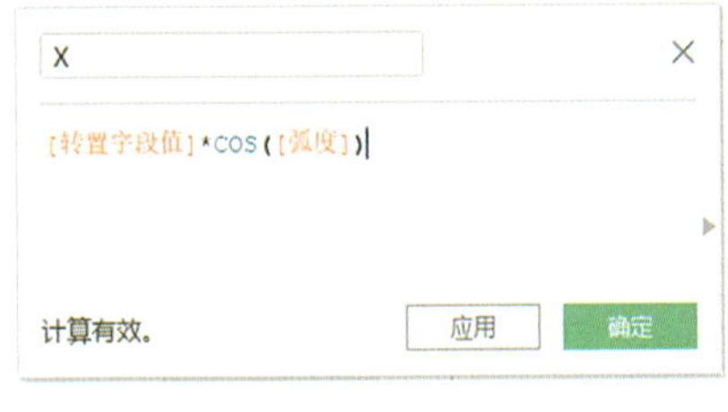

图 10-64

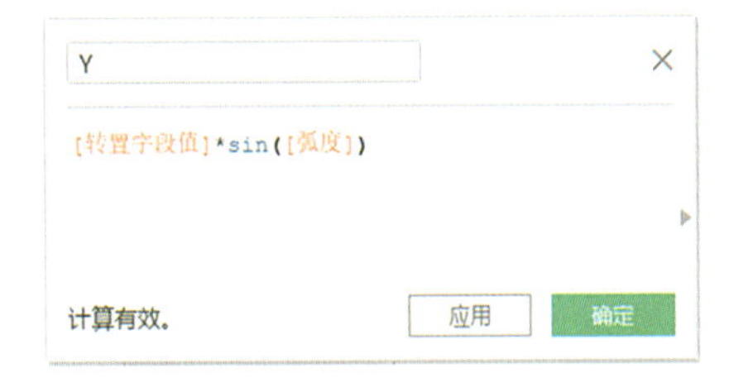

图 10-65

10.7.5　步骤 4：创建视图

（1）将计算字段“X”拖曳至“列”功能区中，将计算字段“Y”拖曳至“行”功能区中，将“标记”卡的标记类型从“自动”改成“线”。

（2）将计算字段“路径”拖曳至“标记”卡的“路径”上；单击“标记”卡中“路径”胶囊右侧的小三角，在弹出的菜单中选择“维度”命令。

（3）将维度“学生”字段拖曳至“标记”卡的“颜色”上。用鼠标右键单击“标记”卡中的

“学生”胶囊，在弹出的菜单中选择“排序”命令，在对话框中将 3 个学生的姓名进行手动排序。最后，适当调整图例的颜色。

至此就完成了分析 3 个学生不同学科成绩的雷达图，如图 10-66 所示。

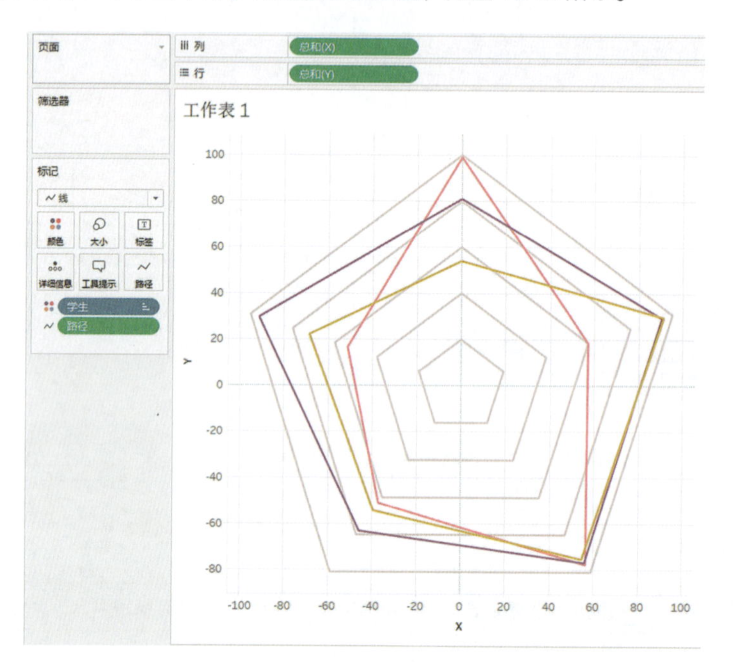

图 10-66

10.8 【实例 58】创建嵌套条形图

10.8.1 应用场景

嵌套条形图一般用来呈现资源分布情况，以及对比两个指标。

本例使用两个数据源来查看各产品子类销售额是否达标。

素材文件	\第 10 章\示例 - 超市 .xls、实例 58.xlsx
结果文件	\第 10 章\实例 58.twbx

本例运用数据融合来实现销售额达标分析，有关如何使用数据融合请参见 7.1.5 节。

10.8.2 步骤 1：创建基础视图

下面使用“示例 - 超市”数据源创建各产品子类实际销售额的视图。

（1）将维度“类别”和“子类别”字段分别拖曳至“列”功能区中，将度量“度量值”字段拖曳至“行”功能区中，将维度“度量名称”字段拖曳至“筛选器”卡中，如图 10-67 所示。

（2）用鼠标右键单击筛选器上“度量名称”胶囊，在弹出的菜单中选择“编辑筛选器”命令。

（3）在弹出的“筛选器 [度量名称]”对话框中，勾选“销售额”复选框，然后单击“确定”按钮，如图 10-68 所示。

图 10-67　　　　图 10-68

10.8.3　步骤 2：添加目标销售额

本节运用辅助数据源“实例 58.xlsx”，将字段“目标销售额”添加到视图中，形成实际销售额和目标销售额的对比。

（1）单击菜单栏中的“数据” - “新建数据”命令，添加辅助数据源“实例 58.xlsx”。单击选中辅数据源“实例 58”，然后将度量“目标销售额”字段拖曳至“标记”卡下面的“度量值”卡中。

（2）在数据窗口中可以看到两个数据源（如图 10-69 所示），可以用左侧圆柱体上的颜色区分它们。蓝色标识的是主数据源、橙色标识的是辅数据源。最后将主数据源中的维度“度量名称”拖曳至“标记”卡的“颜色”和“大小”上，如图 10-70 所示。

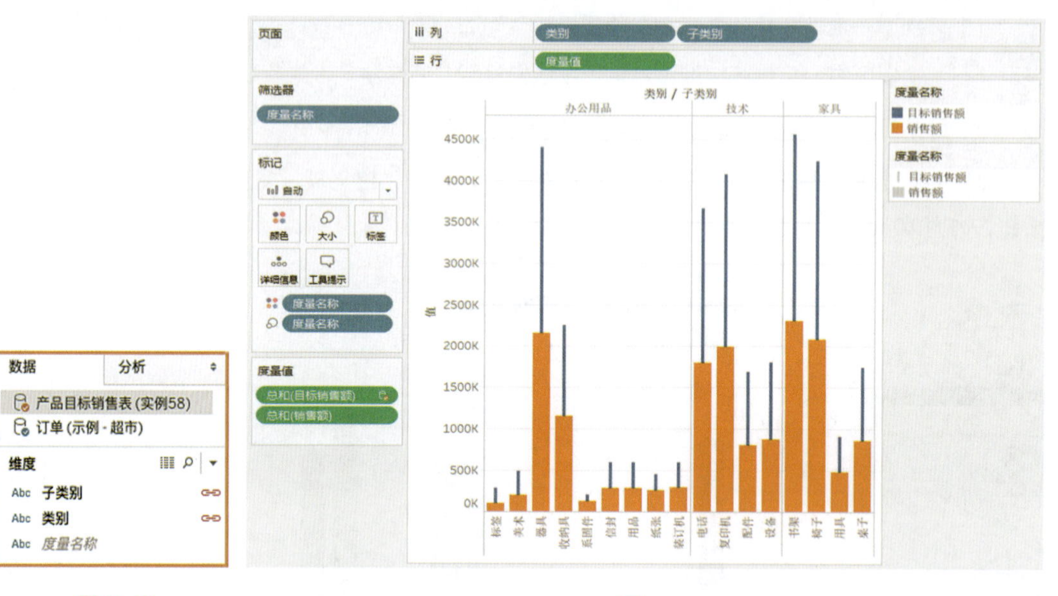

图 10-69　　　　图 10-70

（3）单击菜单栏中的“分析”-“堆叠标记”-“关”命令。这样就完成了“对比各产品目标销售额与实际销售额”的嵌套条形图，如图 10-71 所示。

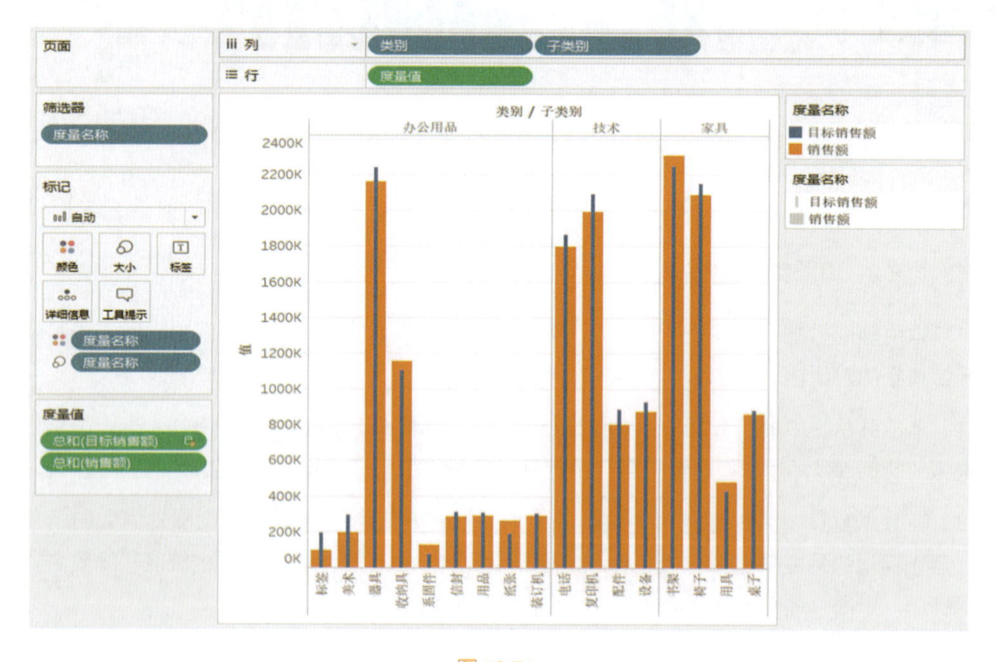

图 10-71

10.9 【实例 59】创建桑基图

桑基图（Sankey diagram），即桑基能量分流图，也被叫作“桑基能量平衡图”。它是一种特定类型的流程图。在图 10-72 中，分支的宽度对应数据流量的大小。

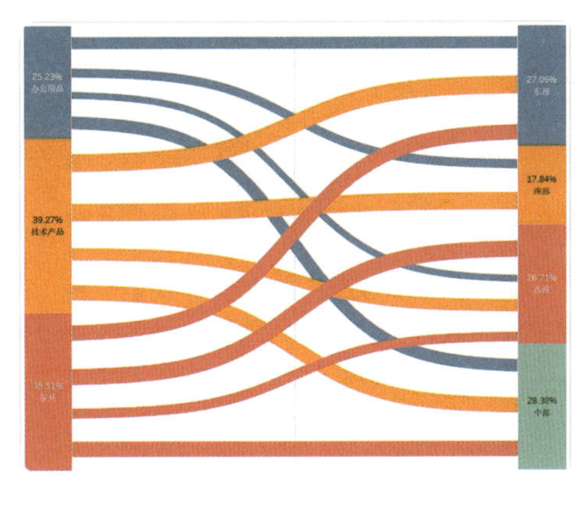

图 10-72

10.9.1 应用场景

通常，我们会对包含两个维度的数据使用桑基图，并且这两个维度最好是有流向或对应关系的，比如“供应商”“客户”“部门”和“产品”。

通过桑基图，能够看到“有多少供应商服务于多少客户、哪些供应商服务于哪些客户”“有多少部门负责多少产品、哪些部门负责哪些产品”。但是，桑基图不适合有太多值的维度。如果某个维度有太多值，则桑基图会很密集，不便于查看数据。

本例需要使用汇总数据，你可以从素材文件中找到需要使用的数据源，即各区域所销售的各产品类型数据。在实际工作中，也可以使用 Tableau Prep 来准备汇总数据。

素材文件	\第 10 章\实例 59.xlsx
结果文件	\第 10 章\实例 59.twbx

10.9.2 步骤 1：准备数据

在制作桑基图之前，必须要对汇总数据进行一个简单的变形。复制原数据中除字段名外的所有值，并粘贴在原数据值的下方，并用一个新字段“rowtype”作为标识。用处理完后的数据才能够在 Tableau 中实现桑基图。原始数据如图 10-73 所示。

处理数据源有两种方法，可以根据数据量的大小进行选择。

方法一　复制粘贴原始数据

如果数据量较少，则可以将数据复制一遍然后粘贴在原始数据下方，同时新增一列 rowtype。在 rowtype 列中，原始数据以 1 填充，复制数据以 49 填充，得到如图 10-74 所示的新数据源。

区域	产品类型	销售额
中部	家具	859, 217. 62
东部	家具	864, 063. 26
南部	家具	546, 261. 10
西部	家具	909, 081. 76
中部	办公用品	672, 768. 64
东部	办公用品	711, 438. 58
南部	办公用品	373, 950. 53
西部	办公用品	500, 167. 80
中部	技术产品	1, 008, 355. 36
东部	技术产品	847, 302. 84
南部	技术产品	677, 134. 59
西部	技术产品	982, 189. 24

图 10-73

区域	产品类型	销售额	rowtype
中部	家具	859, 217. 62	1
东部	家具	864, 063. 26	1
南部	家具	546, 261. 10	1
西部	家具	909, 081. 76	1
中部	办公用品	672, 768. 64	1
东部	办公用品	711, 438. 58	1
南部	办公用品	373, 950. 53	1
西部	办公用品	500, 167. 80	1
中部	技术产品	1, 008, 355. 36	1
东部	技术产品	847, 302. 84	1
南部	技术产品	677, 134. 59	1
西部	技术产品	982, 189. 24	1
中部	家具	859, 217. 62	49
东部	家具	864, 063. 26	49
南部	家具	546, 261. 10	49
西部	家具	909, 081. 76	49
中部	办公用品	672, 768. 64	49
东部	办公用品	711, 438. 58	49
南部	办公用品	373, 950. 53	49
西部	办公用品	500, 167. 80	49
中部	技术产品	1, 008, 355. 36	49
东部	技术产品	847, 302. 84	49
南部	技术产品	677, 134. 59	49
西部	技术产品	982, 189. 24	49

图 10-74

方法二　表连接

如果数据量较大，显然用复制 / 粘贴的方式新增行不是理想的选择。需要在原始数据源后增加一列 D，且数值均为 1，如图 10-75 所示。

接下来用左连接的方式实现数据的复制：新建一个如图 10-76 所示的表，将其命名为“link”；将两份数据源导入 Tableau Desktop 的数据源编辑界面中，实现表连接，如图 10-77 所示。

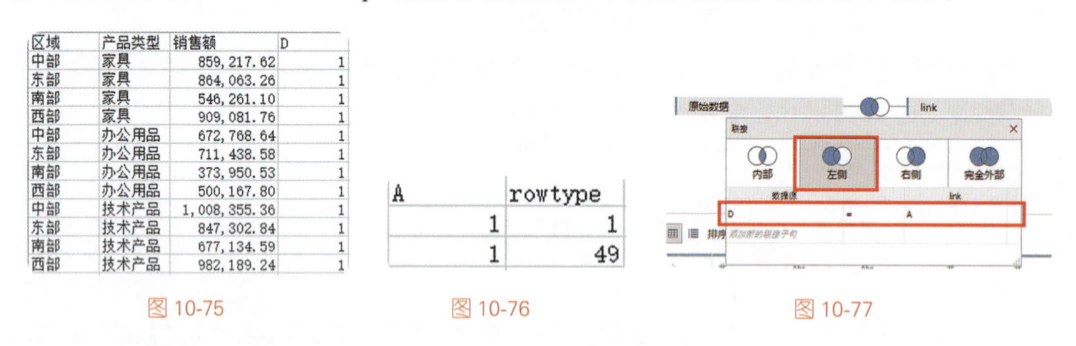

区域	产品类型	销售额	D
中部	家具	859, 217. 62	1
东部	家具	864, 063. 26	1
南部	家具	546, 261. 10	1
西部	家具	909, 081. 76	1
中部	办公用品	672, 768. 64	1
东部	办公用品	711, 438. 58	1
南部	办公用品	373, 950. 53	1
西部	办公用品	500, 167. 80	1
中部	技术产品	1, 008, 355. 36	1
东部	技术产品	847, 302. 84	1
南部	技术产品	677, 134. 59	1
西部	技术产品	982, 189. 24	1

图 10-75

A	rowtype
1	1
1	49

图 10-76

图 10-77

10.9.3　步骤 2：创建左右两个堆叠图

桑基图由 3 个工作表组成：左右两个堆叠条 + 中间 1 个 S 型连线图。

堆叠条的做法比较简单：

（1）将度量“销售额”字段拖曳至“行”功能区中，将维度“产品类型”字段（或“区域”）拖曳至“标记”卡的“颜色”上。

（2）将维度“产品类型”（或“区域”）字段和度量“销售额”字段分别拖曳至“标记”卡的“标签”上。用鼠标右键单击“行”功能区中的“销售额”胶囊，在弹出的菜单中选择“快速表计算”-“合计百分比”命令。用鼠标右键单击“标记”卡“标签”中的“销售额”胶囊，在弹出的菜单中选择“快速表计算”-“合计百分比”命令。

（3）用鼠标右键单击视图中的纵轴，在弹出的“编辑轴”对话框中修改轴范围修改为“0 ~ 1”（默认为 0 ~ 1.05，如果不调整则会导致最后的图形错位），如图 10-78 所示。

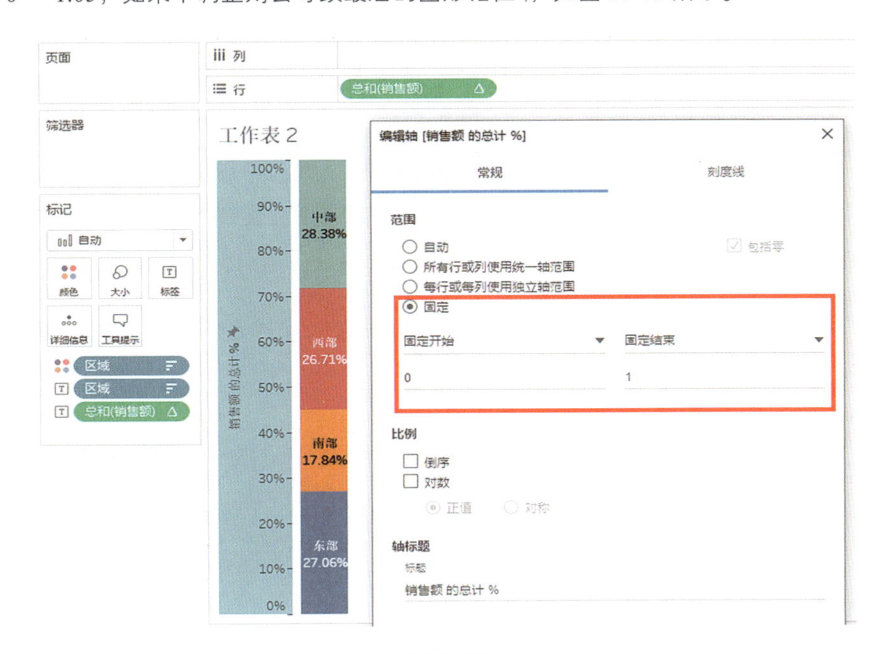

图 10-78

10.9.4　步骤 3：创建计算字段

制作 S 型连线需要用到常见的 S 型函数：logistic 函数，即

$$F(x) = \frac{1}{1 + e^{-t}}$$

这里共需要创建 6 个计算字段，详见表 10-2。

表 10-2

字段名	计算
t	(index()-25)/4
logistic	1/(1+exp(1)^-[t])
Size	Running_avg(sum([销售额]))
Rank1	Running_sum(sum([销售额]))/total(sum([销售额]))
Rank2	Running_sum(sum([销售额]))/total(sum([销售额]))
F(t)	[Rank 1]+(([Rank 2]-[Rank 1])*[logistic])

10.9.5 步骤 4：创建图表

（1）新建工作表，并将“标记”卡中的“标记”类型设置为“线”。

（2）将计算字段“t”拖曳至“列”功能区中，将计算字段“F(t)”拖曳至“行”功能区中，将维度“产品类型”字段拖曳至“标记”卡的“颜色”上，将计算字段“Size”拖曳至“标记”卡中的“大小”上，将维度“区域”字段拖曳至“标记”卡中的“详细信息”上，如图 10-79 所示。

（3）用鼠标右键单击度量“rowtype”字段，在弹出的菜单中选择“创建”-“数据桶”命令，并在弹出的对话框中将此数据桶命名为“路径”，大小为“1”，如图 10-80 所示。

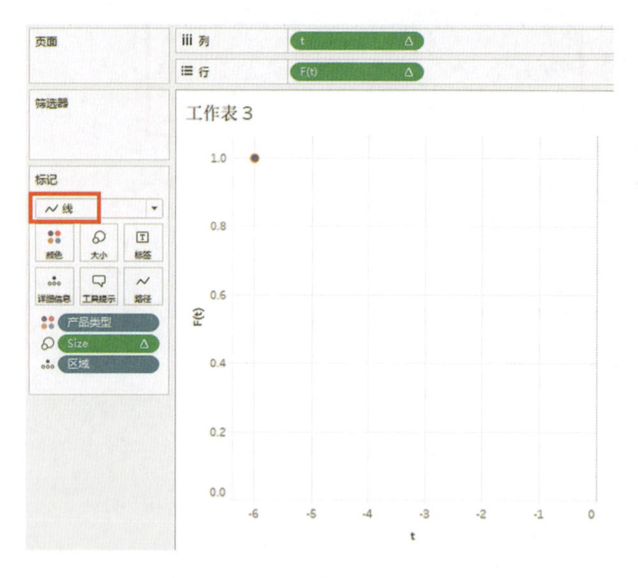

图 10-79

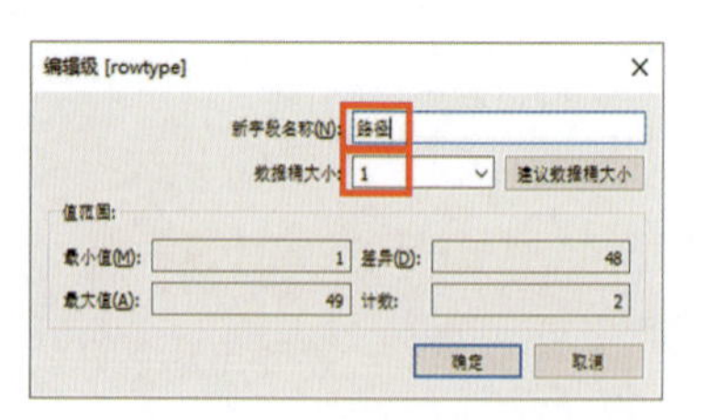

图 10-80

必须先完成图表的创建，然后才能新建数据桶，否则会导致数据桶分类错误，桑基图出现错误。

（2）将创建的数据桶“路径”拖曳至“标记”卡的“路径”上（注意：如果目前的图形类型没有选择成“线”，则不会出现“路径”选项），如图 10-81 所示。

此时没有图形出现，这是因为此时的计算依据都是不对的，还需要修改计算依据。

图 10-81

10.9.6　步骤 5：修改计算依据

这里对计算字段“F(t)”“t”“Size”做一些调整：

（1）用鼠标右键单击“行”功能区中的“F(t)”胶囊，在弹出的菜单中选择“编辑表计算”命令。弹出“表计算”对话框，使用“嵌套计算”右侧的小三角切换并依次设置：

- 将“Rank1”计算依据设置为“特定维度”，勾选“产品类型”“区域”“路径”复选框，如图 10-82 所示。
- 将“Rank2”计算依据也设置为“特定维度”，勾选“区域”“产品类型”“路径”复选框（注意，顺序与“Rank1”不同），如图 10-83 所示。
- 将“t”的计算依据也设置为“特定维度”，但是只勾选“路径”复选框，如图 10-84 所示。

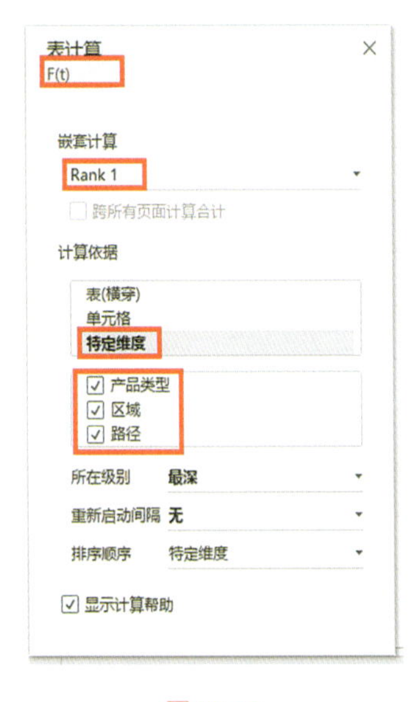

图 10-82

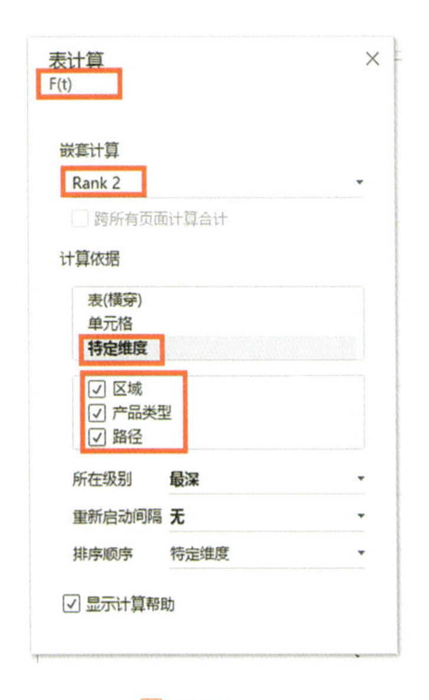

图 10-83

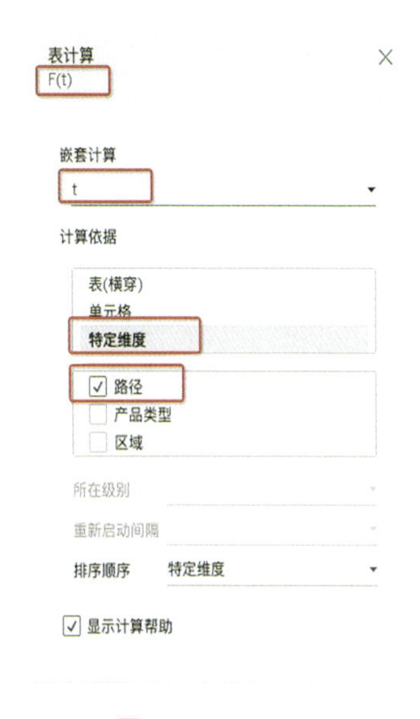

图 10-84

（2）修改“t”的计算依据。用鼠标右键单击列上的“t”胶囊，在弹出的菜单中选择“计算依据”-“路径”命令。

（3）修改“Size”的计算依据。用鼠标右键单击标记卡中的“Size”胶囊，在弹出的菜单中选择“计算依据”-“路径”命令。

可以看到，此时已有桑基图的雏形了，如图 10-85 所示。

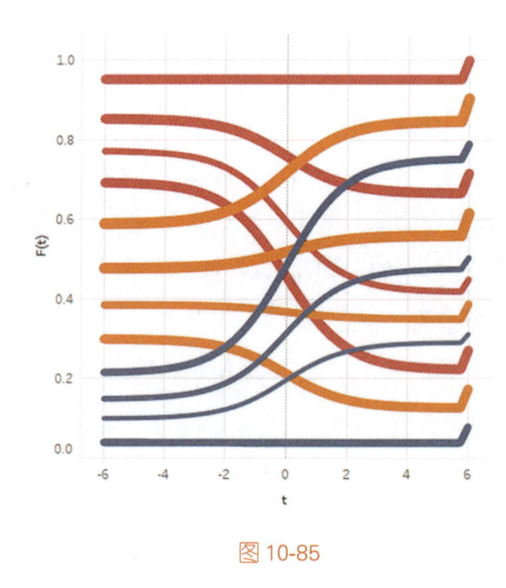

图 10-85

10.9.7 步骤 6：调整细节

接下来对图形再做一些修饰和拼接。

1. 设置轴

（1）分别用鼠标右键单击 S 型连线图表的横坐标轴和纵坐标轴，在弹出的菜单中选择“编辑轴”命令，如图 10-86 所示。

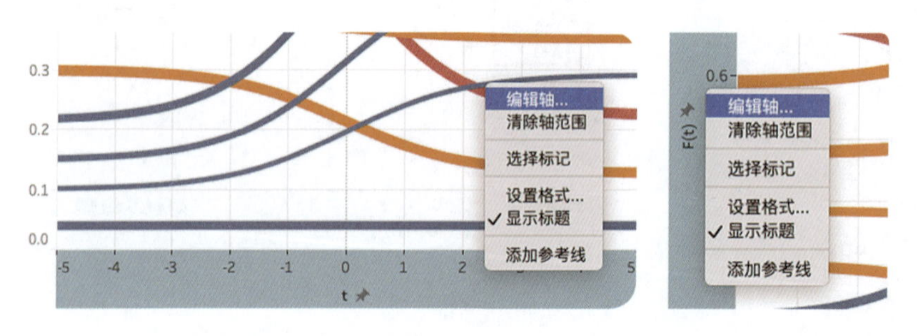

图 10-86

（2）在弹出的“编辑轴”对话框中，将 t 的“固定开始”和“固定结束”分别设置为“－5”和“5”，将 F(t) 的“固定开始”和“固定结束”分别设置为“0”和“1”，如图 10-87 所示。

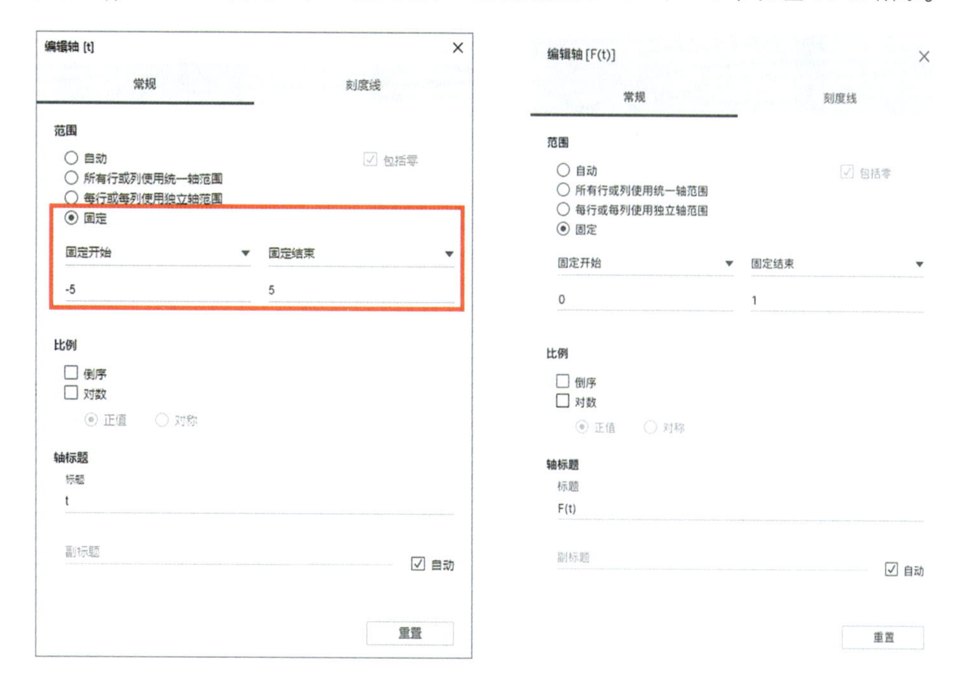

图 10-87

（3）用鼠标右键分别单击“F(t)”和“t”的两个轴，在弹出的菜单中取消勾选“显示标题”，以隐藏轴，方便后续的图形拼接。

2. 在仪表板中拼接两个堆叠条图和 S 型图

（1）新建仪表板，从左侧仪表板窗格的下方“对象”中，将“水平”对象拖曳至仪表板视图中。注意：这个过程实际上是把一个水平容器放入仪表板中，容器在仪表板中呈现空白框形状。

（2）将左侧仪表板窗格中部的“工作表”中的 3 个工作表依次拖曳至这个容器中。注意两个堆叠条的维度和 S 型图的拖放顺序。

（3）用鼠标右键单击隐藏两个堆叠条的轴，再用鼠标右键单击来隐藏所有工作表的标题。

3. 调整排序

通过颜色可以很容易查看左侧的堆叠条和中间的 S 型连接线的排序是否一致。如果不一致，则选择该维度的图例然后调整排序，如图 10-88 所示。

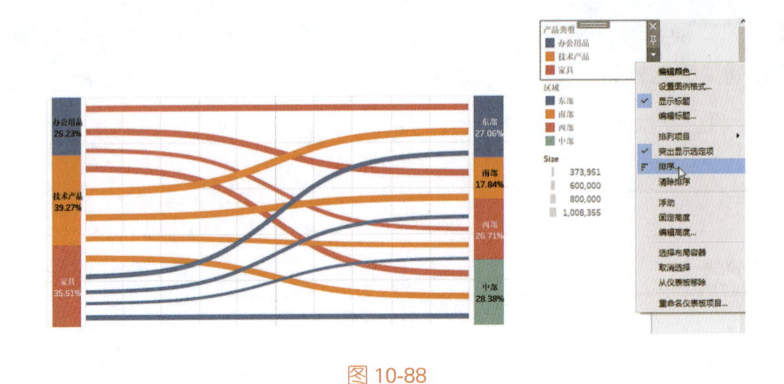

图 10-88

选择降序排序，如图 10-89 所示。

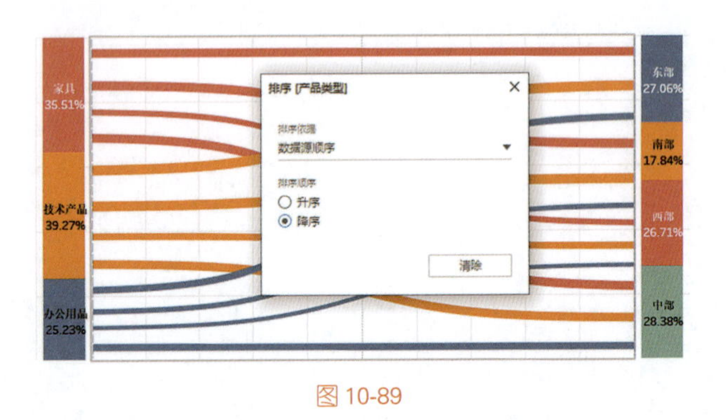

图 10-89

4. 设置高亮功能

在仪表板上部的工具栏中选择“突出显示”，如图 10-90 所示。在弹出的菜单中选择“产品类型”和“区域”命令，使得它们能够成为高亮的维度，如图 10-91 所示。高亮的效果如图 10-92 所示。

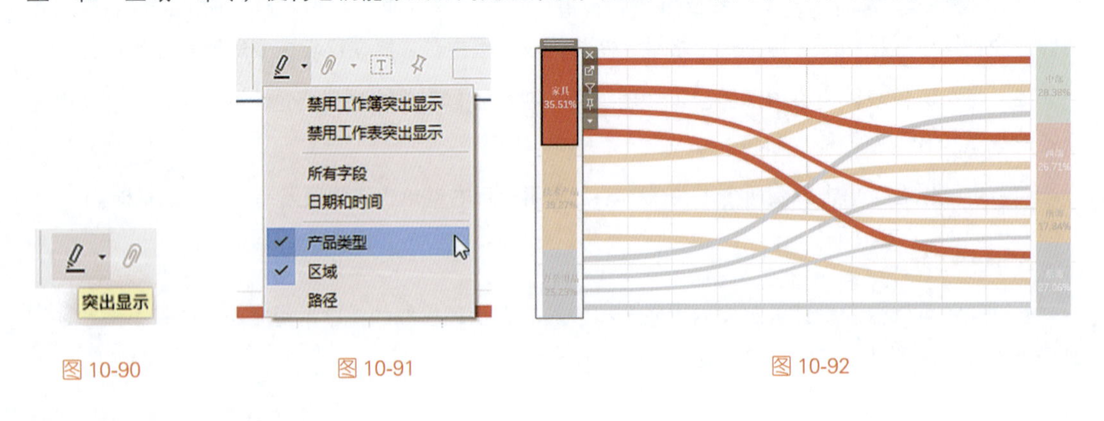

图 10-90　　图 10-91　　图 10-92

至此就完成了“不同销售区域不同产品销售情况”的桑基图。可以通过单击不同的区域或产品来查看具体的销售情况。

10.10 【实例 60】创建工具提示图表

10.10.1 应用场景

在制作视图过程中，为了展示更多的详细信息，可以在“工具提示”中嵌入可视化项，这样用户可以从不同层次或更深入地了解数据，提高了视图的可用空间。

素材文件	\第 10 章\示例 - 超市 .xls
结果文件	\第 10 章\实例 60.twbx

10.10.2 步骤 1：创建两个原始图表

创建两个工作表：“产品大类分析”和“产品子类分析”。

（1）连接“示例 - 超市”数据源，新建工作表，将度量“销售额”字段拖曳至“列”功能区中，将维度“类别”字段拖曳至“行”功能区中，将工作表命名为“产品大类分析”，如图 10-93 所示。

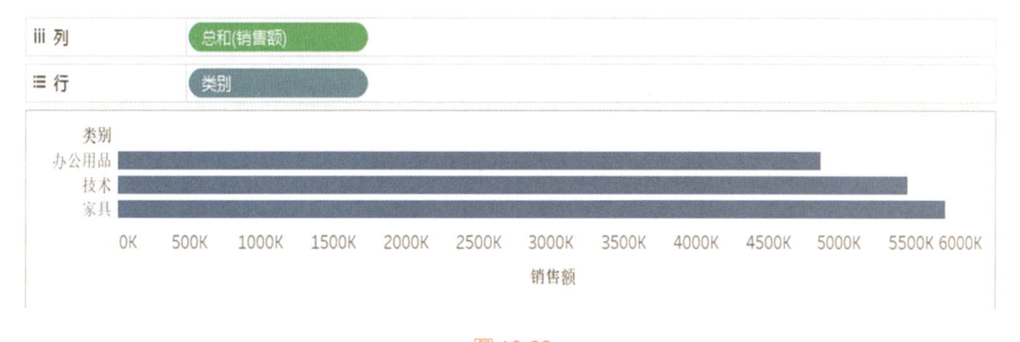

图 10-93

（2）新建工作表，将度量“销售额”字段拖曳至“列”功能区中，将维度“子类别”字段拖曳至“行”功能区中。将度量“销售额”字段拖曳至“标记”卡的“颜色”上，并在仪表板上部的工具栏中单击“降序”按钮。将此工作表命名为“产品子类分析”，如图 10-94 所示。

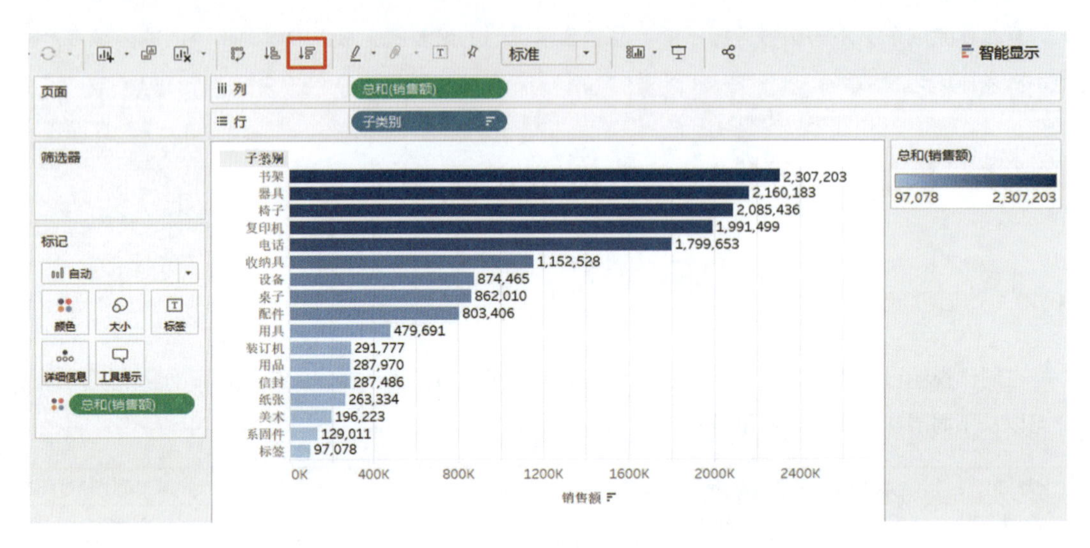

图 10-94

10.10.3 步骤 2：添加工具提示

（1）切换至“产品分析大类”工作表，单击“标记”卡中的“工具提示”，在弹出的对话中选择“插入”-“工作表”-“产品子类分析”命令，并单击“确定”按钮，如图 10-95 所示。

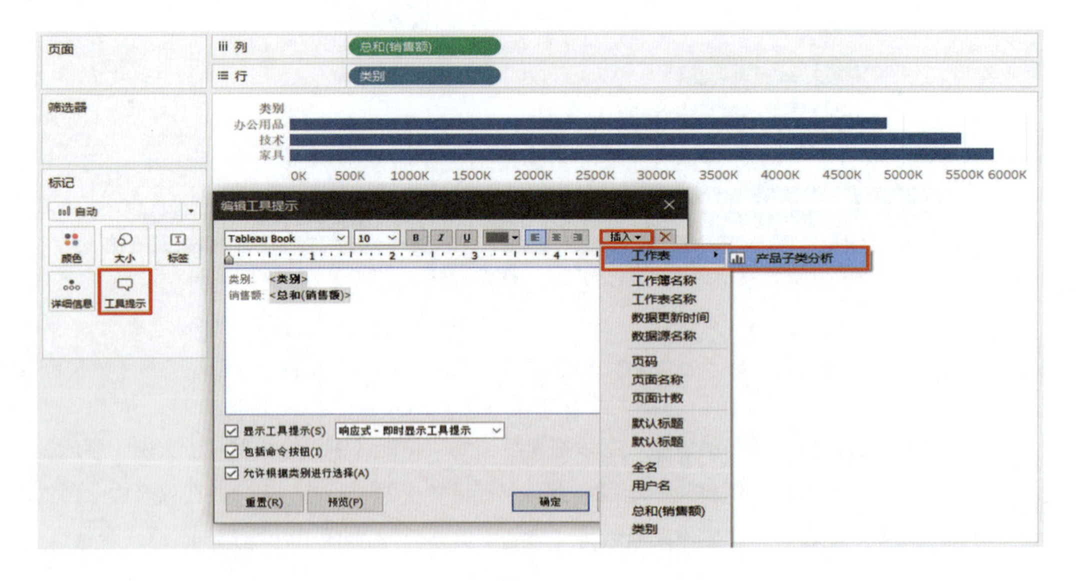

图 10-95

（2）设置完成后，将光标悬停在“产品大类分析”视图上，可以查看更加详细的产品信息，如图 10-96 所示。

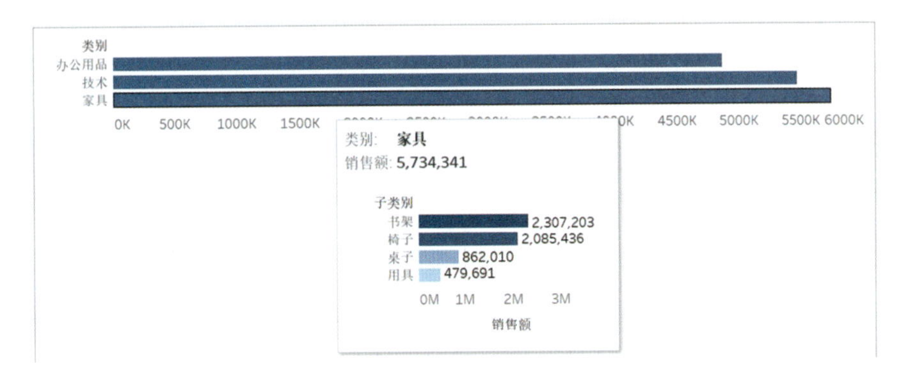

图 10-96

借助“工具提示”，可以实现更深层次的数据交互及仪表板空间的最大化。

第 11 章 地图的进阶操作

Tableau 的地图功能十分强大。本章将详细介绍用户在实际工作中经常会使用到的高级地图功能，包括自定义背景地图、自定义地理编码、连接空间文件等。

11.1 自定义背景地图

利用 Tableau 可以快速创建地图视图，以便用户快速获得和地理位置相关的分析见解。但是，默认的背景地图比较单调，下面介绍几种方法更改背景地图的方法。

11.1.1 使用自带的背景地图

在创建了地图视图后，背景地图是默认 Tableau 主题中的“浅色”。如果想要更改地图外观，则可以在菜单栏中的“地图'”-“背景地图”命令中选择其他主题。默认情况下，有 8 种主题可供选择，分别是“无”、“脱机”和“Tableau 主题”（浅色、普通、深色、街道、室外、卫星）。

- 无：在纬度和经度轴之间显示数据，不包含背景图。
- 脱机：此背景仅适用于 Tableau Desktop，并且会将构成地图的图像存储在计算机缓存中，以改进性能和脱机访问。这种方式不需要接入互联网就可以展现背景地图。
- Tableau：连接到 Tableau 的背景地图。使用此主题需要接入互联网。在默认情况下，所有地图视图都连接到此背景地图。

11.1.2 使用外部的背景地图

用户还可以通过 tms 文件（Tableau 地图源）导入新的背景地图。以 AutoNavi 地图源文件为例，具体步骤如下。

（1）将 AutoNavi.tms 文件复制到地图源文件夹中，如图 11-1 所示。Tableau 的地图源路径一般是“我的文档 \ 我的 Tableau 存储库 \ 地图源”。

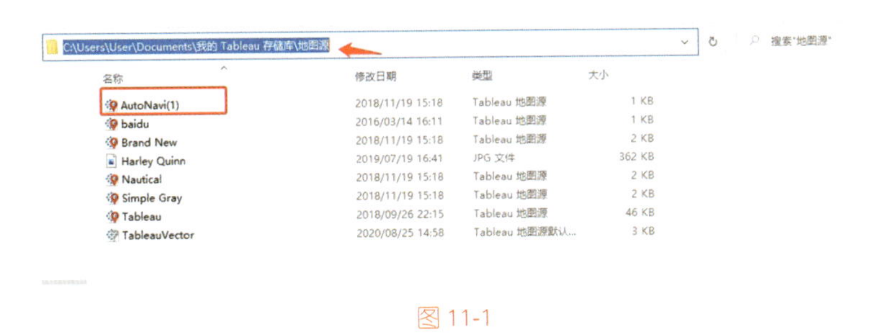

图 11-1

（2）重新运行 Tableau Desktop，以便将该文件加载进 Tableau 中。

（3）连接“示例 - 超市 .xls”，双击“销售额”字段，再双击设置了正确的地理角色的地理角色字段，以创建一个有背景地图的视图。

（4）单击菜单栏中的“地图”-“背景地图”命令（如图 11-2 所示），会看到已经导入的“AutoNavi”地图源。

图 11-2

11.2　自定义地理编码

如果 Tableau 无法识别某些地理角色字段中的地理位置，则可以通过导入自定义地理编码来扩充 Tableau 的地理信息库。

例如，可以自己扩充一些地理角色（国家、省份、城市、图书馆等），并将这些扩充地理角色的经纬度数据整理成 CSV 格式的数据源。下面来学习两种扩充地理位置信息的方法。

11.2.1　扩展现有的地理角色

如果数据源中现有的地理位置信息不够完善，则可以通过这个方式来补充。

比如，想扩充“城市”这个地理角色，需要创建与图 11-3 所示数据结构一致的自定义地理编码 CSV 文件。

	A
1	COUNTRY, STATE, CITY, LATITUDE, LONGITUDE
2	China, shandong, jinan, 45.87, 123.34
3	China, shandong, qingdao, 67.65, 145.3
4	

图 11-3

CSV 文件中的列名必须与示例一致，英文全部大写或第一个字母大写。在自定义的地理编码文件中，不能出现重复的经度、纬度信息，否则会导致导入失败。

在创建了自定义地理编码 CSV 文件后，打开 Tableau Desktop，在菜单栏中选择“地图”-“地理编码”-“导入自定义地理编码”命令，然后选择包含此文件的文件夹即可导入。

在导入时需要选取 CSV 文件所在的文件夹，而不是选取 CSV 文件本身。

11.2.2 添加新的地理角色

如果现有的地理角色维度无法满足作图需要，则可以扩展新的地理角色。

例如，现在要添加一个“办公地址”地理角色，且让其保存在“国家/地区”-“省/市/自治区”-“城市”的现有分层结构之下。可以通过如下方式导入。

（1）创建并保存一个 CSV 文件，其数据结构如图 11-4 所示。

	A
1	ADDRESS, COUNTRY, STATE, CITY, LATITUDE, LONGITUDE
2	tianqiao, China, shandong, jinan, 45.87, 123.34
3	zhanqiao, China, shandong, qingdao, 67.65, 145.3
4	

图 11-4

（2）在 Tableau Desktop 的菜单栏中选择“地图”-“地理编码”-“导入自定义地理编码”命令，然后选择包含此文件的文件夹即可导入。

（3）在完成导入后，可以创建此文件中某一维度字段的新地理角色。

11.3 连接空间文件

如果使用的是 Tableau 自带的地图库，那在背景地图中往往会显示全部国家或省份，无法单独呈现某一国家或省份；或者，地图只能显示到“城市”这一级，无法显示更详细的地理信息。

如果想更深层地探索数据，比如到“区县”或其他地理角色（如工厂、商场等自定义场所地图），则需使用连接空间文件的方法来实现。方法如下。

（1）将 Shapefile 空间文件放在同一路径下，其中必须包括 .shp、.shx、.dbf 和 .prj 文件。示例使用的是 Shapefile 空间文件，如图 11-5 所示。

2017区县.shx	2018/3/6 23:58	SHX 文件	23 KB
2017区县.shp	2018/3/6 23:58	SHP 文件	60,805 KB
2017区县.sbx	2018/3/5 22:56	SBX 文件	2 KB
2017区县.sbn	2018/3/5 22:56	SBN 文件	28 KB
2017区县.prj	2018/3/5 22:56	PRJ 文件	1 KB
2017区县.dbf	2018/3/7 0:00	DBF 文件	751 KB

图 11-5

（2）连接空间文件数据源（注意：如果需要在正在分析的数据源基础上使用空间文件，则可以使用表连接），如图 11-6 和 11-7 所示。

图 11-6

图 11-7

（3）选择相应路径下的 .shp 文件（注意：在空间文件选择对话框中只会显示 .shp 格式的文件，但必需的其他格式文件也需要保存在该路径下）。

（4）转到工作表，将度量“几何”字段拖曳至“标记”卡的“详细信息”上，如图 11-8 所示。

（5）创建筛选条件，以显示相应省份的区县地图。然后将维度“Name”字段拖曳至“标记”卡的“颜色”上，用于区分各个区县的地图区域。

图 11-8

第 12 章 数据准备工具——Tableau Prep

高质量的数据是数据分析的必要条件。每个数据分析师都希望拿到整齐、干净的数据进行分析，但在真实分析场景中几乎没有理想状态的数据源。因此，在分析之前需要做好数据准备。

作为一款专业的数据准备工具，Tableau Prep 致力于帮助 Tableau 用户完成分析之前的数据准备工作。

12.1 连接数据源

下面通过两个实例来学习如何在 Tableau Prep 中连接数据源。

（1）打开 Tableau Prep，其工作界面如图 12-1 所示。

（2）在中间区域可以看到“打开流程”和“连接到数据”按钮，以及最近的流程、示例流程。单击“连接到数据”按钮（或左侧的“+”号）可以打开数据连接器列表。

（3）在界面右侧是“探索”窗格，其中包含培训和相关学习资源的链接。

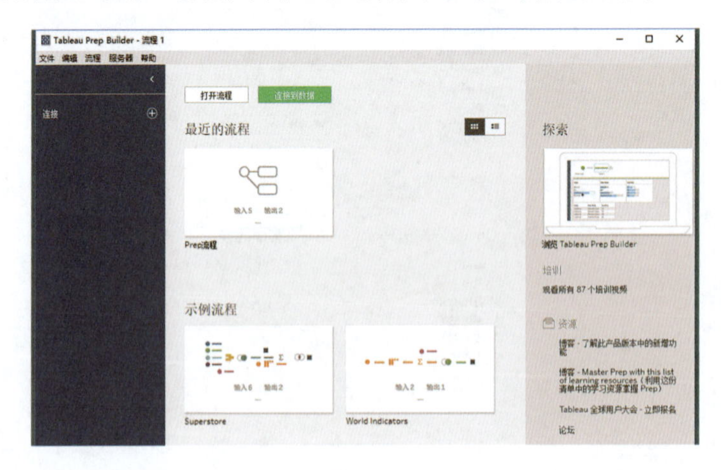

图 12-1

12.1.1 【实例 61】连接本地文件

Tableau Prep 可以连接本地的数据文件，如 Excel 文件、PDF 文件、Tableau 数据提取等。

下面以连接 Excel 文件为例。

素材文件	\第 12 章\国内订单数据 .xlsx
结果文件	无

（1）在连接列表中选择“Microsoft Excel”，如图 12-2 所示。

（2）在弹出的对话框中选择“国内订单数据 .xlsx”，单击“打开”按钮。

通过上述步骤，Tableau Prep 已成功连接“国内订单数据 .xlsx”，如图 12-3 所示。

图 12-2

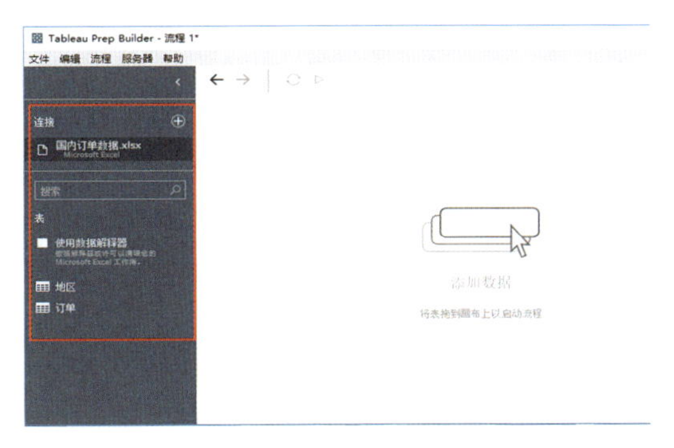

图 12-3

12.1.2 【实例 62】连接数据库

Tableau Prep 可以连接多种数据平台的数据源。

本书使用的 2021.1 版本支持连接 MySQL、Oracle 等 50 种常见数据库。连接到数据库的方法大多类似，这里以直连 MySQL 数据库为例。

在数据源“连接”列表中选择 MySQL，弹出如图 12-4 所示的登录对话框，在其中输入数据库地址和端口、用户名和密码。

图 12-4

12.1.3 【实例 63】筛选数据

在 Tableau Prep 中，可以在源数据中筛选出目标数据。

素材文件	\第 12 章\国内订单数据 .xlsx
结果文件	\第 12 章\实例 63.tflx

例如，在这份“国内订单数据 .xlsx”中有 2017 ~ 2020 共四年的订单数据，如图 12-5 所示。

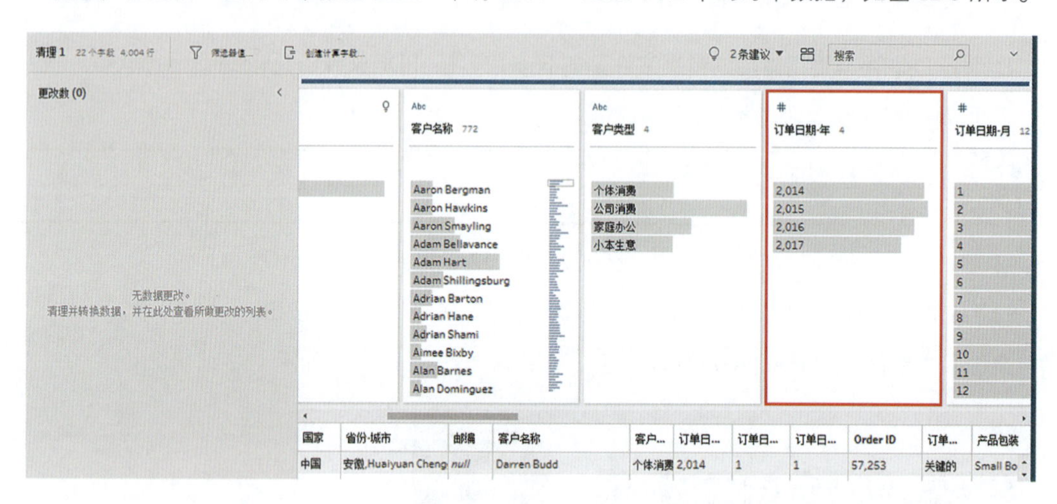

图 12-5

若仅需使用 2017 年的数据进行分析，则需要对源数据进行筛选，具体操作如下：

（1）单击“筛选器值…”图标，如图 12-6 所示。

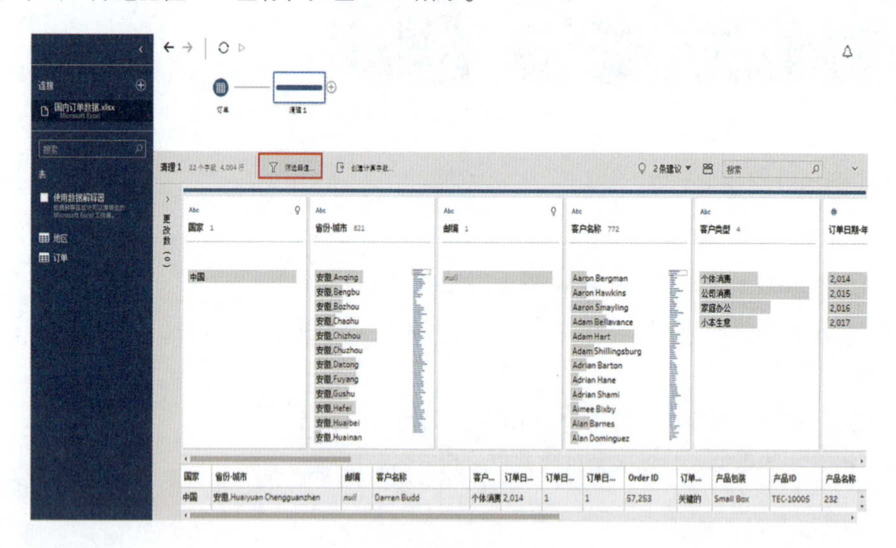

图 12-6

（2）在弹出的“添加筛选器”编辑框中键入“[订单日期 - 年]=2017”，然后单击“保存”按钮，如图 12-7 所示。

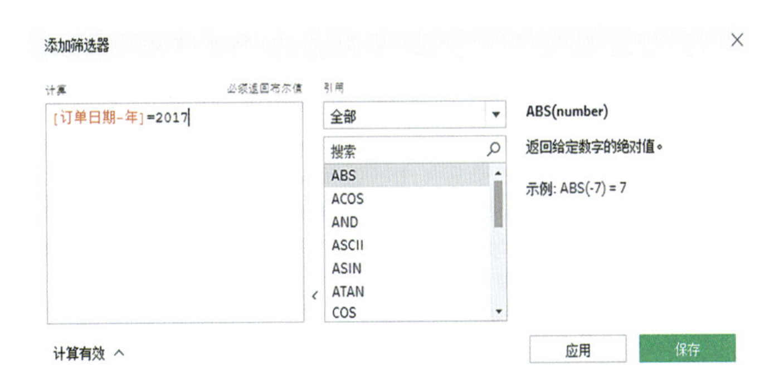

图 12-7

通过上述步骤即完成了筛选数据，如图 12-8 所示。

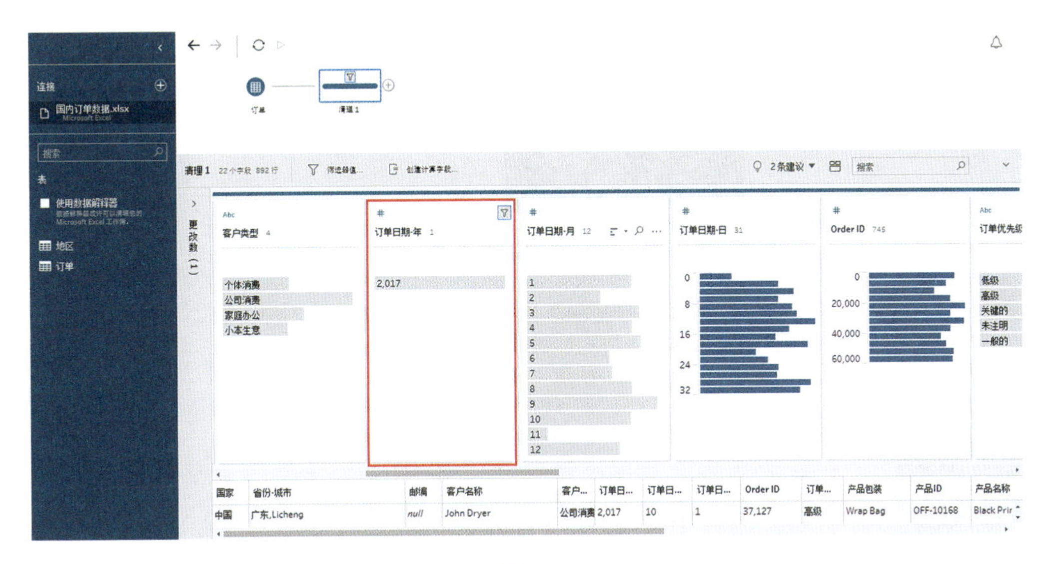

图 12-8

12.2 处理数据

12.2.1 【实例 64】清理数据

在 Tableau Prep 中，可以通过简单的拖曳或单击实现对数据的清洗，例如拆分字段、删除 / 更改数据角色、更改字段类型等。

素材文件	\第 12 章\国内订单数据 .xlsx
结果文件	\第 12 章\实例 64.tflx

1. 连接数据

（1）连接“国内订单数据 .xlsx”素材文件，然后将其中的“订单”表拖曳至画布中，如图 12-9 所示。

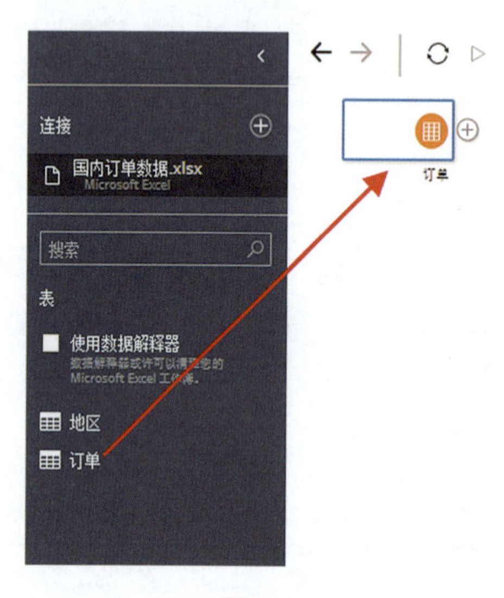

图 12-9

（2）在“输入”窗格中对数据源进行设置并预览数据详情，如图 12-10 所示。

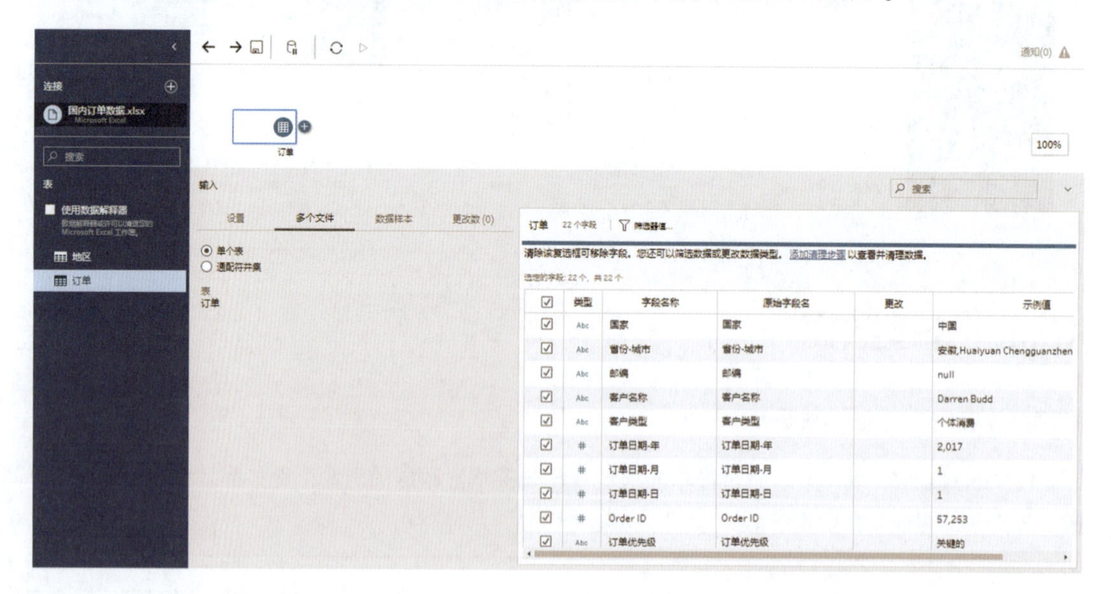

图 12-10

2. 清洗数据

（1）单击“订单”流程右侧的“+”，选择“清理步骤”，如图 12-11 所示。在 Tableau Prep 中，通常所有的清洗工作都以“清理步骤”开始。

图 12-11

（2）在打开的“概要”窗格中，预览已连接的“订单”数据。可以看到右上角的菜单框上有“两条建议”（左侧有“灯泡”符号），如图 12-12 所示。分别是：将“国家”字段的数据类型更改为“国家 / 地区”；将“邮编”字段移除。

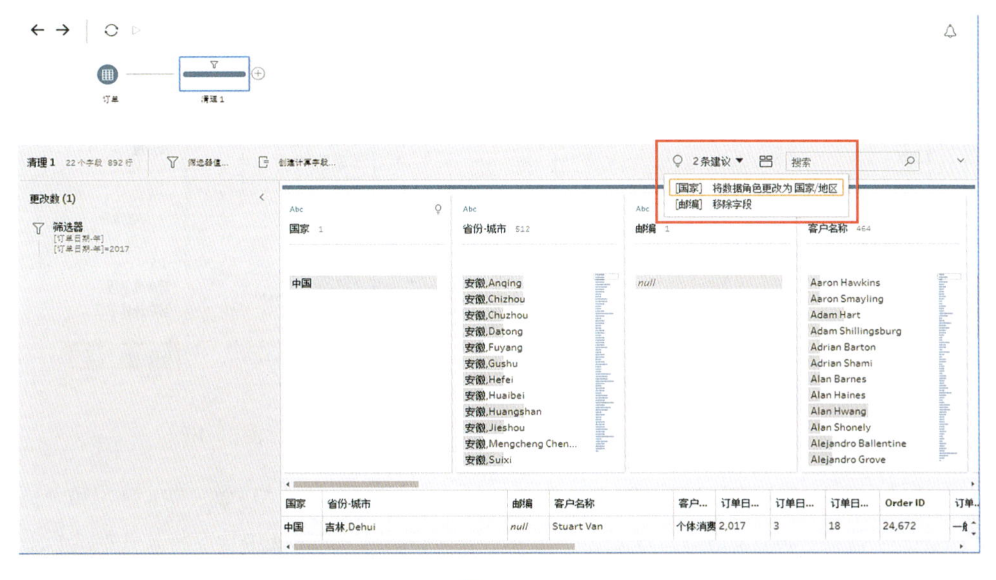

图 12-12

从 2019.1.3 版本开始，Tableau Prep 新增了“灯泡”功能，它可以给出数据清洗的建议。可以直接单击字段卡右上角的“灯泡”，然后单击“应用”按钮来执行该建议。

（3）为了便于分析，可以将字段“省份 - 城市”进行拆分。单击“省份 - 城市”字段卡片右上角的“...”图标，在弹出的菜单中选择“拆分值”-“自动拆分”或“自定义拆分”命令，然后自定义拆分内容，如图 12-13 和图 12-14 所示。

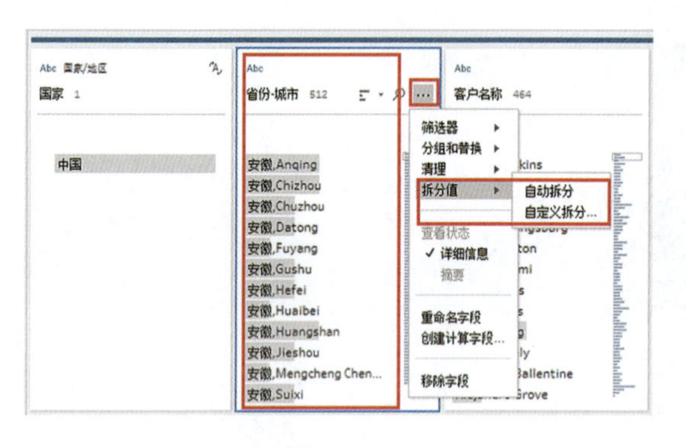

图 12-13

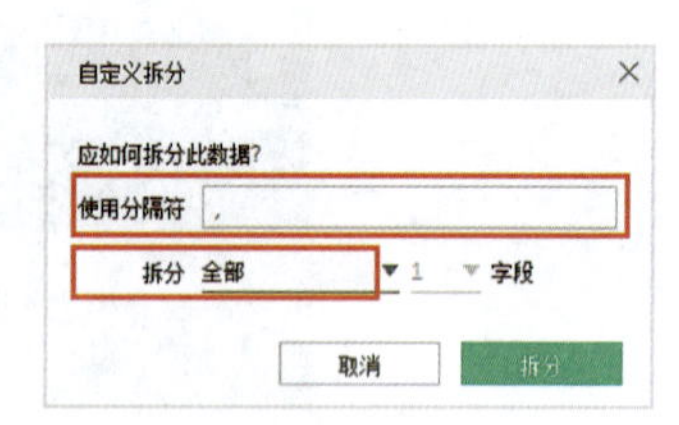

图 12-14

（4）将拆分出来的字段重命名为“省份”和“城市”，如图 12-15 所示。

（5）移除字段“省份 - 城市”，如图 12-16 所示。

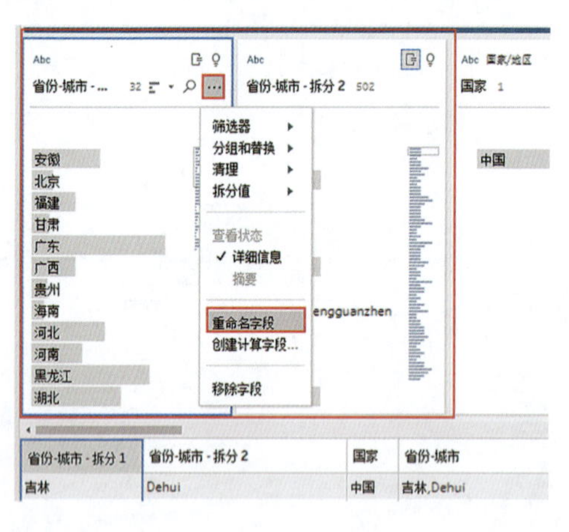

图 12-15

图 12-16

（6）继续查看数据，发现“订单日期”信息是由“订单日期 - 年”“订单日期 - 月”和“订单日期 - 日”3 个字段提供的，如图 12-17 所示。按照经验来说，在 Tableau 中理应将其转换成标准的日期格式数据，使时间序列处于同一列，便于分析。

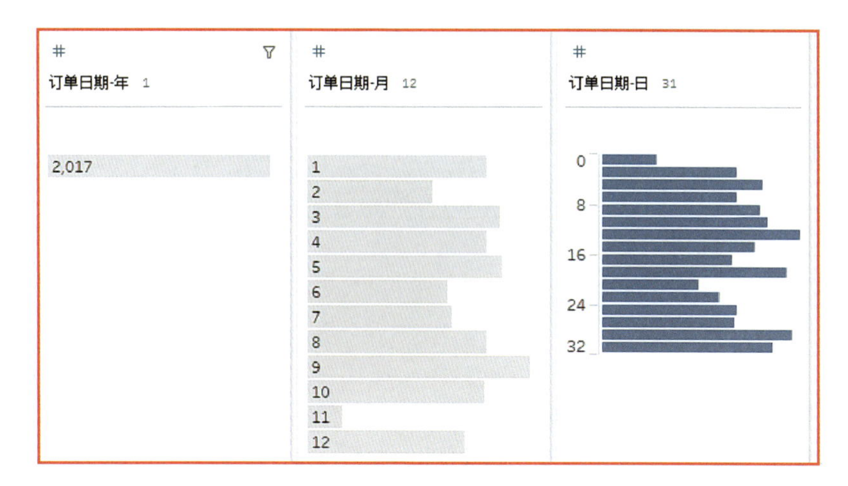

图 12-17

单击“创建计算字段…”图标（如图 12-18 所示），在弹出的“添加字段”对话框中键入以下函数，如图 12-19 所示。

```
MAKEDATE(INT([ 订单日期 - 年 ]),INT([ 订单日期 - 月 ]),INT([ 订单日期 - 日 ]))
```

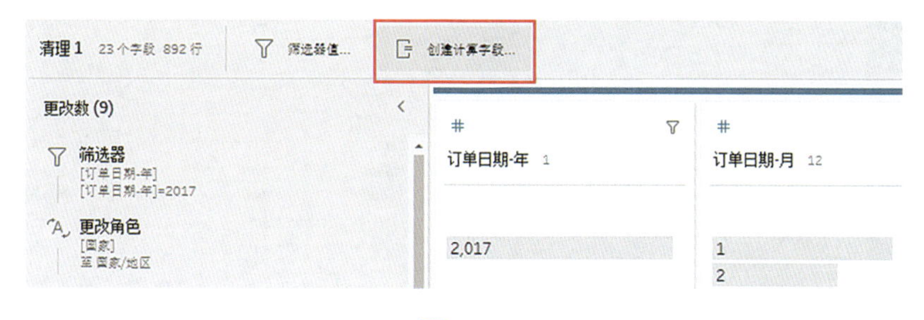

图 12-18

图 12-19

12.2.2 【实例 65】合并数据

在日常的业务分析场景中，往往需要整合来自不同数据文件（甚至不同数据平台）的数据。在 Tableau Prep 中，可以通过并集来合并数据。

素材文件	\第 12 章\海外订单 2017.xlsx、海外订单 2018.xlsx、海外订单 2019.xlsx、海外订单 2020.xlsx
结果文件	\第 12 章\65-1.tflx、65-2.tflx

下面介绍两种合并数据的方法。

方法一

（1）连接数据源“海外订单 2017.xlsx”。

（2）在“输入”窗格的“多个文件”选项卡中选择“通配符并集”，按照图 12-20 所示设置连接其他数据。提示，此方法要求数据源文件具有统一的命名方式。

图 12-20

方法二

（1）将本实例中的所有素材文件单独连接到 Tableau Prep 中，结果如图 12-21 所示。

（2）任选一个数据源，单击右侧“+”，选择“添加并集”，如图 12-22 所示；再将其余数据源拖曳至“并集”流程中，如图 12-23 所示。

（3）双击“并集”流程的名称，为其添加说明文字“海外 2017-2020”，如图 12-24 所示。

图 12-21

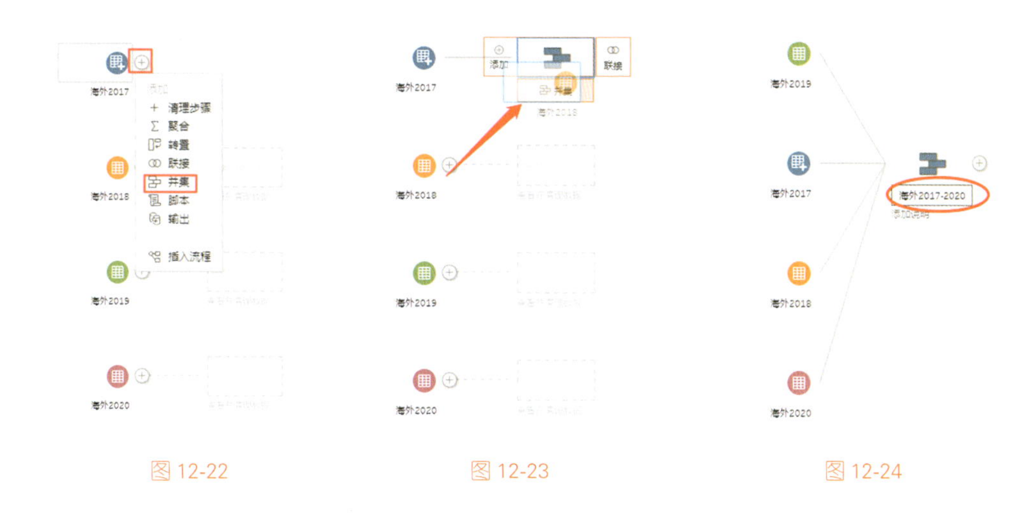

图 12-22　　图 12-23　　图 12-24

12.2.3 【实例 66】连接数据

在 Tableau 中，数据连接是将多个数据源通过某个字段连接起来。

连接数据和合并数据都是做数据的合并，它们的区别是：连接数据的结果是增加列数据，而合并数据的结果是增加行数据。

素材文件	\第 12 章\实例 66 素材 .tflx、成本表 .xlsx
结果文件	\第 12 章\实例 66.tflx

打开“实例 66 素材 .tflx”，执行如下操作。

（1）连接“成本表”数据源。在画布中，拖动“成本表”至国内订单数据源右侧的“连接”或“添加连接”，如图 12-25 和图 12-26 所示。

（2）在数据源“国内订单数据”的预览窗格中，用鼠标右键单击“订单日期”字段卡，在弹出的菜单中选择“创建计算字段 - 自定义计算”命令，然后键入函数“DATETRUNC('month',[订单日期])”，将计算字段命名为“聚合到月的订单日期”。然后，将其与“成本表”中的“日期”字段进行关联，结果如图 12-27 所示。

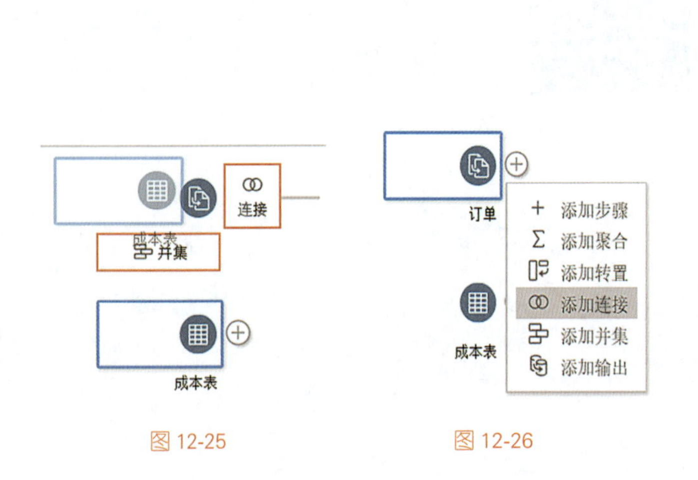

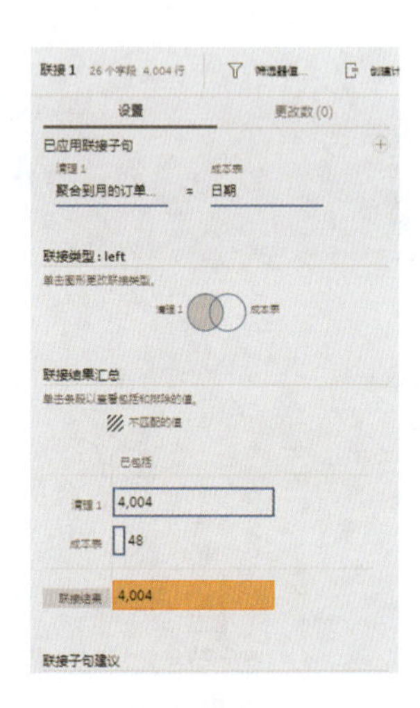

图 12-25　　图 12-26　　图 12-27

12.2.4 【实例 67】聚合数据

在 Tableau Prep 中，可以按指定维度对数据进行汇总（即聚合）。

素材文件	\第 12 章\国内订单数据 .xlsx
结果文件	\第 12 章\实例 67.tflx

如果需要使用月度汇总数据进行分析，则可根据“订单日期”将数据聚合到月，具体步骤如下。

（1）连接“国内订单数据 .xlsx”，单击其右侧的“+”，选择“聚合”，如图 12-28 所示。

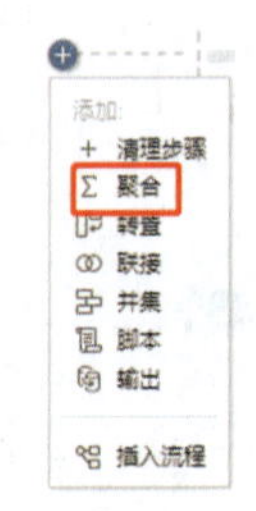

图 12-28

（2）在弹出的聚合“设置”窗格中，将“分组”和“聚合”类型字段分别拖曳到对应的窗口中，如图 12-29 所示。

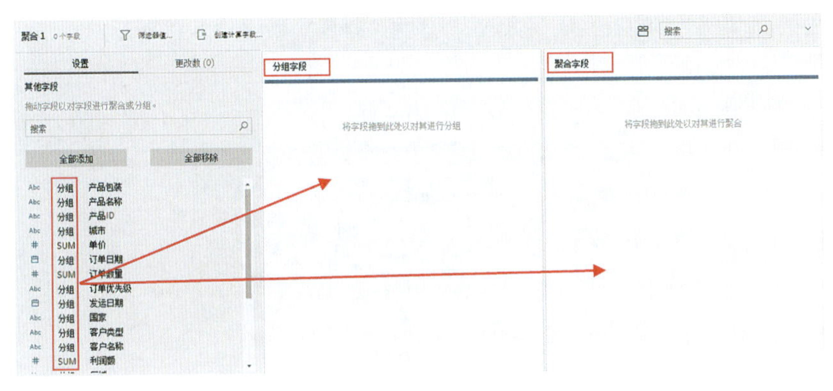

图 12-29

12.2.5 【实例 68】透视数据

透视数据（即转置）可以将常见的交叉表格式数据转换成普通的二维表格式数据。

Tableau Prep 从 2019.1 版本开始，不仅支持列转行，还支持行转列。

素材文件	\ 第 12 章 \ 调查数据 .xlsx
结果文件	\ 第 12 章 \ 实例 68.tflx

（1）连接数据源“调查数据 .xlsx”。

（2）单击“调查数据”流程右侧的“+”，选择添加“清理步骤”。通过预览数据发现有 4 个字段（即问卷的题目），不论是问题还是答案都有极大的相似性，如图 12-30 所示。不妨将此类问题归置成一类，即做一次“列转行”。

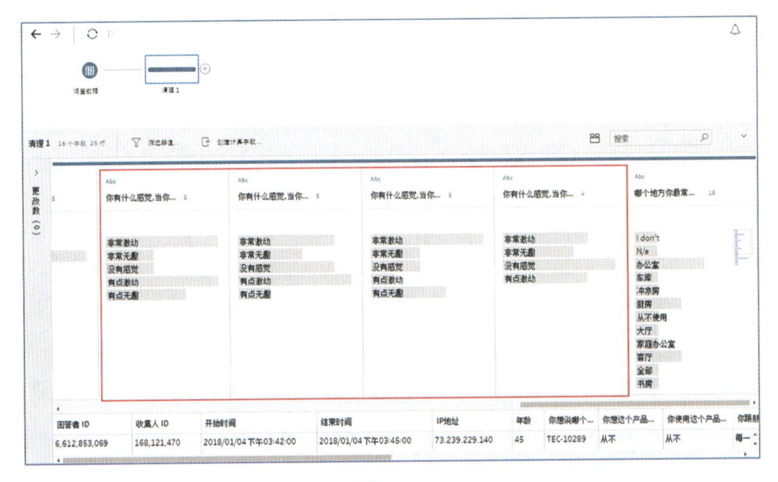

图 12-30

（3）单击“清理 1”步骤右侧的“+”，选择添加“转置”，如图 12-31 所示。

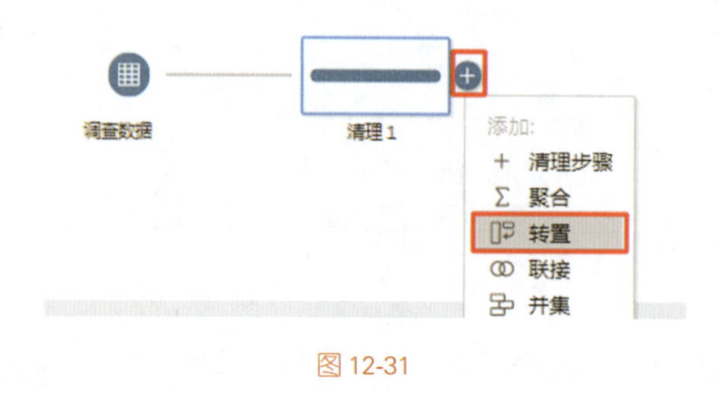

图 12-31

（4）在弹出的窗格中单击“单击此处创建通配符”链接，如图 12-32 所示。

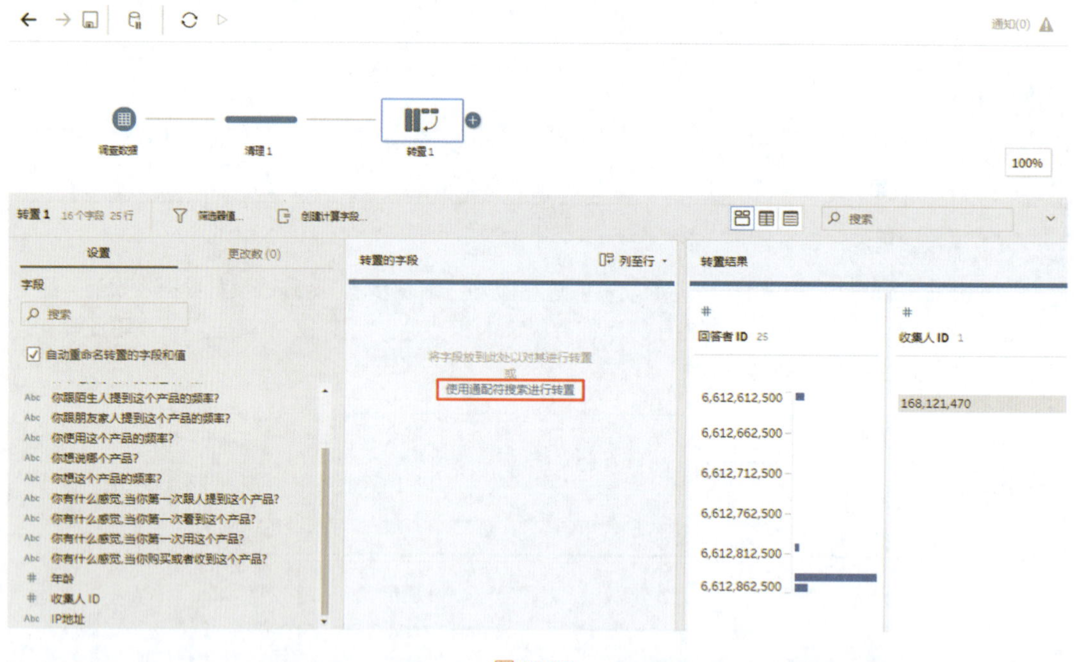

图 12-32

（5）在弹出的“转置”窗格中，选中字段“你有什么感觉，当你第一次跟人提到这个产品？”“你有什么感觉，当你第一次看到这个产品？”“你有什么感觉，当你第一次用这个产品？”“你有什么感觉，当你购买或者收到这个产品？”，将它们拖曳至“转置的字段”中的“转置 1 值”区中，如图 12-33 所示。

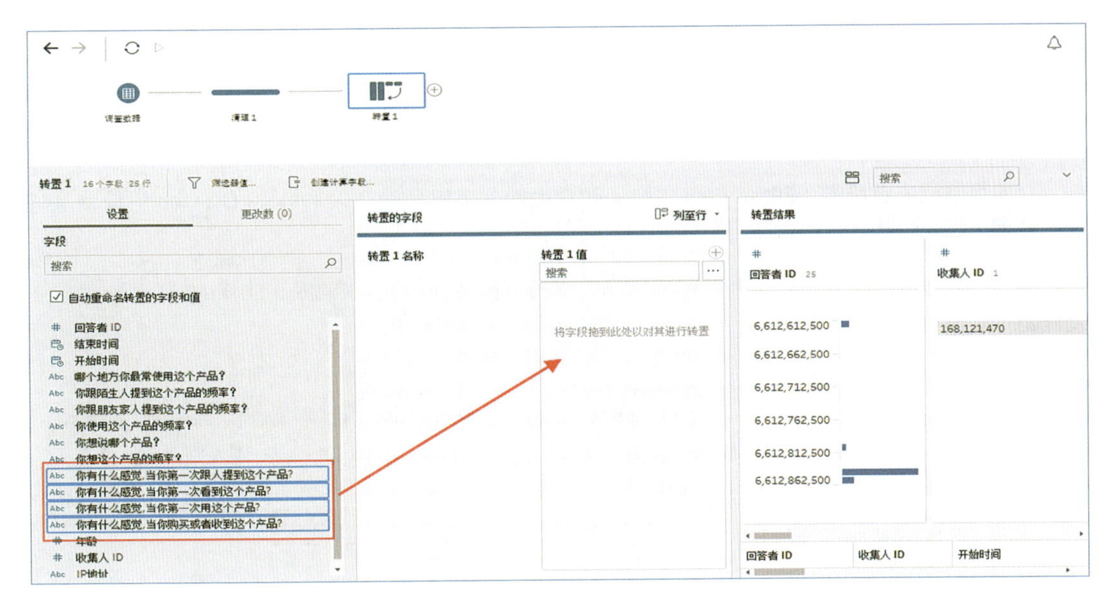

图 12-33

Tableau Prep 中默认使用“列至行”，此例沿用即可。若有需要，可以转换为“行至列”，如图 12-34 所示。

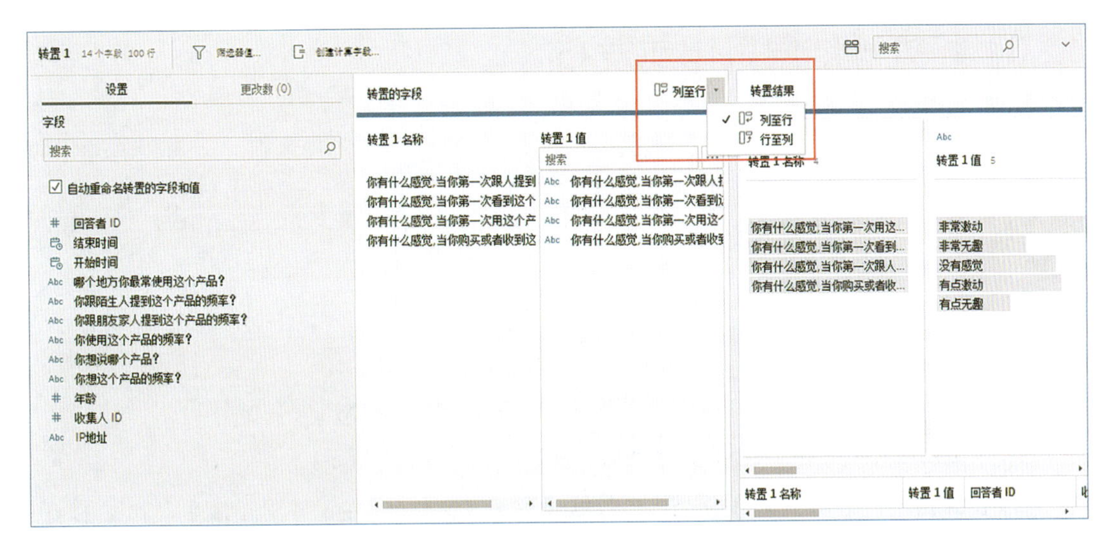

图 12-34

12.2.6 【实例 69】在 Tableau Desktop 中预览

为了检验通过 Tableau Prep 的数据清洗结果是否适合在 Tableau Desktop 中做分析，可以将清洗后的数据导入 Tableau Desktop 中进行预览，具体步骤如下。

（1）用鼠标右键单击 Tableau Prep 流程，在弹出的菜单中选择“在 Tableau Desktop 中预览”命令，如图 12-35 所示。

（2）等待 Tableau Prep 中的流程运行完毕，单击“完成”按钮，Tableau Desktop 将自动打开处理结果，如图 12-36 所示。

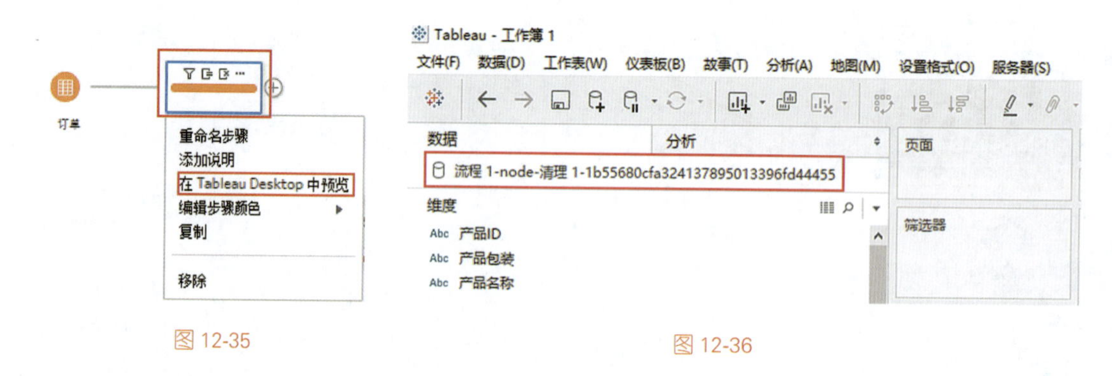

图 12-35

图 12-36

12.3 将处理结果导出或发布

对于处理完的数据结果，可用两种方式进行保存：①保存为本地文件；②发布至 Tableau Server。

自 Tableau Prep 2019.1 版本开始，可以通过 Conductor 组件实现工作流的自动刷新。

12.3.1 保存为本地文件

Tableau Prep 处理的结果可以作为数据文件保存在本地的任意位置，具体步骤如下。

（1）单击处理流程右侧的“+”，选择添加“输出”，如图 12-37 所示。

（2）在弹出的“输出”窗口中选择将数据保存到“文件”，并设置保存信息，如图 12-38 所示。

文件格式可以是适用于 Tableau 的 .hyper 格式（仅适用于 10.5 及以上版本），或者通用的 CSV 格式。

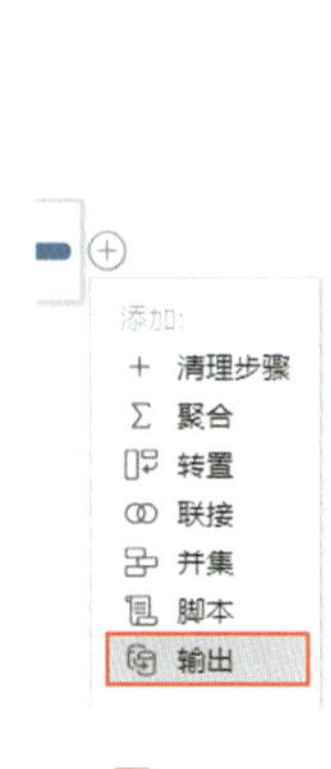

图 12-37

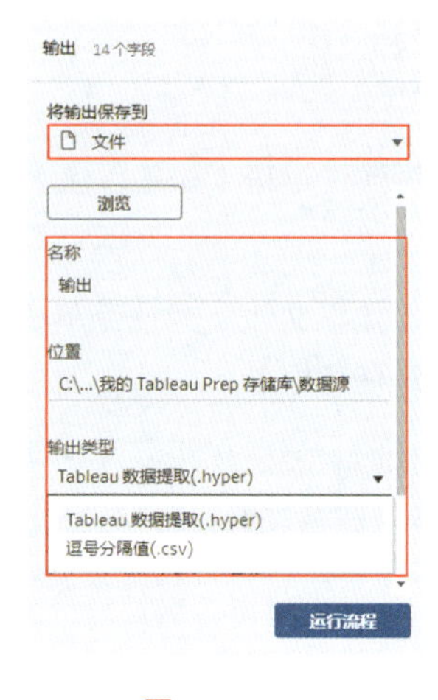

图 12-38

12.3.2 发布至 Tableau Server

Tableau Prep 的处理结果也可作为数据源发布至 Tableau Server，具体操作步骤如下。

（1）单击处理流程右侧的“+”，选择添加“输出”，如图 12-39 所示。

（2）在弹出的“输出”窗口中选择将输出保存到“已发布的数据源”，如图 12-40 所示。设置发布信息：登录到 Tableau Server 服务器，选择站点和项目，命名此数据源，给数据源添加相关说明，如图 12-41 所示。

图 12-39　　图 12-40　　图 12-41

12.4 保存工作流

Tableau Prep 的数据清洗过程（即工作流）可以作为文件保存下来，以便下一次使用。保存的格式分为以下两种：

（1）保存为 Tableau 流程文件：单击菜单栏中的“文件”-“保存”或“另存为”命令，将工作流以 .tfl 格式保存在本地任意位置。

（2）保存为打包 Tableau 流程文件：单击菜单栏中的“文件”-“导出打包流程”命令，将工作流以 .tflx 格式保存在本地任意位置。

第 13 章

【实例 70】广州美食分析（Tableau Prep+Desktop 综合应用）

前面已经介绍如何用 Tableau Prep 清洗数据。那在实际应用中，Tableau Prep 和 Tableau Desktop 如何配合完成数据可视化分析呢？本章将通过一个具体实例带你了解一个完整的分析过程。

素材文件	\第 13 章 \A 网站美食数据 .xlsx、B 网站美食数据 .xlsx、店铺地图信息 .xlsx
结果文件	\第 13 章 \ 实例 70.tflx、实例 70.hyper、实例 70.twbx

使用素材数据，完成如下分析工作：

（1）在 Tableau Prep 中对数据进行清洗，将 3 份素材数据整合成一份可供分析的数据源。

（2）在 Tableau Desktop 完成数据的可视化分析，最终为来广州的游客提供一些美食参考。

下面来看看具体过程吧！

13.1 用 Tableau Prep 准备数据

13.1.1 连接数据源并清理数据

首先将“A 网站美食数据 .xlsx”“B 网站美食数据 .xlsx”“店铺地图信息 .xlsx”连接到 Tableau Prep 中。然后分别对 3 份数据源进行清洗。

下面以“A 网站美食数据 .xlsx”为例，具体清洗步骤如下。

（1）单击“A 网站美食数据”流程右侧的“+”，选择“添加步骤”。

（2）在打开的“概要”窗格中预览已连接的“A 网站美食数据”。在右上角的菜单框上有 1 个

“灯泡”图标，单击它将看到“[网址] 将数据角色改为 URL”，如图 13-1 所示。直接单击“灯泡”按钮接受此建议（或者找到“网址”字段，然后单击右上角的“灯泡”图标，再单击“应用”按钮）。

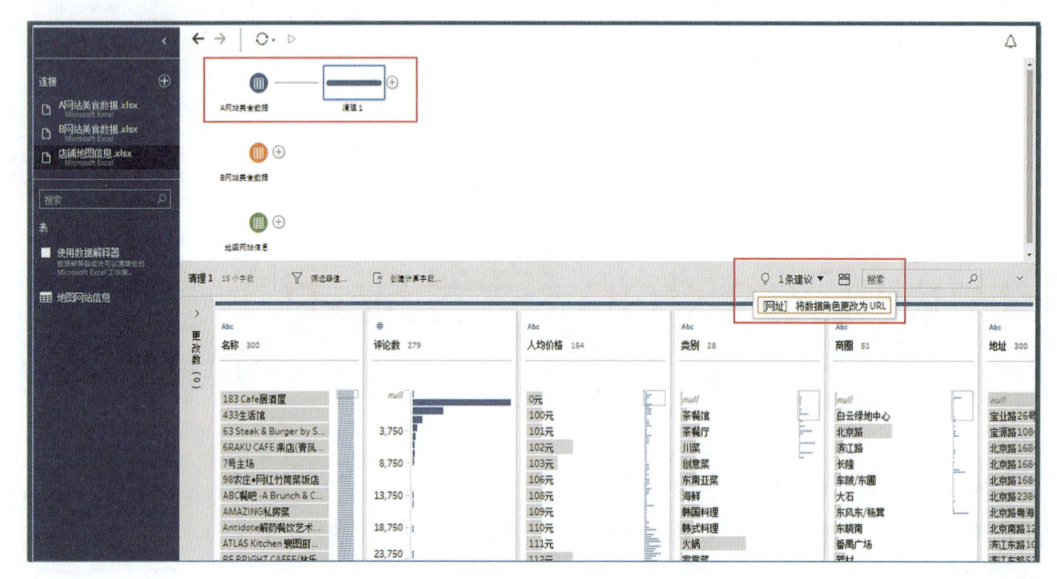

图 13-1

（3）继续预览数据，发现数据中存在很多 null 值。单击选中“评论数”字段中的 null 值，数据源中其余字段对应的值随即高亮显示，如图 13-2 所示。由此可以发现，“评论数”字段为 null 时其他字段中也为 null，因此选择将“评论数”字段中的 null 值排除：单击选择“评论数”字段中的 null，然后单击“概要”窗格右上方的“× 排除”按钮，如图 13-3 所示。

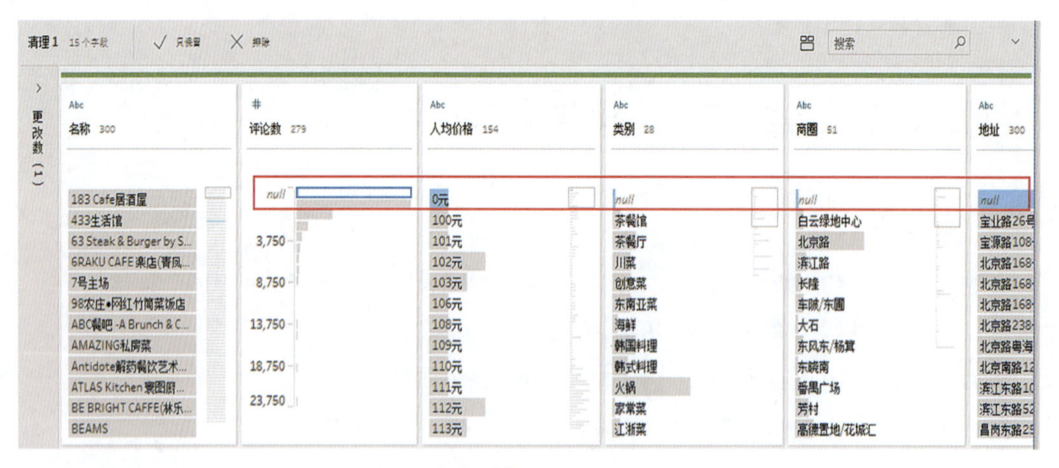

图 13-2

图 13-3

（4）继续预览数据，发现“人均价格”字段是带单位的字符串数据，如图 13-4 所示。

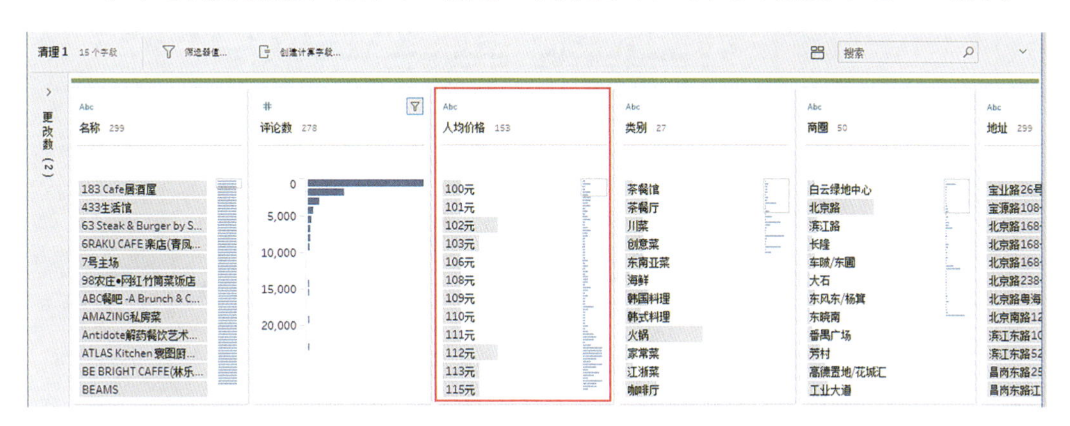

图 13-4

通过以下步骤将其标准化：

① 单击“人均价格”卡片右侧的“…”，在弹出的菜单中选择“拆分值”-“自动拆分”命令，如图 13-5 所示。

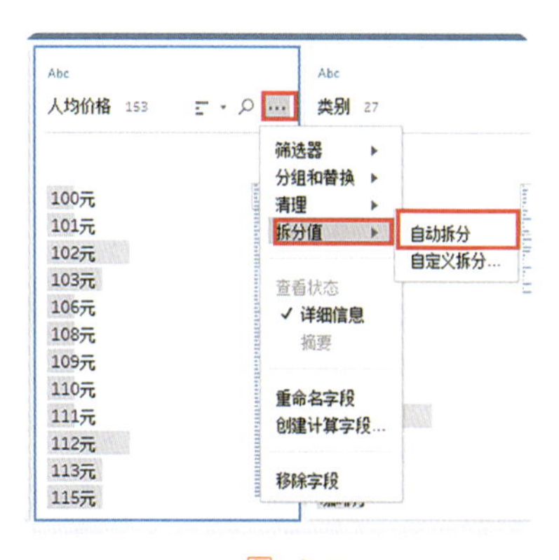

图 13-5

② 在“概要”窗格中可以看到“人均价格”字段和“人均价格 - 拆分 1”字段，单击“人均价格”卡片右侧的“…”，在弹出的菜单中选择“移除字段”命令，如图 13-6 所示。

③ 单击“人均价格 - 拆分 1”卡片右侧的“…”，在弹出的菜单中选择“重命名字段”命令，将主字段重命名为“人均价格”，如图 13-7 所示。

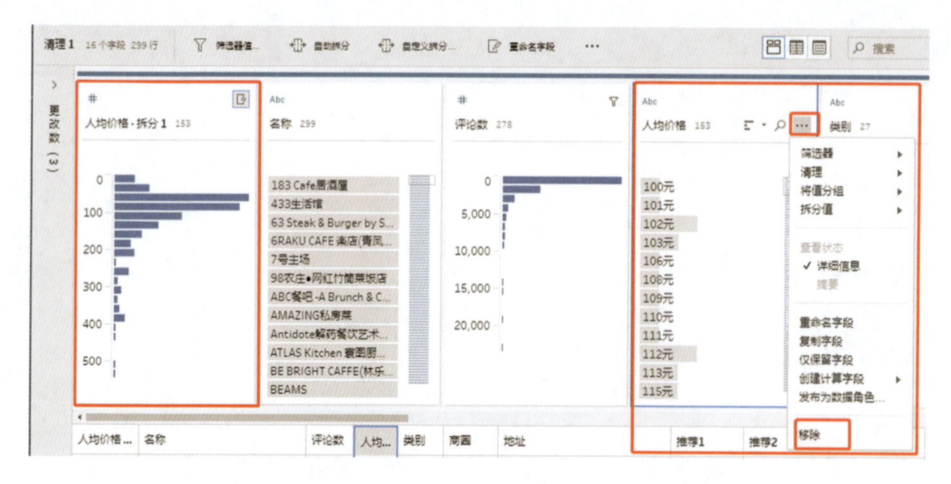

图 13-6

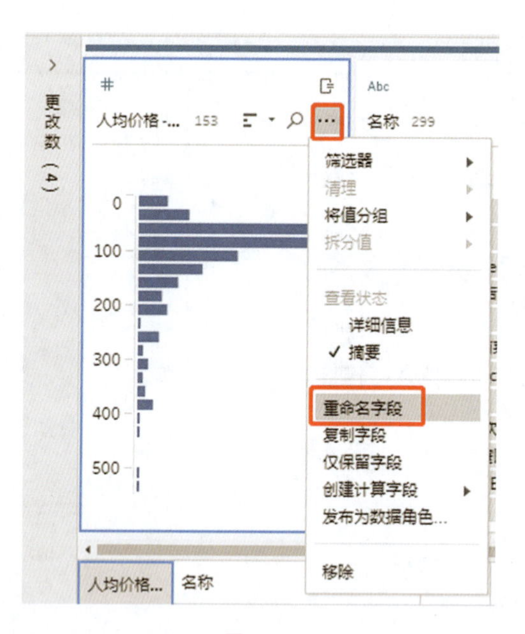

图 13-7

请按照上述清洗方式完成对“B 网站美食数据 .xlsx”和“店铺地图信息 .xlsx”数据源的清洗。

13.1.2 合并与关联数据

（1）将已完成清洗的“B 网站美食数据”的“清理 2”流程拖曳至“A 网站美食数据”的“清理 1”流程上方，选择放置在“并集”处，如图 13-8 所示。

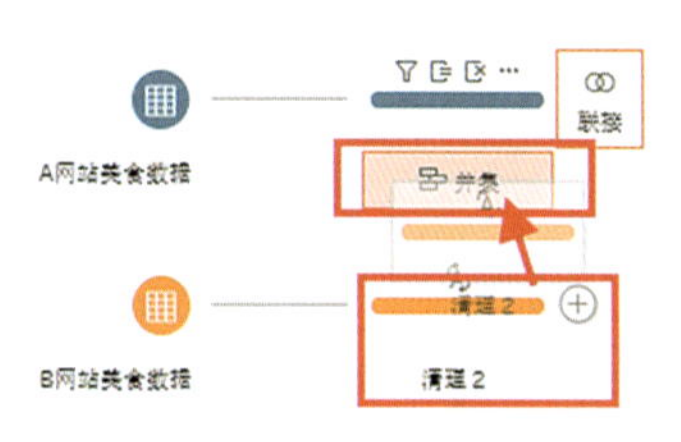

图 13-8

（2）预览打开的“并集”窗格，勾选“仅显示不匹配字段”复选框，发现字段“名称”与“店铺名称”“类别”与“菜系”因字段命名不一致而无法正确匹配，如图 13-9 所示。直接拖动字段可实现强制合并，如图 13-10 所示。

图 13-9

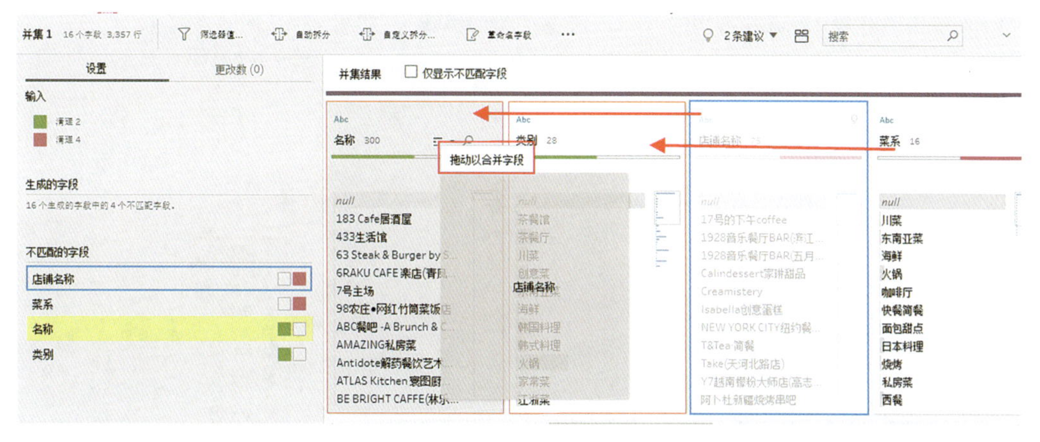

图 13-10

（3）将“店铺地图信息.xlsx”的清洗结果“清理 3”流程拖曳至“并集 1”流程上方，选择放置在“联接”处，在弹出的“联接”窗格可以看到“清理 3”与“并集 1”已按“店铺 ID”字段正确关联，结果如图 13-11 所示。

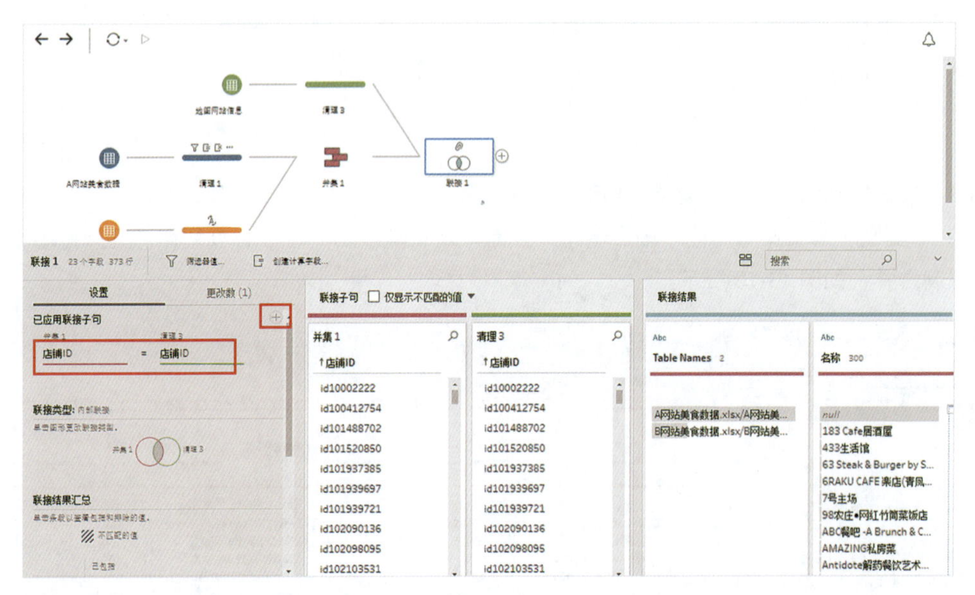

图 13-11

如果需要增加关联字段，则单击“联接”窗格中的“+”进行添加，如图 13-11 所示。

13.1.3 制作数据透视

（1）单击“联接 1”流程右侧的“+”，选择“添加步骤”，如图 13-12 所示。

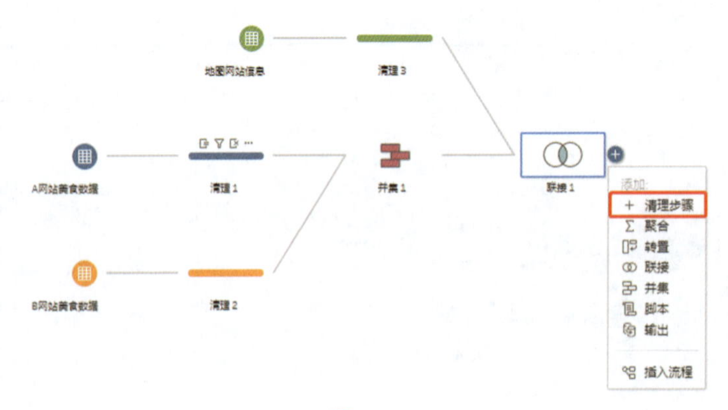

图 13-12

（2）在“概要”窗格中预览数据，发现“推荐 1”“推荐 2”“推荐 3”需要进行数据透视（转置）处理，如图 13-13 所示。

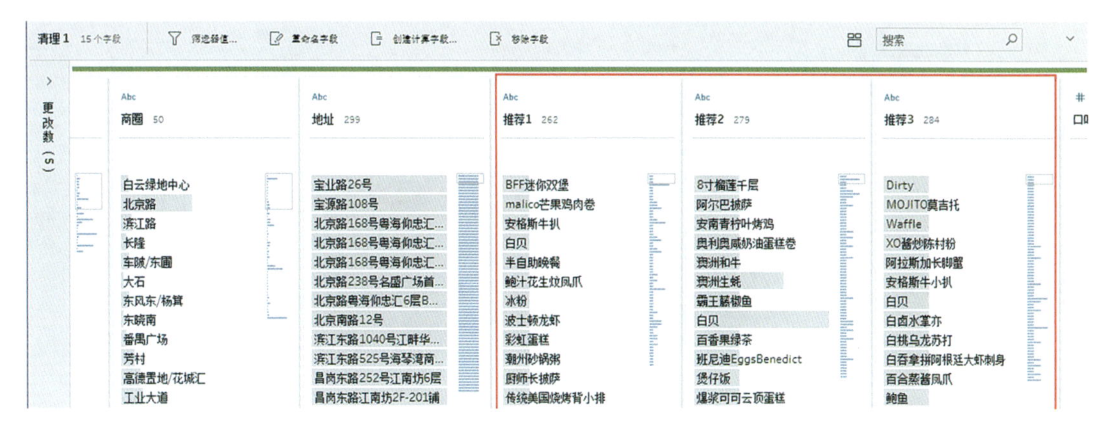

图 13-13

（3）单击“清理 4”流程右侧的“+”，选择“添加转置”，在弹出的“转置”窗格中选中“推荐 1”“推荐 2”“推荐 3”字段，将它们拖曳至“转置的字段”区域中，如图 13-14 所示。

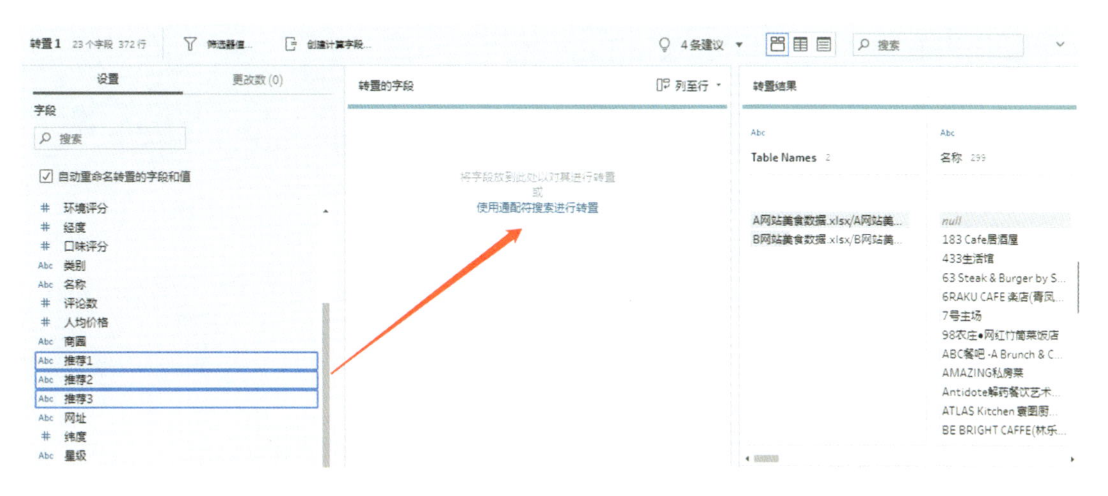

图 13-14

（4）在“转置结果”区域中分别单击“推荐”和“转置 1 名称”卡片右侧的“...”，选择“重命名字段”，分别命名为“推荐菜品”和“推荐级别”，如图 13-15 所示。

（5）同样地对字段“口味评分”“服务评分”“环境评分”完成上述步骤（3）和步骤（4）操作，最后结果如图 13-16 所示。

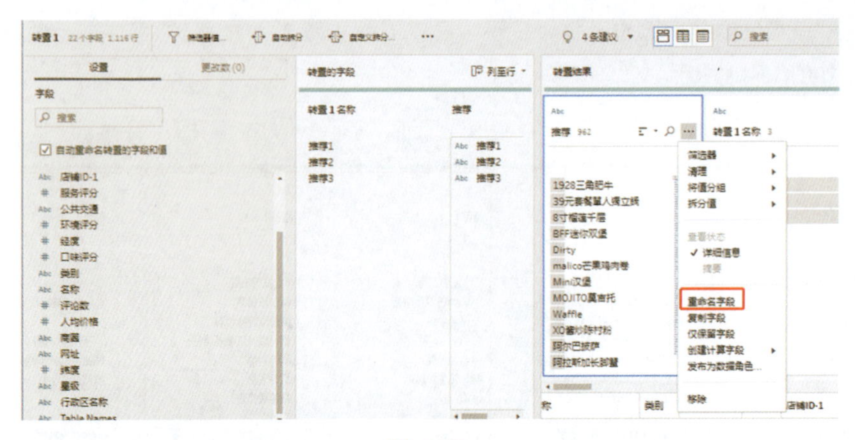

图 13-15

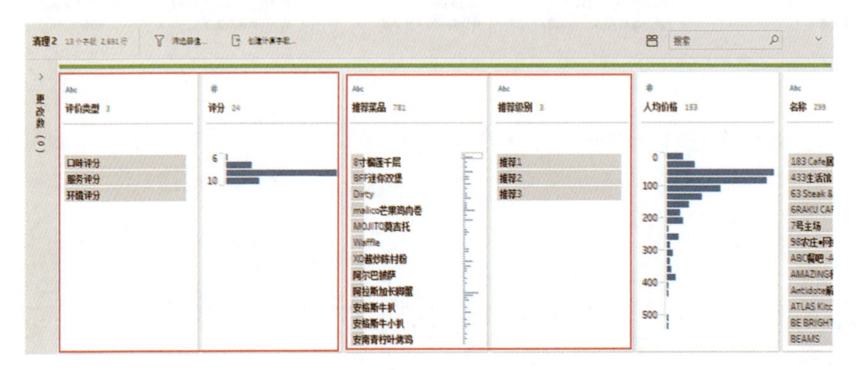

图 13-16

13.1.4 导出数据源

1. 检验清洗结果是否符合分析需求

（1）单击“转置 2”流程右侧的“+”，选择添加“清理步骤”，如图 13-17 所示。在弹出的“概要”窗格中预览数据。

图 13-17

（2）用鼠标右键单击“清理 5”流程，在弹出的菜单中选择“在 Tableau Desktop 中预览”命令（如图 13-18 所示），检验是否符合分析的需求格式。

图 13-18

2. 导出数据

（1）单击“清理 5”流程右侧的“+”，选择添加“输出”，如图 13-19 所示。

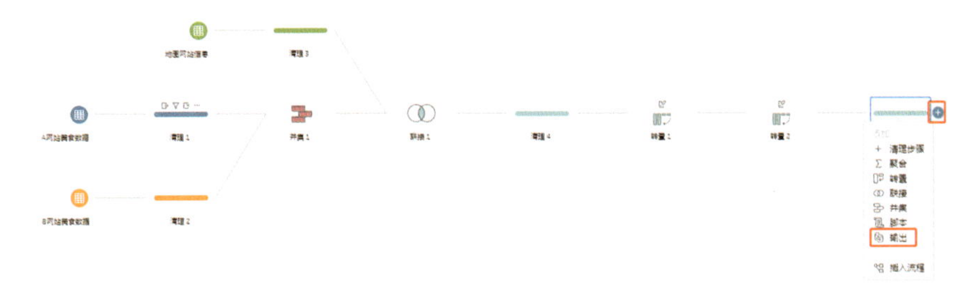

图 13-19

（2）在弹出的“输出”窗格中设置保存信息，具体设置如图 13-20 所示。

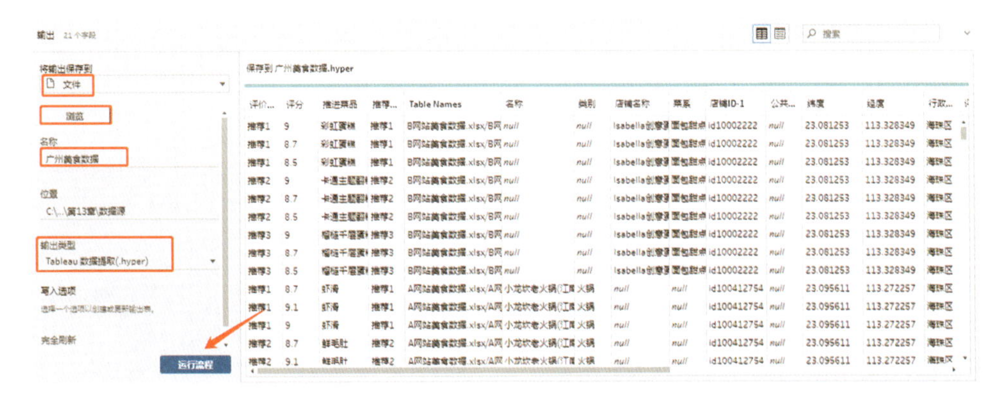

图 13-20

13.2 用 Tableau Desktop 分析数据

此时数据处理的工作就完成了。接下来双击保存的“实例 70.hyper”文件，将在 Tableau Desktop 中打开此数据源，接着完成下面的数据分析工作。

13.2.1 美食类型分析——条形图

洞察数据，需要从提出问题开始。首先，你可能想知道：广州人气较高的美食有哪些？所以需要对广州地区的美食类型做如下基本分析：

（1）将维度“类别”字段拖曳至“列”功能区中，将度量“Extract（计数）”字段拖曳至“行”功能区中。

（2）单击工具栏的“轴交换”按钮，交换“行”和“列”中的字段。

（3）单击工具栏的“降序排序”按钮，按“计数”大小对“类别”进行排序。

（4）单击工具栏的“显示标签”按钮，显示每个“类别”的“计数”（即店铺数）。

（5）将维度“类别”字段拖曳至“筛选器”卡中，在弹出的对话框中切换至“顶部”选项卡，筛选出人气最高（计数最多）的前 20 类美食，如图 13-21 所示。

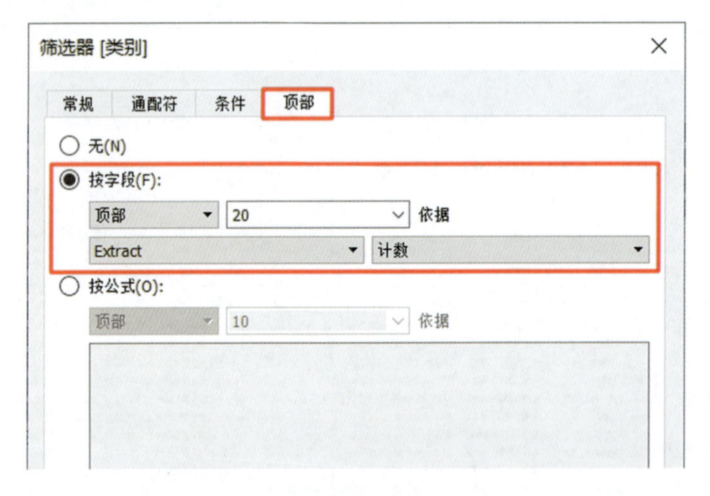

图 13-21

最终分析结果如图 13-22 所示。很容易看出：广州当地的特色美食“粤菜”“茶餐厅”及包含广式甜点的“面包甜点”类美食都在排名前 20 中，它们是不错的美食选择。

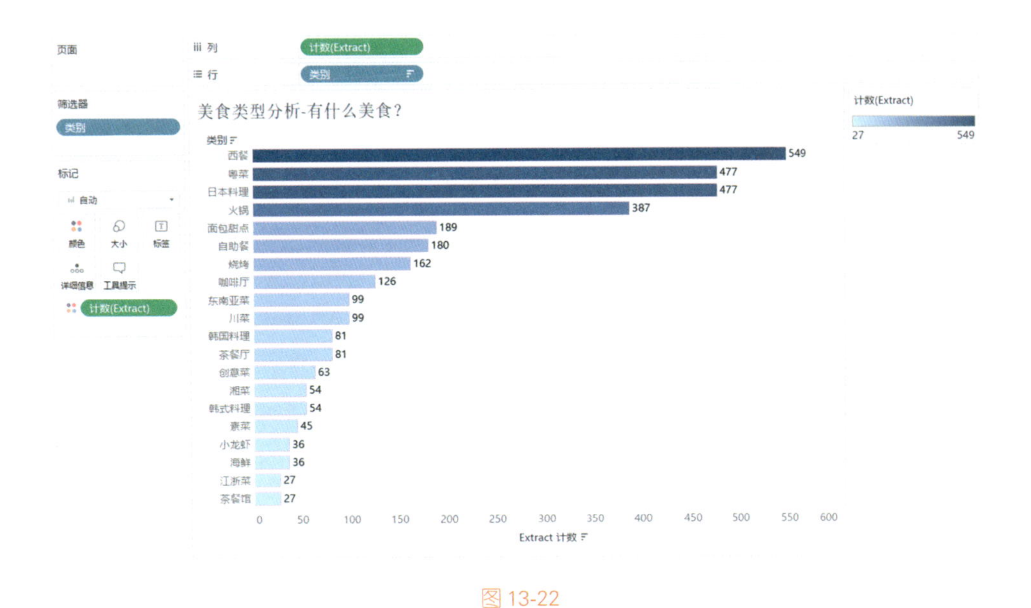

图 13-22

13.2.2 餐厅评价分析——散点图

了解到比较有人气的广州美食种类后，接下来的问题是：该去哪里吃呢?

下一步就需要选择餐厅，如何选择呢? 不妨通过对网友的评分和评论数的分析，来评估这些餐厅的优劣。具体操作步骤如下。

（1）将度量“评分”和“评论数”字段依次拖曳至“行”和“列”功能区中，用鼠标右键单击“行”功能区中的“评分”胶囊，在下拉菜单中选择“度量”-“平均值”命令。

（2）将维度“店铺 ID”字段拖曳至“标记”卡的“详细信息”上。

（3）将度量“人均价格”字段拖曳至“标记”卡的“大小”上。

（4）将“标记”卡的标记类型改为“圆”。

（5）将维度“评价类型”“星级”字段拖曳至“筛选器”卡中。

（6）将维度“星级”字段拖曳至“标记”卡的“颜色”上。

（7）用鼠标右键单击视图中的“平均值 评分”纵轴，在下拉菜单中选择“编辑轴”命令，然后在弹出的对话框中切换至“常规”选项卡，取消勾选“包括零”复选框。

餐厅评价分析就完成了，如图 13-23 所示。横轴是评论的数量，纵轴是平均得分值。每一个圆点代表一个餐厅，圆点的大小代表人均价格的高低，圆点的颜色代表它的星级。可以综合评分、人气（评论数）及人均消费价格，考量性价比，选择适合的餐厅。

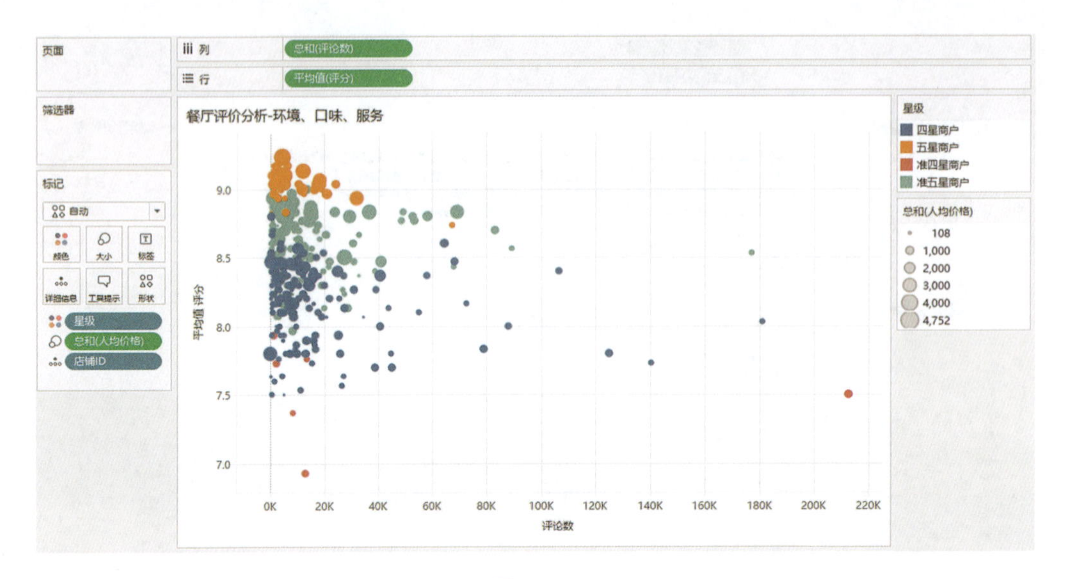

图 13-23

13.2.3 美食地图分析——地图

虽说“为心中美食，可不辞辛苦长途跋涉”。但如果附近就有能吃到它的餐厅，岂不更省事！

接下来有必要分析一下餐厅的地理位置，以便了解餐厅距离远近、交通是否便利等。可以利用 Tableau 的地图功能将每一个餐厅在美食地图上标注出来。具体步骤如下。

（1）分别用鼠标右键单击度量“经度”和“纬度”字段，在下拉菜单中分别选择“地理角色”-“经度”和“地理角色”-“纬度”命令。

（2）分别将“经度”和“纬度”字段拖曳至“列”和“行”功能区中，分别用鼠标右键单击“列”和“行”功能区中的“经度”和“维度”胶囊，在下拉菜单中选择“度量”-“平均值”命令。

（3）将维度“店铺 ID”字段拖曳至“标记”卡的“详细信息”上。

（4）单击菜单栏中的“地图”-“地图层”命令，在左侧弹出的菜单中勾选“街道，高速公路，路线”。

（5）将维度“星级”字段拖曳至“标记”卡的“颜色”上。

（6）将度量“评论数”字段拖曳至“标记”卡的“大小”上。

（7）将维度“店铺 ID”“名称”“星级”“类别”“推荐菜品”“人均价格”“商圈”“地址”“公共交通”“评论数”“评分”字段拖曳至“标记”卡中的“工具提示”上，并进行简单的格式编辑。

美食餐厅位置信息已出现在广州地图上了，如图 13-24 所示。最终效果请翻阅本书配套资源中的结果文件。你可以根据自己的位置来就近选择餐厅啦！

图 13-24

13.2.4 建立仪表板

接下来将这 3 个分析结果整合到同一个仪表板中。

（1）新建仪表板，并设置仪表板大小为“自动”。

（2）将刚刚完成的“美食类型分析”“餐厅评价分析”和“美食地图分析”工作表拖曳至仪表板视图中。

（3）删除不必要的图例，将“筛选器”和“图例”移至仪表板上方。

（4）将“评价类型”和“星级”筛选器设置应用于仪表板上的所有工作表。

（5）单击“美食类型分析”工作表，单击右上角漏斗状的按钮，将其设置为“筛选器”，这样就可以通过单击条形图来筛选仪表板的视图。

（6）单击菜单栏中的“仪表板”-“显示标题”命令，将此报告的标题设置为“寻找广州美食”。

（7）做一些必要的格式设置然后完成此分析报告，如图 13-25 所示，具体效果请参阅本书配套资源中的结果文件。

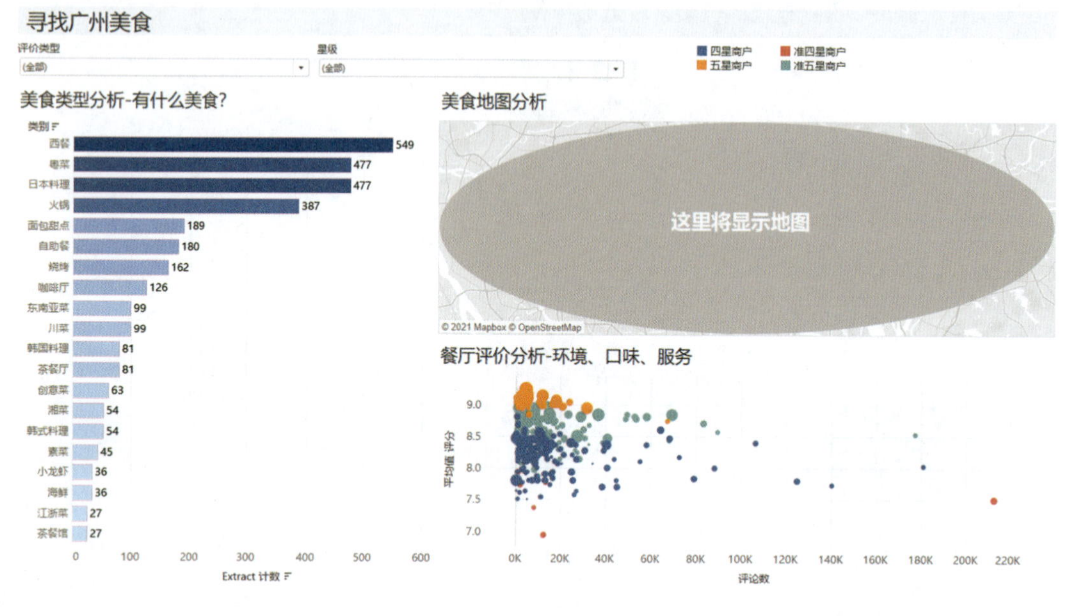

图 13-25

在最终分析结果中，可以根据实际需求得到不同的推荐。

以上即美食分析的全过程，它或许只是一个缩影，但通过这个过程可以知道使用 Tableau Prep+Tableau Desktop 来实现业务分析是一个简单、方便、快速和轻松的过程。

高　　阶

第 14 章 统计分析

本章将介绍 Tableau 自带的统计分析功能，主要包括如下内容。

- 时间序列和预测分析：大部分数据都可以按照时间序列进行建模，Tableau支持多种时间序列分析。
- 外部服务集成：与R、MATLAB和Python集成，Tableau可以展示它们已有的处理结果，并可在其处理结果的基础上进一步处理有细微差别的统计和机器学习需求。

14.1 时间序列分析

要理解数据，时间序列分析至关重要。要进行最全面的分析，必须能够：

（1）查看更明细的数据，如从“年”下钻到“季度”“月”“天”等。

（2）查看不同时期的数据趋势。

（3）实现对未来情况的预测。

Tableau 支持丰富的时间序列分析，可以探索季节性和趋势、对数据采样、运行预见性分析（如预测）等。

14.1.1 【实例 71】制作时间序列图

下面通过实例来介绍时间序列图的制作方法。

素材文件	\第 14 章\示例 – 超市 .xls
结果文件	\第 14 章\实例 71.twbx

时间序列图是以时间为横轴、以变量为纵轴的统计图形，主要用于观察变量是否随时间变化而呈现出某种趋势。

在 Tableau 中，可以按天、月份、季度、年份等来探索趋势。借助 Tableau 的内置日期和时间功能可以实现以下功能：① 通过拖曳操作分析时间趋势；② 通过一键式操作进行下钻；③在时间维度比较数据，例如求年同比增长值和移动平均值。

下面来看看如何在 Tableau Desktop 中绘制超市订单金额的时间序列图。

（1）将“数据”窗格中的度量“销售额”字段拖曳至“行”功能区中，将维度“订单日期”字段拖曳至“列”功能区中。Tableau 会默认以最高层级“年”进行展示。点击“订单日期”胶囊前面的“+”，可以分别下钻到“季度”、“月”、“天”。点击“订单日期”前面的“-”，可以收回。

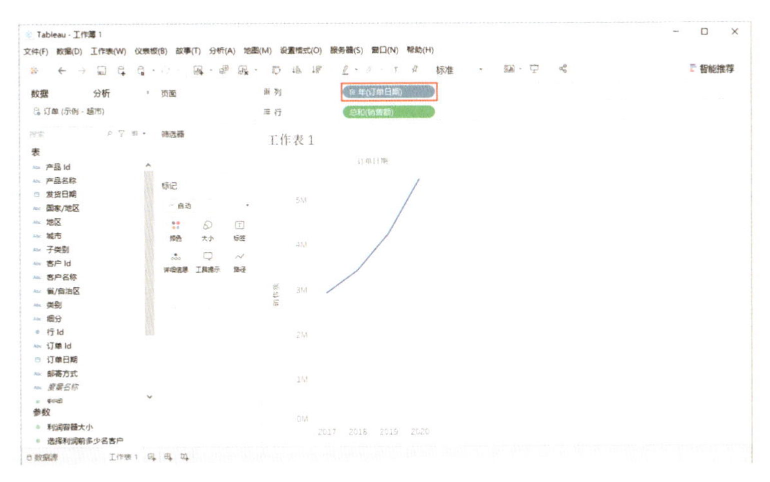

图 14-1

（2）单击“列”功能区中的“年（订单日期）”胶囊前的加号 ⊞ 年(订单日期) ，可以下钻到季度。用鼠标右键单击“季度（订单日期）”胶囊，在弹出的菜单中选择“月”命令，如图 14-2 所示。

可以看到按月展示 2017 ~ 2020 年的订单金额，如图 14-3 所示。其中，每年的销售额波动都比较大，第一季度是销售淡季。

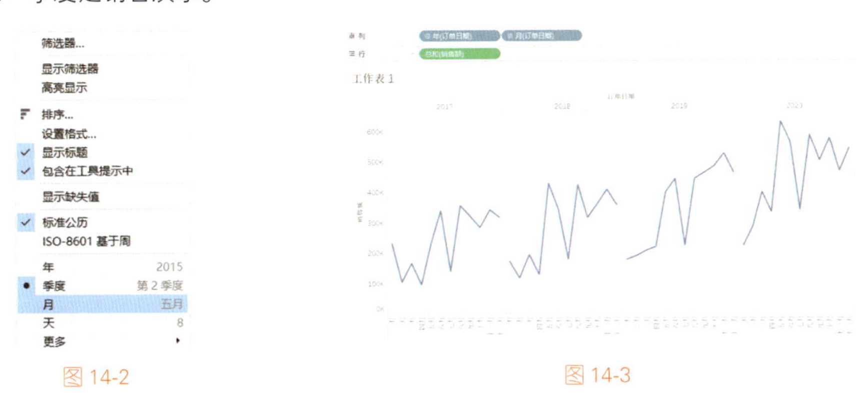

图 14-2　　图 14-3

（3）为更清晰地比较历年的销售情况，从“数据”窗格切换至“分析”窗格，为视图添加“区”平均线，如图 14-4 所示。

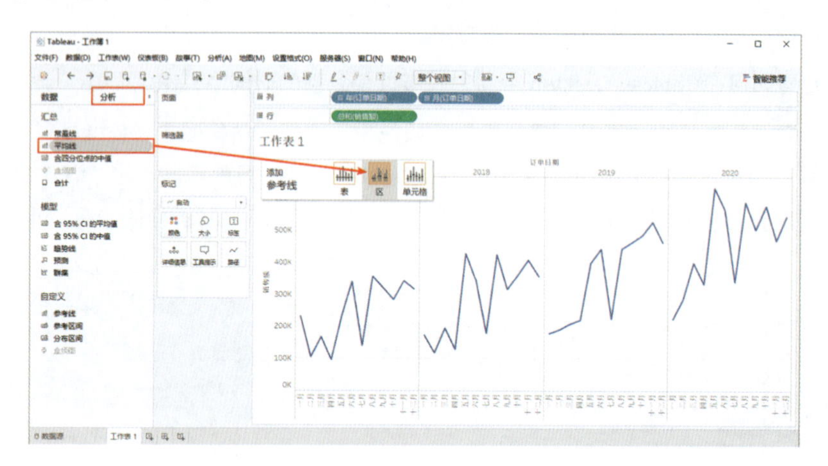

图 14-4

可以看到历年平均销售额在递增，如图 14-5 所示。

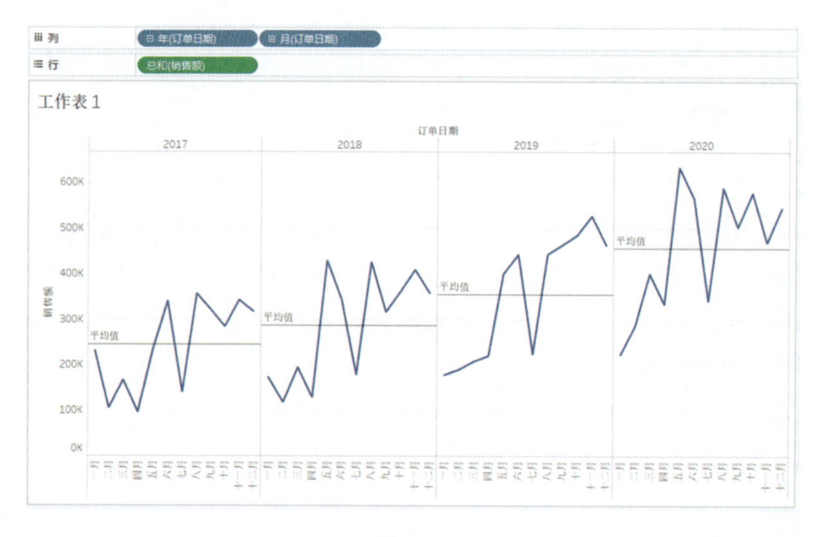

图 14-5

14.1.2 【实例 72】时间序列预测

为了获取更多见解，可能需要利用预测性功能。借助 Tableau 内置的几种建模功能，可以轻松添加预测性分析。当视图中至少有一个日期维度和一个度量时，可以向视图中添加预测结果。

在默认情况下，Tableau 的预测功能会在后台运行多个不同的模型，然后选择效果最好的模型，并且会自动考虑季节性等问题。

Tableau 使用一个名为“指数平滑”的技术进行预测。“指数平滑”是根据时间序列中过去值的加权平均数，以迭代的方式来预测将来的值。Tableau 针对一个时间周期进行预测：

- 如果要预测某个季度的值，则需要以之前的4个季度的数据作为依据；
- 如果要预测某个月的值，则需要以之前的12个月的数据作为依据；
- 如果要预测某周的值，则需要以之前4周的数据作为依据。

通常，时间序列中的数据点越多，所产生的预测结果就越准确。如果要针对“季节性分析”进行建模，那么具有足够的数据尤为重要，因为模型越复杂，就需要越多数据来支撑，才能达到合理的精度级别。

素材文件	\ 第 14 章 \ 实例 71.twbx
结果文件	\ 第 14 章 \ 实例 72.twbx

接下来沿用实例 71 的结果文件来进行预测分析。

（1）从“数据”窗格切换至“分析”窗格，将“模型”栏的“预测”拖曳至视图中。此时，Tableau 将生成 2020 年 12 月至 2021 年 12 月的预测数据，如图 14-6 所示。

（2）用鼠标右键单击视图中的预测值，在弹出的菜单中选择“预测”-“预测选项”命令，弹出“预测选项”窗口，如图 14-7 所示。

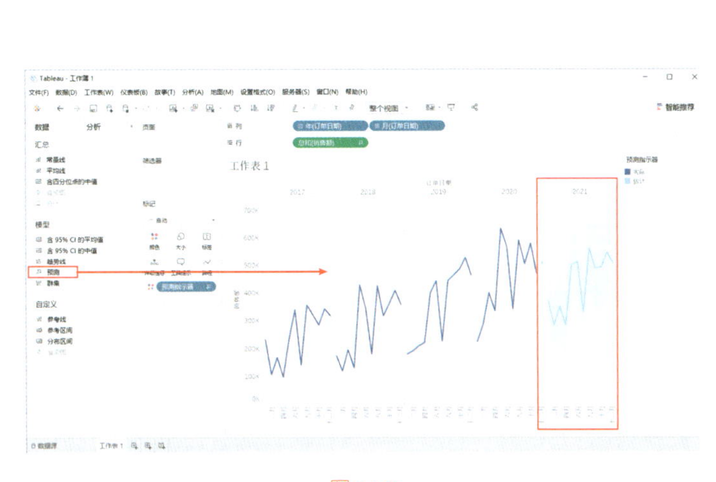

图 14-6

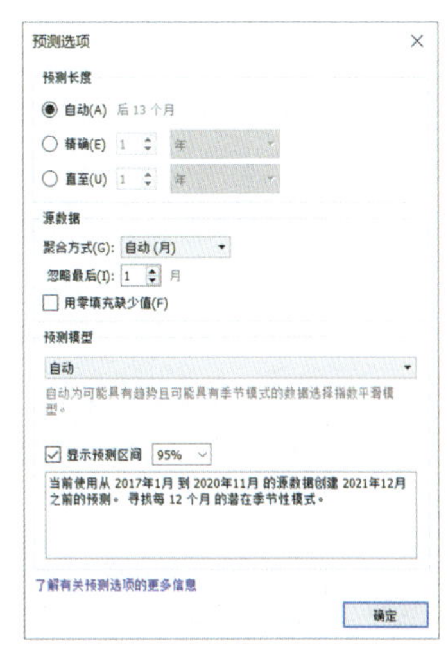

图 14-7

其包括以下内容。

① 预测长度：部分确定预测所跨越的未来时间长度。可以选择以下 3 项。

- 自动：Tableau将自动基于数据确定预测长度。
- 精确：将预测扩展指定数量的单位。
- 直至：将预测扩展到未来的指定时间点。

② 源数据：用于生成预测的源数据的范围和时间聚合。可以指定以下内容。

- 聚合方式：指定时间序列的时间粒度。在使用默认值（“自动”）时，Tableau将选择最佳粒度进行估算。此粒度通常与可视化项的时间粒度（即预测所采用的日期维度）进行匹配。但当可视化项中的时间序列太短而无法进行估算时，则需要使用比可视化项更精细的粒度来估算预测模型。
- 忽略最后：指定实际数据末尾的周期数，这些周期在估算预测模型时将被忽略。在这些时间周期中，将使用预测数据而非实际数据。使用这个功能将修剪掉可能会误导预测的不可靠或部分末端周期。如果在“源数据”中指定的估算粒度小于图形中的粒度，则修剪的周期为估算周期。因此，尾端实际可视化周期可能成为预测周期，它是估算粒度的实际和预测周期的聚合。但Null值不会用零填充，而是必须经过筛选才允许预测。
- 用零值填充缺少值：如果尝试预测的度量中有缺少值，则可以指定 Tableau 用零来填充这些缺少值。

③ 预测模型：指定如何生成预测模型。可在下拉菜单中选择以下几项。

- 自动：Tableau选择的最佳模型。
- 自动不带季节性：不带季节性的最佳模型。
- 自定义：如果选择“自定义”选项，则在“预测选项”对话框中会出现两个新字段：“季节”和“模型”，可用这两个字段的以下3个值来指定模型的趋势和季节特征。
  - 无：如果将“趋势”选择为“无”，则该模型将不针对趋势评估数据。如果将“季节”选择为“无”，则该模型将不针对季节性评估数据。
  - 累加：累加模型是指“多个独立因素的组合影响”是“每个因素孤立影响”的总和。可以评估视图中的数据以获得累加趋势和/或累加季节性。
  - 累乘：累乘模型是指“多个独立因素的组合影响”是“每个因素孤立影响”的乘积。可以评估视图中的数据以获得累乘趋势和/或累乘季节性。

> 累乘模型具有以下两点约束：
> （1）如果要预测的度量的一个或多个值小于或等于零，或者其中某些数据点接近零且这些点离其他大多数数据点较远，则不能使用累乘模型。
> （2）不能指定带累乘趋势和累加季节的模型，因为其结果的数值可能不稳定。

④ 预测区间：可以将预测区间设置为 90%、95% 或 99%，或者输入自定义值。

Tableau 中的预测存在以下约束：

① 不支持对多维数据源进行预测。Tableau Desktop 只支持 Windows 中的多维数据源。

② 如果视图包含任何以下内容，则无法向视图中添加以下预测：

- 表计算；
- 解聚的度量；
- 百分比计算；
- 总计或小计；
- 用聚合的日期值设置精确日期。

总的来说，Tableau 中的预测具有极高的易用性，初学者只需使用默认设置单击几下即可创建预测，而高级用户几乎可以在所有层面对模型进行配置。

Tableau 通过显示置信区间为初学者提供预测质量评估。

预测功能还可以和 Tableau 的其他功能无缝配合，因此用户可以像操作用户界面中的任何其他分析对象一样对预测结果进行轻松分段和处理。

14.1.3　预测模型评价

为便于评估所选的预测模型是否有效，Tableau 中提供了查看预测模型的功能：用鼠标右键单击视图中的预测值，在弹出的菜单中选择“预测”-“描述预测”命令，弹出“描述预测”窗口，其中包括“摘要”和“模型”两个选项卡，如图 14-8 所示。

图 14-8

1. “摘要”选项卡

“摘要”选项卡中显示了用 Tableau 创建预测所用的选项，这些选项可由 Tableau 自动选取，也可在 14.1.2 节介绍的“预测选项”对话框中指定。现对这些内容进行详细说明。

- 时间序列：用于定义时间序列的连续日期字段。在某些情况下，此值可能不是日期。
- 度量：在估计值时使用的度量。
- 向前预测：预测的长度和日期范围。
- 预测依据：创建预测所用实际数据的日期范围。
- 忽略最后：实际数据末尾的周期数将被忽略，该数值用于确定预测数据显示的周期数。
- 季节模式：Tableau在数据中找到的季节周期的长度。如果在任何预测中都找不到季节周期，则显示“无”。

对于预测的每个度量将显示一个“摘要”，用来描述预测，如图 14-8 所示。预测摘要表中的字段包括以下几项。

- 初始：第一个预测周期的值和预测间隔。
- 相对于初始值的变化：第一个和最后一个预测估计点之间的差值。这两个点之间的间隔显示在列标题中。当值以百分比形式显示时，此字段会显示相对于第一个预测周期的百分比变化。
- 季节影响：这些字段将针对具有季节性（随时间变化的重复模式）的模型而显示。它们将显示实际值和预测值的合并时间序列中上一个完整季节周期的季节组件的高值和低值。季节组件表示相对于趋势的偏差，因此会围绕零值变化，并且在整个季节内的和为零。
- 贡献：趋势和季节性对预测的贡献程度。这些值始终以百分比形式表示，且总和为 100%。
- 质量：预测与实际数据的相符程度。可能的值为“好”“确定”和“差”。

2. “模型”选项卡

“模型”选项卡中展示了 Tableau 预测中的指数平滑模型、质量指标和预测模型的平滑系数值，如图 14-9 所示。

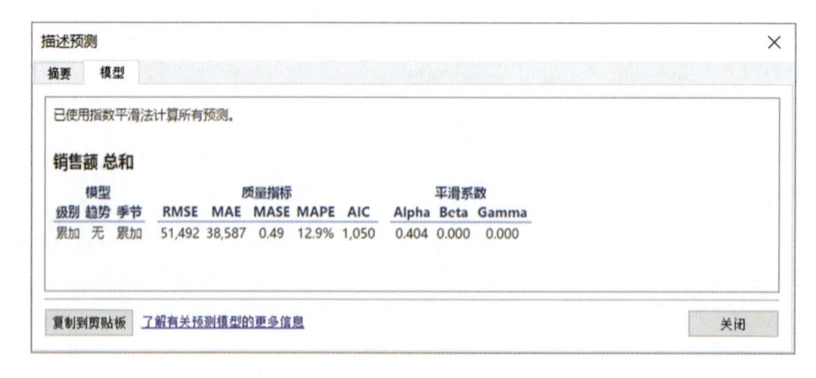

图 14-9

- 模型：包含“级别”“趋势”和“季节”，它们作为预测模型的组件，其值可以是“无”“累加”或“累乘”。
- 质量指标：提供有关模型质量的统计信息，RMSE（均方误差）、MAE（平均绝对误差）、MASE（平均绝对标度误差）、MAPE（平均绝对百分比误差）、AIC（Akaike 信息准则）。
- 平滑系数：根据数据的级别、趋势或季节组件的演变速率对平滑系数进行优化，使得较新数据值的权重大于较早数据值，这样可以将预测误差最小化。Alpha是级别平滑系数，Beta是趋势平滑系数，Gamma是季节平滑系数。平滑系数越接近1.00，则执行的平滑越少，从而可实现快速组件变化，且对最新数据具有较大依赖性。平滑系数越接近0.00，则执行的平滑越多，从而可实现逐渐组件变化，且对最新数据具有较小依赖性。

由此可以知道，示例中的超市订单金额序列预测模型是合理的，并且它是受季节影响的模型。可以结合实际经验判断该模型是否可行，预测结果是否可信。

14.2　Tableau 与 R 语言

R 语言是一种开源的编程语言和软件环境。它的语法简单易懂，且学会后可以自定义函数来扩展现有的语言。

R 备具多种统计学及数字分析功能。R 语言的使用，很大程度上是借助各种各样的 R 程序包。从某种程度上讲，R 的程序包是 R 的插件，不同的插件用来满足不同的需求，其功能包括用于经济计量、财经分析及人工智能等。

集成 Tableau 与 R 是指，将 Tableau 中的数据输入 R 中，在 R 中根据代码进行计算，在计算后将结果载入 Tableau 中进行分析。

14.2.1　集成 Tableau 与 R

要在 Tableau 中集成 R，首先需要下载安装 R。可以直接下载并安装 R，也可以下载并安装 RStudio。

RStudio 是 R 的集成开发环境，用它来学习和实践 R 会更轻松和方便。

（1）在下载并安装完成之后，在 R 控制台中运行以下代码将打开并运行 Rserve 服务。

```
install.packages( “Rserve” )
library(Rserve)
Rserve()
```

（2）打开 Tableau Desktop，选择菜单栏中的“帮助”-“设置与性能”-“管理分析扩展程序连接”

命令（如图 14-10 所示），打开“分析扩展程序连接”窗口，如图 14-11 所示。

（3）单击“测试连接”按钮，可查看 TableauDesktop 是否成功连接到 R。

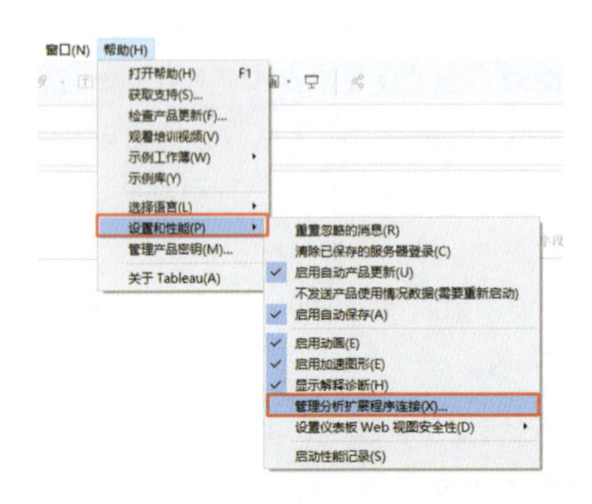

图 14-10

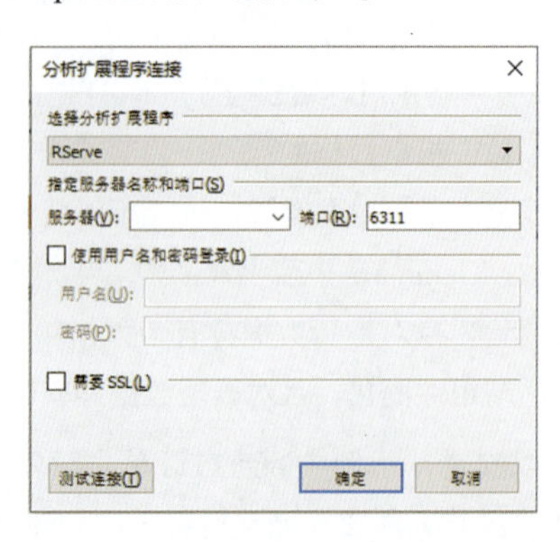

图 14-11

14.2.2 【实例 73】用 R 进行聚类分析

素材文件	\第 14 章\示例 - 超市 .xls
结果文件	\第 14 章\实例 73.twbx

聚类分析是一种常用的分析，Tableau 中有内置的 K-Means 分析供使用。如果是集成 R 进行高级分析，则可能会用到 DBSCAN，它是一种很典型的密度聚类算法，既适用于凸样本集，也适用于非凸样本集。

一般来说，如果数据集是稠密的，且数据集不是凸的，那用 DBSCAN 会比用 K-Means 聚类效果好很多。如果数据集不是稠密的，则不推荐用 DBSCAN 来聚类。

（1）在 Tableau 中连接到 R。

（2）在“数据”窗格中，按住 Ctrl 键选中字段“客户名称”“利润”“销售额”，单击工具栏右侧的“智能推荐”按钮，选择“散点图”。

（3）创建聚类计算字段，将其命名为“聚类 DBSCAN”，在“创建计算字段…”对话框中键入如下内容：

```
SCRIPT_INT("
# 导入 DBSCAN 的 R 包
library('dbscan')
library('fpc')
# DBSCAN() 函数
db = fpc::dbscan(cbind(.arg1,.arg2),eps=1000,MinPts = 20)
db$cluster",SUM([ 利润 ]),SUM([ 销售额 ]))
```

（4）将“数据”窗格中的度量“聚类 DBSCAN”字段拖曳到“标记”卡中的“颜色”上，用鼠标右键单击“标记”卡中的“聚类 DBSCAN”胶囊，在弹出的菜单中选择“计算依据”-“客户名称”命令。

（5）用鼠标右键单击“标记”卡中的“聚类 DBSCAN”胶囊，在弹出的菜单中选择“离散”命令。

这时可以看到客户被分成了 5 个群集，如图 14-12 所示。

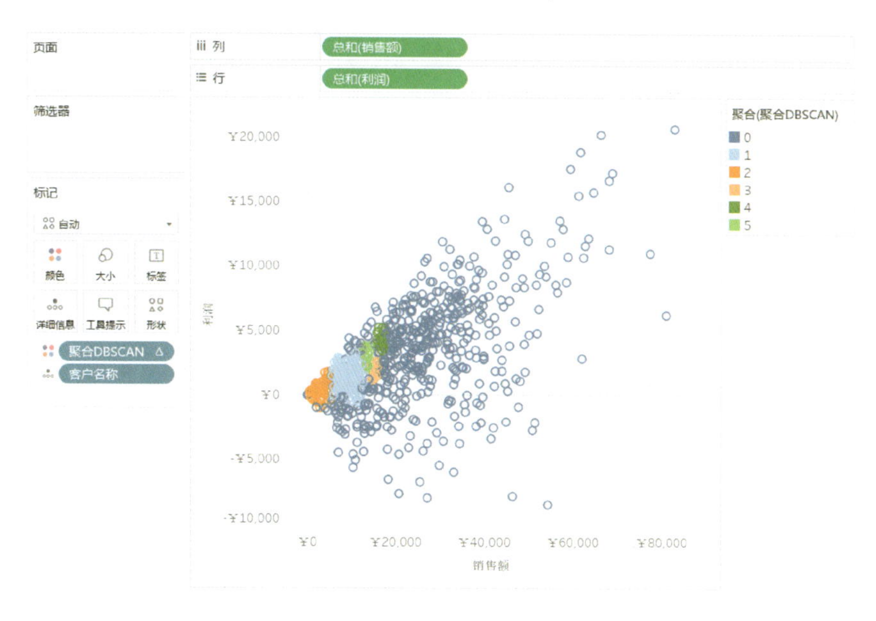

图 14-12

14.3 Tableau 与 Python 语言

Python 是一种高级的通用编程语言。Tableau 与 Python 集成可以预测客户流失和运行情绪分析等，也可以结合参数来控制模型。

14.3.1 集成 Tableau 与 Python

（1）从 https://www.python.org 下载 Python。Python 2.7.9 + 或 Python3.4+ 以上版本都自带 pip 工具，可通过以下命令了解是否已成功安装 pip。

```
pip – version
```

（2）在 Tableau 中使用 Python，首先需要添加 TabPy 服务器。TabPy 服务器是 Tableau 集成 Python 的服务器组件，它是一个基于 Tornado 和其他 Python 库的 Python 进程。

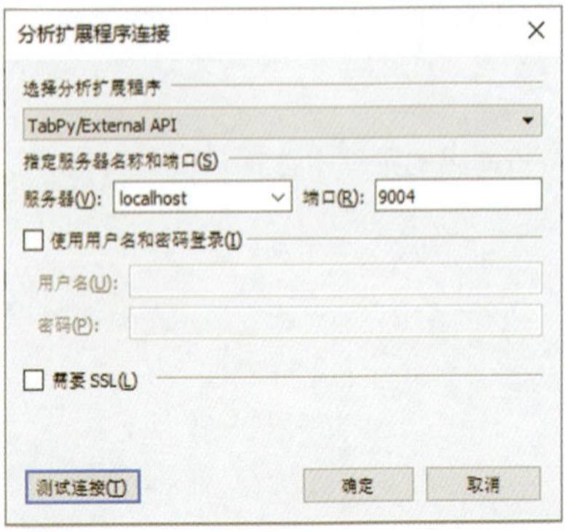

在 https://github.com/tableau/TabPy 中单击绿色按钮“clone or download”，选择“Download ZIP”。在解压缩 TabPy-master.zip 文件后，利用 cmd 命令打开“命令提示符”窗口，键入“cd+ 文件路径”导航到 Python 文件所在位置，键入“startup”按 Enter 键启动 Tabpy。

（3）选择菜单栏中的“帮助”-“设置与性能”-“管理分析扩展程序连接”命令，打开“分析扩展程序连接”对话框，选择外部服务“TabPy/External API”，然后输入服务器名称并将“端口”设为 9004，如图 14-13 所示。

图 14-13

（4）单击“测试连接”按钮，可查看 Tableau 是否成功连接 Python。如果已成功连接，则单击“确定”按钮。

14.3.2 【实例 74】用 Python 进行相关性分析

素材文件	\第 14 章\示例 - 超市 .xls
结果文件	\第 14 章\实例 74.twbx

相关性分析是一种常用的分析类型，Tableau 中有内置的 K-Means 分析可以使用。具体步骤如下。

（1）在 Tableau 中连接到 Python。

（2）在“数据”窗格中，按住 Ctrl 键选中“客户名称”“利润”和“销售额”字段，单击工具栏右侧的“智能推荐”按钮，选择“散点图”。将“数据”窗格中的字段“细分”与“类别”分别拖曳到“行”和“列”功能区中。

（3）创建相关系数计算字段，将其命名为“Corr”，在“创建计算字段…”对话框中键入如下内容：

```
SCRIPT_REAL("
import numpy as np
return np.corrcoef(_arg1,_arg2)[0,1]",
SUM([ 销售额 ]),sum([ 利润 ])
)
```

（4）将“数据”窗格中的度量“Corr”字段拖曳到“标记”卡中的“颜色”上，用鼠标右键单击“标记”卡中的“Corr”胶囊，在弹出的菜单中选择“计算依据”-“客户名称”命令。

（5）用鼠标右键单击“标记”卡中的“Corr”胶囊，在弹出的菜单中选择“连续”命令。

通过图 14-14 可以看到客户的销售额和利润的相关性。

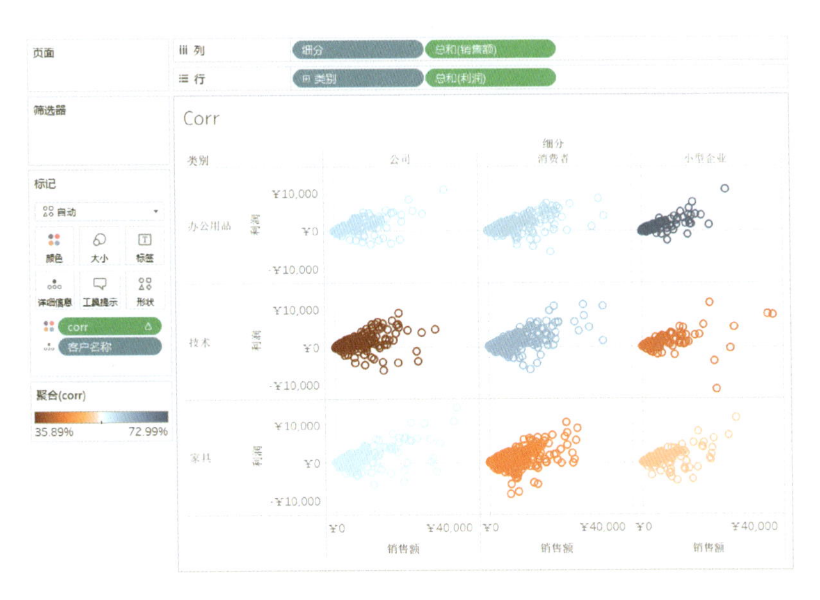

图 14-14

要实现相关性分析，除集成 Python 来实现外，也可以用 Tableau 内置的表计算函数来实现。

第 15 章 Tableau Server

Tableau Server 是企业级的商业分析平台，当企业中越来越多的人使用 Tableau 时，就会需要用 Tableau Server 来实现集中管理。本章从企业的角度介绍如何使用 Tableau。

15.1 为什么要使用 Tableau Server

在第 14 章中已经介绍了如何使用 Tableau Prep 和 Tableau Desktop 完成可视化分析。当 Tableau Prep 和 Tableau Desktop 已经能够满足日常分析需求时，为什么还要使用 Tableau Server 呢？本节将介绍 Tableau Server 的特点和服务器架构。

15.1.1 Tableau Server 的特点

Tableau Desktop 可以让 IT 同事从业务分析中解脱出来，投入到战略性 IT 工作中。而 Tableau Server 则是企业级的分析平台，可以纵向扩展成千上万个用户，提供基于浏览器和移动端的分析应用，它满足了企业对安全性、可扩展、可扩充、易管理的要求。

1. 安全性

如果企业开放数据供更多人员访问，则信息安全便是重中之重。Tableau Server 提供了全面的安全解决方案，可管理身份验证、授权、数据安全和网络安全：

（1）Tableau Server 支持多种类型的身份验证，如 Active Directory、SAML 和 OAUTH 等，实现访问安全。

（2）通过控制用户登录后访问什么内容、执行什么操作，从而实现对象安全。

（3）通过用户筛选器实现数据行级别的安全。

（4）通过配置 SSL 确保网络传输安全。

2. 可扩展性

Tableau Server 可以纵向扩展，也可以横向扩展，以满足企业需求。

Tableau Server 通过添加更多 CPU 和 RAM 实现纵向扩展。Tableau Server 的每个组件都是多进程的，可以根据使用模式进行配置，添加更多可配置的节点可以进一步实现扩展，以满足组织的要求。

其中，Tableau Public 就是最好的例子。作为 Tableau 全球最大的可视化分享社区，它已经承载两亿多个非重复的可视化内容，并提供可视化展示与交互服务。

3. 可扩充性

Tableau 提供了用于实现深度可靠的企业集成可扩充性框架，包括：将 Tableau 可视化与企业门户、企业应用程序集成，将来自任何来源的任何数据转换为 Tableau 支持的格式进行连接，基于标准的 REST API 实现服务器自动化等。这部分内容会在第 16 章讲解。

4. 移动化

大数据时代，企业采用移动商业智能已成为必然趋势。Tableau Server 具有移动化特点，可以自动检测设备并相应地优化可视化输出，用户无须进行仪表板的二次开发，即可随时随地在手机或 iPad 等移动设备中浏览优化后的视图，从而进行讨论与决策。

15.1.2 服务器架构

Tableau Server 的架构如图 15-1 所示，其中灰色区域表示服务器的进程。

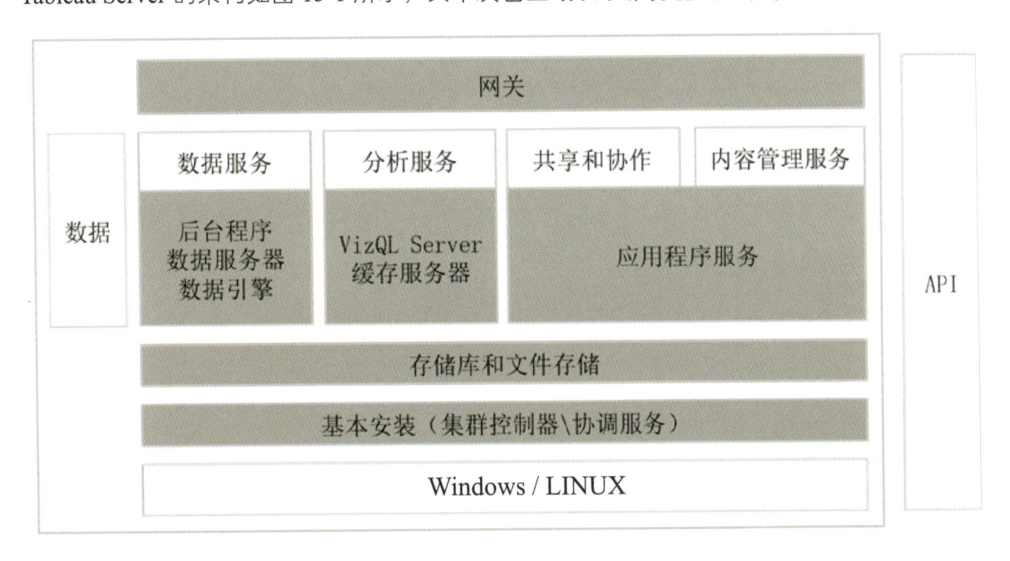

图 15-1

- 网关：用于处理从客户端（Tableau Desktop、浏览器、移动设备、代理或负载平衡器等）传递到Tableau Server的所有请求，并将请求传递到合适的进程中。
- 数据服务：进程的逻辑分组，包括后台程序、数据服务器和数据引擎，这些进程可以提供最新数据、共享元数据管理、管控数据源和内存数据。后台程序会运行服务器任务，包括：数据提取刷新、订阅、立即运行，以及通过“tabcmd”命令启动的任务。数据服务器进程会管理与 Tableau Server 数据源的连接（创建数据提取和进行查询由数据引擎进程完成）。
- 分析服务：由VizQL Server和缓存服务器进程组成，提供面向客户的可视化、分析服务和缓存服务。
- 内容管理服务及共享和协作：应用程序服务器的驱动程序，由应用程序服务器进程提供支持。用户登录、内容管理（项目、站点、安全许可等）等Tableau Server 核心功能和管理活动由应用程序服务器进程提供。

上述服务都是在存储库上运作的。存储库包含结构化关系数据，例如权限、工作簿、数据提取、用户信息和元数据等，其主数据库为 PostgreSQL。文件存储进程用于控制数据提取的存储，会自动在数据引擎节点之间复制数据进行存储。

除图 15-1 中的主要进程外，查看服务器进程状态还会发现其他进程，如搜索和浏览、Tableau Prep Conductor、许可证管理器、协调服务、集群控制器等。不同的部署方式会产生不同的进程。

Tableau 的架构很灵活，可以安装在本地、私有云或数据中心、Amazon EC2、Google 云平台或 MS Azure 上，也可以运行在虚拟化平台上。

15.2 安装 Tableau Server

在安装 Tableau Server 前，必须先了解以下问题的答案：

（1）准备的硬件是否满足 Tableau Server 的配置要求?

（2）是否需要做高可用分布式集群部署?

（3）安装环境是否允许外部网络访问?

本节将对上述 3 个问题做具体阐述。

15.2.1 安装的系统要求

操作系统 / 虚拟环境：

- Microsoft Windows Server 2016、2012、2012 R2、2008 R2；Windows 7、8 和 10（基于 x64 芯片组）。

- CentOS 7、Ubuntu 16.04 LTS、Red Hat Enterprise Linux (RHEL) 7、Oracle Linux7。
- Citrix环境、Microsoft Hyper-V、Parallels、VMware（包括 vMotion）、Amazon Web Services、Google Cloud Platform和Microsoft Azure。

表 15-1 展示了 Tableau Server 对硬件的配置需求。

表 15-1

	处理器	CPU	RAM	磁盘空间
推荐配置	64 位（x64 芯片组）	8 核，2.0 GHz 或更高频率	32 GB	50 GB
最低配置		2 核（4 核）	8 GB（16 GB）	15 GB

最低配置是指要安装 Tableau Server 所必须满足的硬件要求。如果安装程序确定硬件未满足要求，则不进行 Tableau Server 的安装。

无法在 Linux 和 Windows 计算机的组合环境中安装 Tableau Server。

如果满足最低配置但未满足推荐配置，则安装程序会发出警告，但可以继续进行安装。

15.2.2　具体安装

1. 在单服务器中安装（以 Windows 为例）

在 Windows 操作系统中安装单服务器 Tableau Server 的具体操作步骤如下。

（1）下载对应的安装文件（Tableau Server 安装包的下载方式同 Tableau Desktop），如图 15-2 所示，双击此安装文件，然后按照指示进行操作。Windows 版默认安装目录为 C:\Program Files\Tableau\Tableau Server，数据目录为 C:\ProgramData\tableau。如果更改目录，则数据目录和安装目录在同一位置。

（2）安装程序将启动浏览器并提示输入用户名和密码，使用管理员账号登录 Tableau Services 管理器，如图 15-3 所示。

图 15-2

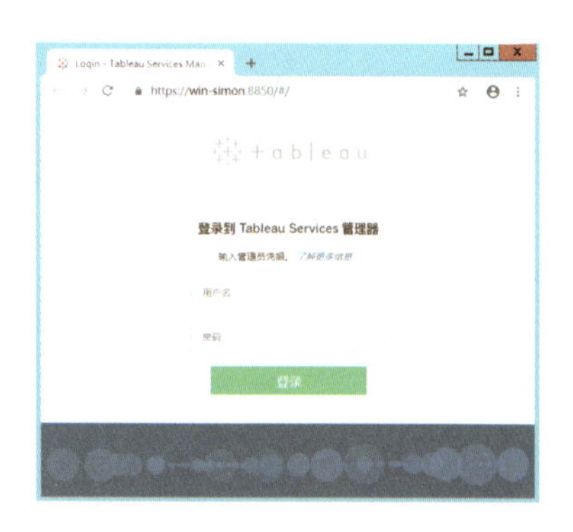

图 15-3

（3）启动“激活”页面。输入产品密钥或选择试用。这里选择试用，如图 15-4 所示，激活的方法将在 15.2.3 节进行介绍。

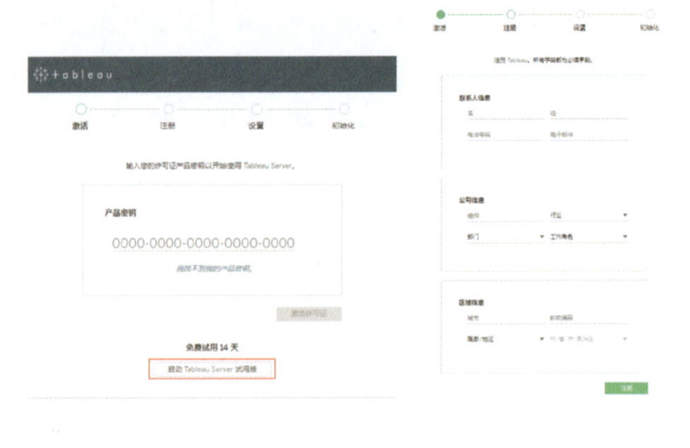

图 15-4

（4）出现“Tableau Server 配置选项”页面，此页面包含如下设置：

- 在“身份存储”下设置身份验证类型。如果打算使用Active Diretory来验证用户身份，则选择“Active Directory”，否则选择“本地”。
- 在默认情况下，Tableau Server 在“本地网络服务账户”下运行。如果要使用为数据源提供 NT 身份验证功能的账户，则选择“用户账号”并指定用户名和密码。
- 如果显示的端口号为80，则可以不做调整。如果端口号不是80（例如是8000），则需要弄清楚服务器上的哪个应用程序请求了HTTP端口80，并建议重置这些应用程序的端口，将80端口空出来。

如果要继续进行配置，请单击“初始化”按钮，如图 15-5 所示。

Tableau Server 将保存配置更改，并且将初始化，如图 15-6 所示。这将需要一段时间。

图 15-5

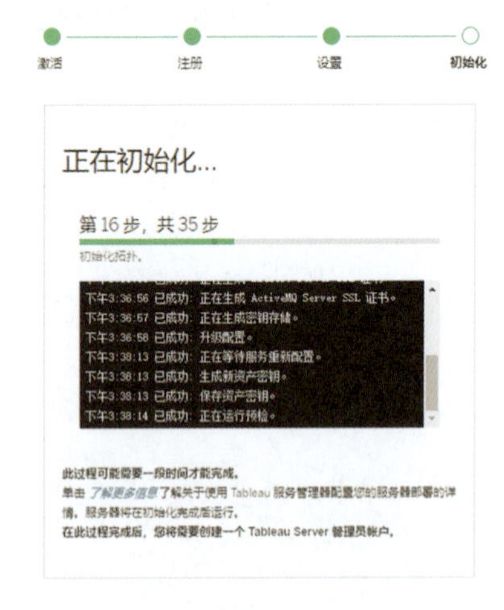

图 15-6

在完成后将显示“初始化完成”，单击“继续”按钮启动设置的最终步骤。

（5）为 Tableau Server 添加管理员用户。在配置全部设置之后会弹出浏览器，提示为 Tableau

Server 创建服务器管理员账户。服务器管理员是 Tableau Server 中的一个用户，该用户可以管理 Tableau 的所有方面，包括管理站点、用户、组和项目，以及更改服务器配置设置，使用此账户可以访问 Tableau Server 管理员网页。

请务必将管理员的用户名和密码保存在安全的地方并牢牢记住。

2. 部署服务器集群

前面介绍了在单机上安装 Tableau Server 的方法，这种部署方式是在单个服务器上实现 Tableau 服务的管理和所有进程的运行。在实际场景中，除安装单服务器外，还可以根据需要添加其他节点。下面将介绍在集群中部署 Tableau Server，它的优点是：通过添加其他节点实现故障转移、高可用性等。

在进行集群部署前，须确保满足以下要求。

- 硬件：必须满足安装系统的要求。如果是配置高可用性，则初始节点计算机不需要具有与其他节点计算机一样多的内核，因为初始节点可以不运行或者运行很少的进程。不过，需要有足够的磁盘空间进行备份，因为在数据库备份和还原过程中会使用初始节点计算机。除备份文件所需的空间量外，还需要大约相当于备份文件大小10倍的临时磁盘空间。即，如果备份大约为4GB，则应有大约40GB的可用临时磁盘空间。
- 软件：所有节点必须运行相同版本的 Tableau Server。
- 安装位置：所有节点Tableau Server的安装位置必须相同。不管是默认位置还是非默认位置都必须如此。
- 端口：所使用的计算机或虚拟机应能够互相通信。
- 相同域：如果是Windows Active Directory环境，则所有计算机必须是同一域的成员。
- 同一个子网：所有节点应安装在同一个子网中，因为子网之间的延迟可能会导致出现问题。
- 服务账户：服务器的运行身份服务账户（在初始Tableau Server上指定）在集群中的每台计算机上必须相同。
- 静态 IP 地址：必须具有静态 IP 地址。
- 可发现：集群中的每个节点都必须可以通过DNS或本地主机文件被其他节点计算机发现。
- 时区和时间：集群中的每个节点必须位于同一时区中，并且这些节点的系统时钟是同步的。

在满足要求后开始集群部署，具体步骤如下。

（1）参照 15.2.1 节的安装步骤，在初始节点计算机上安装 Tableau Server。在安装成功后将打开 TSM 页面，单击工具栏中的“配置”，选择“下载引导程序文件”，生成节点引导程序文件，如图 15-7 所示。

图 15-7

（2）复制安装程序和生成的引导程序文件到新计算机（节点）中，运行安装程序，在安装过程中，选择“Add additional node to existing Tableau Server cluster（将附加节点添加到现有 Tableau Server 集群）”，单击“下一步”按钮。安装程序将需求提供引导程序文件、TSM 管理员账户和密码，填写并单击“下一步”按钮。弹出浏览器窗口，登录 TSM，单击“配置”，会提示“添加了节点”，单击“继续”按钮，如图 15-8 所示。

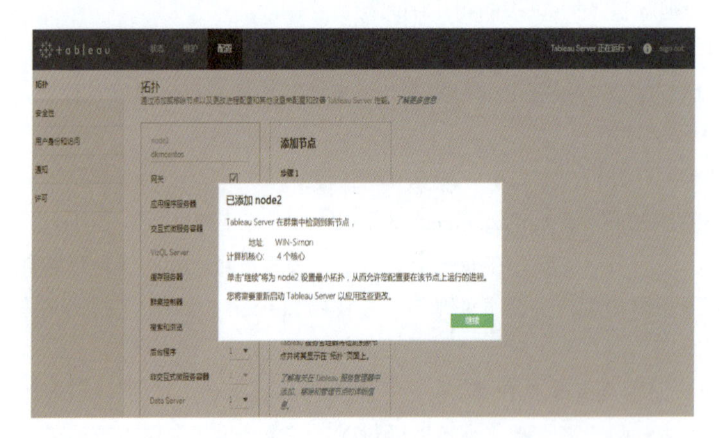

图 15-8

（3）在弹出的界面中配置要在该节点上运行的进程，设置的具体进程和进程数取决于环境和需求。如果选择“网关”“搜索和浏览”“文件存储”和“存储库（pgsql）”，则需要将“应用程序服务器 (vizportal)”“VizQL 服务器”“缓存服务器”“后台程序”和“数据服务器”的计数设置为 2。单击“待定更改”按钮，选择“应用更改并重新启动”后单击“确认”按钮即会重新启动 Tableau Server。

（4）若要继续添加节点，请重复上述步骤。如果总共安装了 3 个或更多个节点，则还应该部署一个协调服务整体。

通过上述步骤即可完成服务器集群部署。

15.2.3 激活 Tableau Server

Tableau Server 要求至少使用一个产品密钥来激活服务器。

> 已购买的用户可以在 Tableau 客户账户中心获取产品密钥。

1. 在线激活

在 15.2.2 节的安装过程中，如果联网了，则可直接将产品密钥粘贴到对应的对话框中，然后单击“激活许可证”按钮完成激活。

如果是在试用后需要激活，或是需要增加用户数或增加内核数，则按以下步骤添加产品密钥至 Tableau Server。

（1）打开 TSM：https://<tsm-computer-name>:8850。

（2）在“配置”选项卡中单击“许可”，并单击“激活许可证”。

（3）输入或粘贴新产品密钥并单击“激活”按钮。

（4）在注册完成后重新启动 Tableau Server。

2. 离线激活

如果公司本地服务器使用的是局域网，无法连接到互联网，则在激活 Tableau Server 时会提示如图 15-9 所示内容，这时需要进行离线激活。

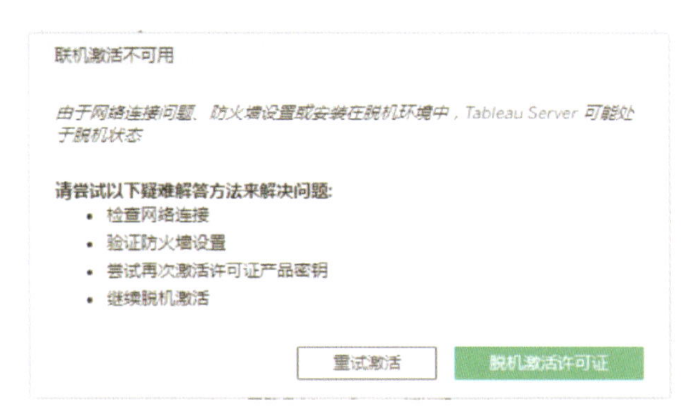

图 15-9

具体的步骤如下。

（1）选择“脱机激活许可证”，进入脱机激活步骤，按步骤进行脱机激活。输入产品密钥，然后单击“创建脱机文件”按钮（如图 15-10 所示），则会生成一个名为“offline.tlq”的文件，可将其保存在本地任意位置。

图 15-10

（2）把生成的“offline.tlq”文件复制到可连接互联网的计算机上。打开 Tableau 官网上的产品激活页 http://www.tableau.com/support/activation，单击“选择浏览”按钮，选择复制的 offline.tlq 文件，然后单击右边的“UploadActivation File”按钮。进入下一个界面中，单击界面中的“here”，如图 15-11 所示，这时将下载激活文件 activation.tlf，将其复制回到服务器中。

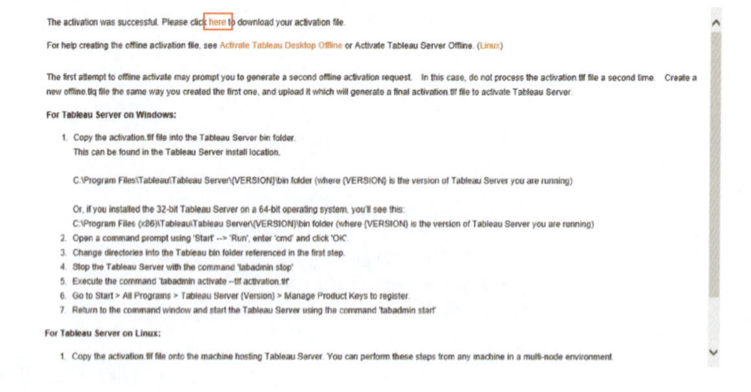

图 15-11

（3）上载激活文件，完成步骤 3，如图 15-12 所示。

图 15-12

（4）创建脱机文件，如图 15-13 所示，然后获取激活文件并上载激活文件，完成步骤 4 与步骤 5，如图 15-14 所示。

然后“单击激活许可证”按钮，返回注册界面，说明离线激活成功。

图 15-13

图 15-14

15.3 配置 Tableau Server

15.3.1 配置站点、用户和组

Tableau Server 是集分析、共享和协作于一体的平台，本节介绍如何在 Tableau Server 中配置站点、用户和组的权限，从而实现对数据内容的隔离和有效管控。

1. 配置站点

（1）什么是站点。

站点可以理解为一个房间，使用站点可以对内容进行隔离。Tableau Server 允许服务器管理员为多个用户和内容集创建站点，站点具有以下特点：

- 每个站点都有自己的URL和用户集。
- 每个站点的内容（项目、工作簿和数据源）与其他站点上的内容是完全隔离的。
- 在 Tableau Server 上，用户、项目、组、数据源和工作簿是按站点进行管理的，可以将一个用户添加到多个站点。每个环境及其需求都是独一无二的，只有在用户及其内容的管理需要完全独立于所有其他Tableau用户时才创建新站点。

适合使用站点的示例：① Tableau Server 中有多个用户，不希望他们之间共享数据；②希望来宾用户只能访问服务器中的一个小的隔离区域。

不适合使用站点的示例：① 想在同一个 Tableau Server 环境中完成从测试到正式开发使用的报表的全过程；②想通过部门划分来分隔服务器的区域。如果使用站点来区分不同部门，则会将相同的数据源和报表发布到多个站点，从而导致数据源扩散，并有可能降低服务器性能。

（2）如何添加站点。

如果是首次为服务器添加站点，则单击菜单栏中的“设置”-“添加站点”命令；如果之前添加过站点，则单击菜单栏中的“管理所有站点”-“新建站点”命令，然后在弹出的对话框中设置新站点的信息，如图 15-15 所示。

图 15-15

图 15-15（续）

首先输入“网站名”和“站点 ID”。

- 对于“存储”，可选择“服务器限制”或“GB”，然后输入所需的GB数作为已发布工作簿、数据提取和其他数据源的存储空间限制。如果设置了服务器限制，则当站点超过了该限制时将阻止发布者上载新内容，直至站点再次低于该限制。服务器管理员可以使用站点页面中的“最大存储”和“已用存储”列来跟踪站点的限额使用情况。
- 对于“管理用户”，选择是仅服务器管理员能添加和删除用户以及更改其站点角色，或是允许站点管理员管理此站点上的用户。如果允许站点管理员管理用户，则可通过选择下面的选项指定他们可向站点添加多少用户。“服务器限制”分为两种：如果选择“基于用户的许可”，则会根据服务器许可证限制用户数；如果选择“基于内核的许可”，则不限制用户数。“用户数”允许站点管理员根据指定的限制来添加用户。
- 对于“Web制作”，如果要启用基于浏览器的站点内容创作，则选择“允许用户使用Web制作”。在禁用“Web制作”时，用户无法从服务器Web环境编辑已发布工作簿。
- 对于“注释”，如果选择“允许用户对视图发表评论”，则使用户能够对数据视图进行讨论。
- 对于“数据驱动型通知”，让用户在数据达到关键阈值时自动接收电子邮件。

- 对于“订阅”，如果选择“允许用户订阅工作簿和视图”，则让站点用户订阅视图并收到定期的电子邮件。如果选择“允许内容所有者为其他用户订阅工作簿和视图”，则允许管理员、项目主管和内容所有者为其他用户设置订阅。只有配置了订阅设置时，这些选项才可见。
- 对于“工作簿性能指标”，如果选择“记录工作簿性能指标”，则允许站点用户收集有关工作簿性能的指标，例如工作簿加载速度。如果要开始记录，则用户须在工作簿的 URL 中添加参数。

在完成配置后，单击“创建”按钮完成站点创建。

2. 配置用户

要访问 Tableau Server 的任何人（无论是浏览、发布、编辑内容还是管理站点）都必须先成为站点的用户。

在默认情况下，站点管理员能够在站点上添加和移除用户。每个用户可被添加到多个站点，站点管理员只有在对用户所属的所有站点具有访问权限时才能编辑该用户。比如，用户 1 是站点 A 和 B 的成员，则只有站点 B 权限的站点管理员是无法编辑用户 1 的。

服务器管理员可以在“设置”中管理用户，如果勾选“仅服务器管理员”单选按钮，则会撤销站点管理员的管理权限，这样就只有服务器管理员才能够管理该站点中的用户。

（1）将本地用户添加到站点。

① 以管理员身份登录 Tableau Server，并在适用的情况下选择站点。

② 单击左侧导航栏中的“用户”图标，在右侧用户界面中单击左上角的“添加用户”，在下拉菜单中选择“新用户”命令。

③ 在弹出的对话框中输入用户名。用户名不区分大小写，不允许使用的字符包括分号（;）和逗号（,）。然后单击对话框右下角的“添加用户”。

④ 在弹出的对话框中输入信息：显示名称——键入用户的显示名称（例如，Laura Rodriguez）；密码——为用户键入密码；确认密码——重新键入密码；电子邮件——此字段为可选，可稍后在用户配置文件设置中添加。选择一个站点角色，然后单击对话框右下角的“添加用户”按钮，即完成一次本地用户配置。

（2）将 Active Directory 用户添加到站点。

① 以管理员身份登录 Tableau Server，并在适用的情况下选择站点。

② 单击左侧导航栏中的“用户数”图标，在右侧用户界面中单击左上角的“添加用户”，在下拉菜单中选择“Active Directory 用户”命令。

③ 输入一个或多个用户名（由分号分隔）。例如“tdavis; jjohnson; hwilson”。

如果要添加的用户所属的 Active Directory 域与运行服务器的域相同，则可以键入不带域的

Active Directory 用户名。此时将使用服务器所在的域。

不要在此字段中输入用户的全名，否则会导致在导入过程中出现错误。

④ 选择一个站点角色，单击“导入用户”按钮，完成一次 Active Directory 用户配置。

（3）移除本地用户。

① 以管理员身份登录 Tableau Server，选择站点并打开“用户”页面；

② 选中用户名旁边的复选框，然后在“操作”菜单中选择“移除”命令。

如果用户只是当前站点的成员且不拥有任何内容，则当站点管理员从当前站点移除该用户时，该用户也会被从服务器中移除。但如果用户还是服务器上其他站点的成员，则其将被从当前站点移除，并不会影响其所在其他站点的状态。

（4）用户许可证、站点角色和内容权限如何协同工作。

用户的许可证类型、站点角色和内容权限的交集，确定用户在 Tableau 站点上所具有的访问权限。

许可证类型与用户关联，用户的站点角色决定他们需要的许可证类型，许可证类型主要有 3 类：Creator、Explorer、Viewer。在多站点环境中，用户的许可证会应用于用户所属的所有站点。

可以给用户分配站点角色，每个用户在不同的站点可以被分配不同的站点角色。

例如，用户 1 可在站点 A 是“Creator”（用户），同时在站点 B 上是“Viewer（查看者）”。站点角色决定了用户对站点上的内容进行处理，或对用户、站点本身进行管理所具有的最大能力。

内容权限是指，用户对服务器中内容资源（项目、数据源、工作簿）的管理能力。

不同的用户许可类型，可以给用户分配的站点角色也不同：

- Viewer 许可证只能分配“Viewer（查看者）”角色。
- Explorer 许可证可以分配“服务器管理员”“站点管理员 Explorer”“Explorer（可发布）”“Explorer”“只读”角色，以及 Viewer 许可证可分配的角色；
- Creator 许可证可以分配“服务器管理员”“站点管理员 Creator”“Creator”（用户）角色，以及 Explorer 许可证、Viewer 许可证可分配的角色；

例如，假设用户 A 在站点上具有以下访问权限：

- Creator许可证。
- Explorer站点角色。
- 项目的“发布者”权限。

这时，尽管许可证类型是允许在服务器进行编辑且允许发布的，但由于站点角色是 Explorer，因此用户 A 不可以在该站点上发布新内容。

同样，如果用户 A 的站点角色和许可证均为“Creator”，则在项目中也需要设置“发布者”权限，该用户才能连接和保存（发布）新数据源。

（5）更改用户的站点角色。

① 以管理员身份登录站点，单击左侧导航栏中的“用户数”图标，在右侧用户界面中勾选需要变更的用户，然后单击用户列表上面的“操作”，在下拉菜单中选择“站点角色”。

② 选择新站点角色，然后单击“更改站点角色”按钮，将光针悬停在信息图标上会显示一个矩阵，该矩阵显示每个站点角色允许的一般功能的最大级别。

3. 配置组

本地组是使用 Tableau Server 内部用户管理系统创建的。在创建组之后，可以将 Tableau Server 用户加入组中以便更轻松地管理多个用户。

① 新建组。

在站点中单击“群组”，然后单击“添加组”。为组键入一个名称，然后单击“创建”按钮。

② 向组中添加用户。

如果要向组中添加用户，则该组必须已存在。

③ 在“用户”界面向组中添加用户。

在站点中单击左侧导航栏中的“用户”图标，勾选要添加到组中的用户，然后单击用户列表上方的“操作”-“组成员身份”，在弹出的对话框中勾选组名称，然后单击“保存”按钮，如图 15-16 所示。

15-16

④ 在“群组”页面向组中添加用户。

在站点中单击“群组”图标，然后单击组的名称，在组的页面中单击“添加用户”按钮，选择要添加的用户，然后单击“添加用户”按钮，如图 15-17 所示。

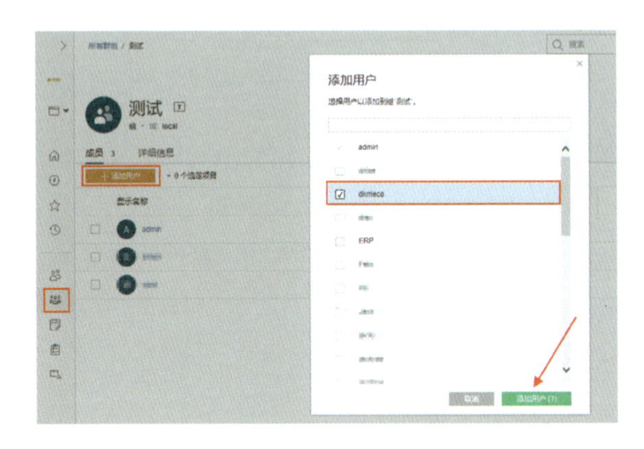

图 15-17

⑤ 删除组。

可以从服务器中删除任何组（“所有用户”组除外）。在删除组时，将移除该组中的用户，但不会从服务器中删除这些用户。步骤如下：单击左侧导航栏中的“群组”，在右侧的“群组”界面中勾选要删除的组，单击群组列表上方的“操作”，在下拉菜单中选择“删除”命令。

15.3.2　设置电子邮件订阅和通知

在 Tableau Server 中，如果为用户设置了工作簿或视图的订阅任务，则 Tableau Server 会通过电子邮件将视图生成快照发送到用户邮箱，以便用户及时查看最新的数据。管理员、具有适当站点角色的项目主管和内容所有者，可以选择为自己或其他用户订阅工作簿或视图。

要实现订阅，首先需要配置用于发送电子邮件的 SMTP 服务器，然后完成配置服务器事件通知。本节将介绍如何配置 SMTP 设置，以及如何配置服务器事件通知。

1. 配置 SMTP 设置

配置 SMTP 步骤如下。

（1）在浏览器中输入“https://<tsm-computer-name>:8850”。

（2）在“配置”选项卡上单击“通知”按钮，并单击“电子邮件服务器”按钮。

（3）输入组织的 SMTP 配置信息。

（4）单击“保存未完成的更改”按钮。

（5）单击页面顶部的“待定更改”按钮。

（6）单击“应用更改并重新启动”按钮。

通知或订阅不支持加密 SMTP 连接。

2. 配置服务器事件通知

配置服务器事件通知的步骤如下。

（1）在浏览器中输入“https://<tsm-computer-name>:8850”。

（2）在“配置”选项卡中单击“通知”按钮，并单击“事件”按钮。

（3）为组织配置通知设置。

（4）单击“保存未完成的更改”按钮。

（5）单击页面顶部的“待定更改”按钮。

（6）单击“应用更改并重新启动”按钮。

15.4 登录并使用 Tableau Server

15.4.1 登录 Tableau Server

通过 Tableau Server 可以将工作簿发布到云端，其他同事可通过 Web 浏览器或 Tableau 移动应用访问内容。发布与浏览内容的第一步是登录 Tableau Server。本节将从 TableauDestkop 端、浏览器端和移动端 3 个方面介绍如何登录 Tableau Server。

1. 从 Tableau Desktop 中登录 Tableau Server

（1）在 Tableau Desktop 中单击菜单栏中的“服务器”-“登录”命令，在弹出的对话框中输入 Tableau Server 的名称或地址，然后单击“连接”按钮，如图 15-18 所示。

（2）输入用户名和密码，然后单击“登录”按钮，如图 15-19 所示。

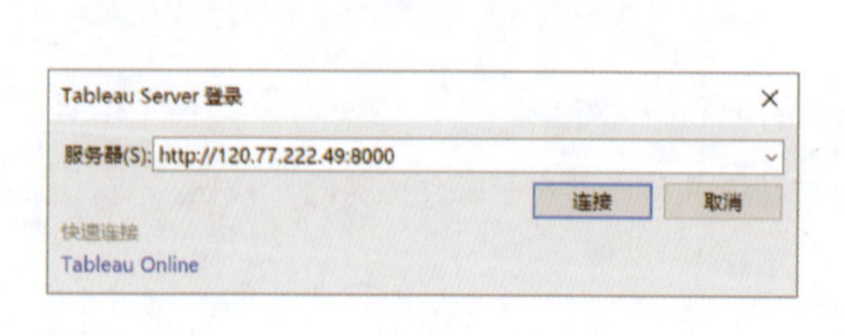

图 15-18

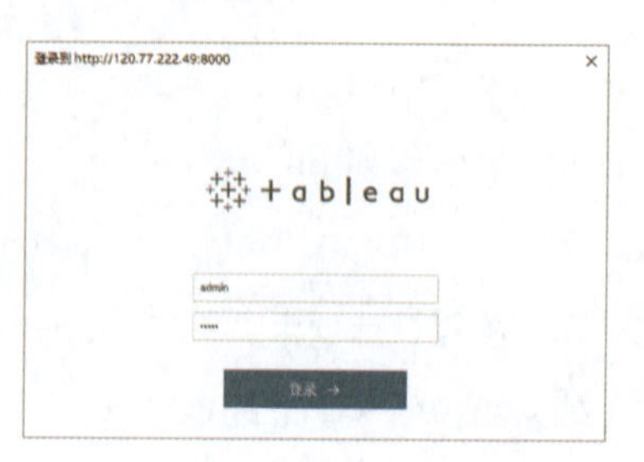

图 15-19

（3）在完成登录后将弹出一个站点列表菜单，单击选择需要登录的站点。

站点列表展示的是该登录账户能进入的所有站点。

通过上述步骤，已实现在 Tableau Desktop 中登录 Tableau Server。在 Desktop 页面右下角的状态栏中可以看到登录的用户名。单击菜单栏中的“服务器”命令，可以查看已登录的服务器和站点。

如果未注销用户，则用户会一直保持登录状态。在下一次启动 Tableau Desktop 时，会自动登录最新的服务器连接。

已登录的用户可以发布工作簿，也可以连接 Tableau Server 中的数据源。

2. 在浏览器中登录 Tableau Server

在浏览器中输入服务器地址，然后输入用户名和密码并单击“登录”按钮，如图 15-20 所示。

3. 在移动端登录 Tableau Server

在移动设备中下载 Tableau Mobile，单击 Tableau Mobile 的应用图标即可进入登录界面，输入服务器地址，然后单击“连接到服务器”按钮（如图 15-21 所示），在弹出的窗口中输入用户名与密码登录。

图 15-20　　图 15-21

15.4.2 认识 Tableau Server 的操作界面

在成功登录 Tableau Server 后，首页页面如图 15-22 所示。在页面中，可以选择通过筛选、排序或搜索来浏览所需的内容。

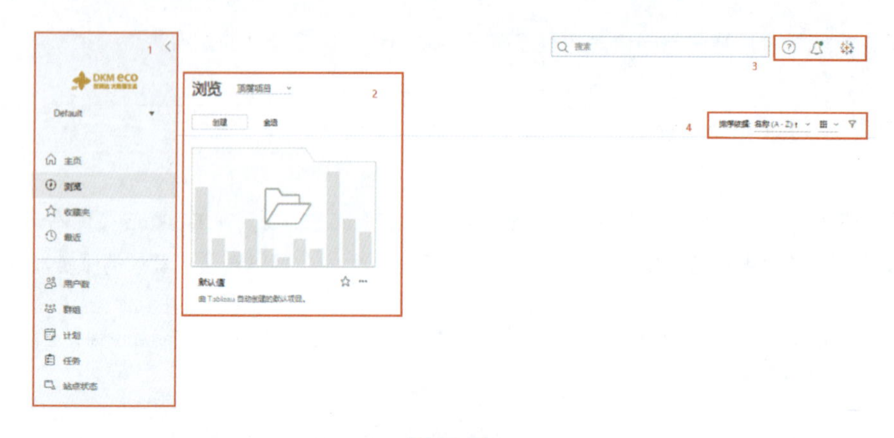

图 15-22

站点角色和内容权限确定了用户可查看的内容及可用选项。

- A：站点菜单。如果用户具有多个站点的访问权限，则该菜单可用。
- B：快速搜索。
- C：收藏夹搜索。
- D：用户设置和内容。
- E：内容类型。
- F：经筛选的搜索，可以通过选择“切换筛选器”来访问。

在默认情况下，用户将看到所有顶层项目。可以选择不同内容类型，以查看整个站点中有权访问的所有项目、工作簿、视图、数据源或流程。

在打开视图时，视图工具栏中的可用选项会因站点配置和查看者的权限而异，通常如图 15-23 所示。

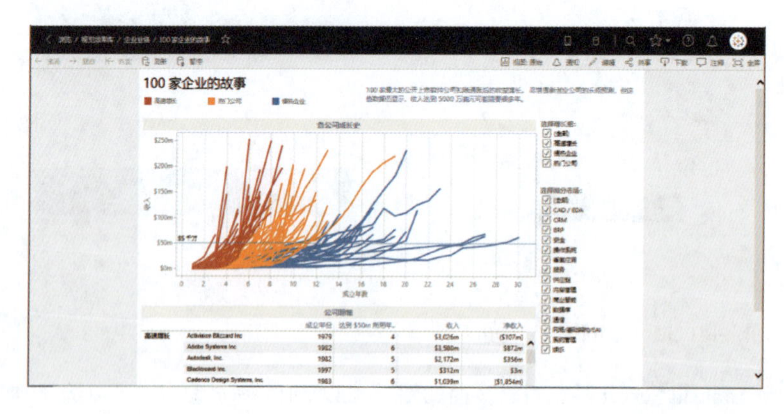

图 15-23

15.4.3 通过 Tableau Desktop 发布工作簿到 Tableau Server

若要与其他用户共享工作簿，只需简单的几步操作即可将工作簿发布到 Tableau Server 中。在 Tableau Server 中，其他用户可以查看工作簿、与工作簿交互。若用户的权限允许，甚至可以编辑工作簿。

具体操作步骤如下。

（1）在 Tableau Desktop 中打开工作簿，单击工具栏中的“共享”按钮，或是单击菜单栏中的“服务器”-“发布工作簿”命令，弹出如图 15-24 所示对话框。如果尚未登录 Tableau Server，则需要先登录。

图 15-24

（2）在“发布工作簿”对话框中，选择要发布的项目。工作簿名称应根据是创建新工作簿还是发布现有工作簿来命名。

（3）在“工作表”这一项中单击“编辑”，在弹出的对话框中可以选择是发布全部内容还是只发布仪表板，还可以按照需要进行勾选。

（4）在“权限”这一项中，单击“编辑”，在弹出的对话框中可设置工作簿权限，也可选择发布到 Tableau Server 后再修改权限。

（5）在“数据源”这一项中，单击“编辑”，在弹出的对话框中对数据源的“身份验证”进行设置：若是提取的数据源，则会提示选择“允许刷新访问权限”或“未启用刷新”；若是实时连接，则会提示选择“提示用户”或“嵌入密码”。

（6）如勾选“包括外部文件”复选框，则此处的外部文件包括仪表板中的图像等。

（7）如勾选“将工作表显示为标签”复选框，则可通过单击页面顶部的标签来查看每个工作表。

（8）单击“发布”按钮即可将工作簿发布到 Tableau Server 中。

15.5 单点登录集成

将 Tableau Server 视图嵌入网页中时，访问该页面的所有用户都必须是 Tableau Server 上的许可用户。用户在访问该页面时将出现“先登录到 Tableau Server 中才能查看视图”的提示。如果已经有一种在该网页上或 Web 应用程序中对用户进行身份验证的方法，则可以通过设置受信任的身份验证来避免此提示，用户将无须二次登录。

受信任的身份验证意味着，在 Tableau Server 端与一个或多个 Web 服务器之间建立受信任的关系。当 Tableau Server 接收到来自 Web 服务器的请求时，它会认为这些 Web 服务器已经完成必要的身份验证，不必再进行登录操作，如图 15-25 所示。

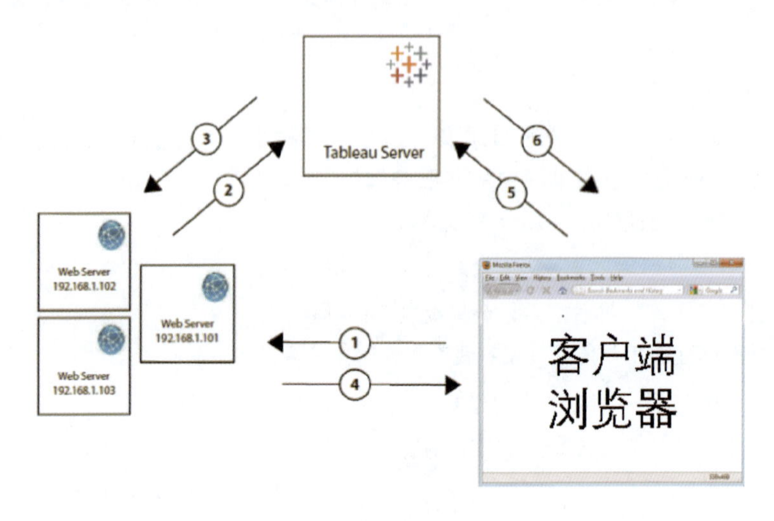

图 15-25

其原理如下：

（1）当用户访问具有嵌入式 Tableau Server 视图的网页时，该网页会向 Web 服务器发送一个 GET 请求，要求提供该网页的 HTML 文件。

（2）Web 服务器向受信任的 Tableau Server 发送 POST 请求。

（3）Tableau Server 检查发送 POST 请求的 Web 服务器的 IP 地址或主机名。如果 Web 服务器是受信任主机，则 Tableau Server 将创建一个票证。票证必须在发出后 3 分钟内兑换。Tableau Server 使用该票证来响应 POST 请求。

（4）Web 服务器将为视图构建 URL（如 https://tabserver/trusted/<ticket>/views/requested_view_name），并将其插入网页的 HTML 文件中，Web 服务器将 HTML 文件传递回客户端的 Web 浏览器。

（5）客户端 Web 浏览器将向 Tableau Server 发送一个 GET 请求，该请求包括带有票证的 URL。

（6）Tableau Server 兑换票证，创建会话，完成用户登录，从 URL 中移除票证，然后将嵌入视图的最终 URL 发送给客户端。

其中最主要的步骤是：添加受信任 IP、请求票证与消费票证。下面将介绍具体操作步骤。

15.5.1 添加受信任 IP

设置受信任的身份验证的第一步是添加受信任 IP，让 Tableau Server 可识别来自一个或多个 Web 服务器的请求。添加受信任 IP 有两种方式：①使用 TSM Web 界面；②使用 TSM CLI 命令。

添加受信任 IP 的两种方式都应注意如下问题：

（1）指定的值将完全覆盖以前的设置。因此，必须在命令中包括完整的主机列表。

（2）指定的 Web 服务器必须使用静态 IP 地址，即使是使用主机名也一样。

（3）如果在请求受信任票证的计算机和 Tableau Server 之间有一个或多个代理服务器，则还需要使用 tsm configuration set gateway.trusted 选项将这些代理服务器添加为受信任网关。

1. 使用 TSM Web 界面

（1）在浏览器中键入 TSM 域名“https://<tsm-computer-name>:8850”，进入 TSM Web 页面。

（2）单击工具栏中的“配置”选项，在左侧的边栏中单击“用户身份和访问”，单击“受信任的身份验证”，在下方为每个受信任的主机输入名称或 IP 地址，然后单击“添加”按钮，如图 15-26 所示。

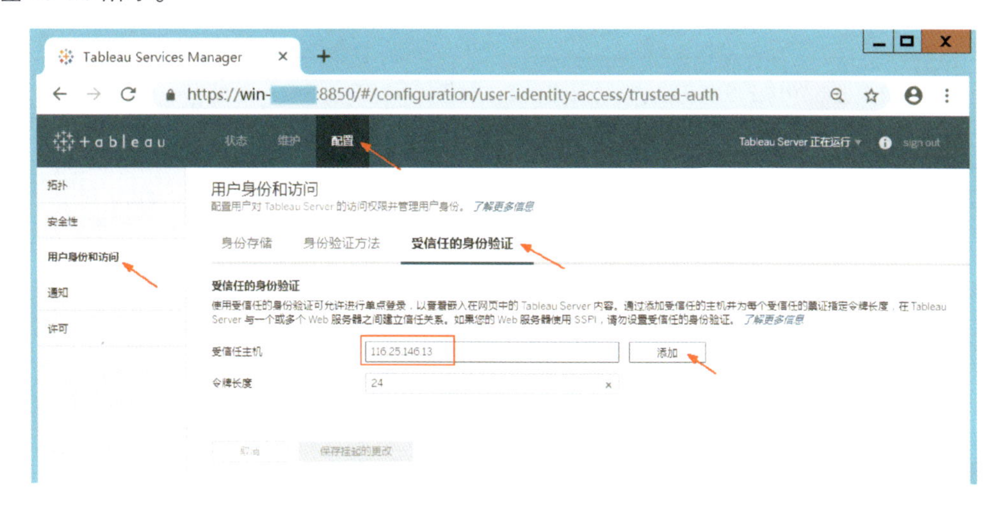

图 15-26

（3）在“令牌长度”中输入一个值（可选）。“令牌长度”用来确定每个受信任票证中的字符数，默认设置的令牌长度占 24bit，它是由 144bit 加密算法生成。

（4）在输入配置信息后单击“保存挂起的更改”按钮，会出现一个提示：已更新用户身份和访问配置。

（5）单击工具栏右上角的“Pending Changes”按钮，在弹出的“挂起更改”中单击“应用更改并重新启动”按钮。

2. 使用 TSM CLI

输入以下命令将添加 Web 服务器的 IPv4 地址或主机名称列表：

```
tsm authentication trusted configure -th "webserv1", "webserv2",
"webserv3"
```

或输入：

```
tsm authentication trusted configure -th 192.168.1.101", "192.168.1.102",
"192.168.1.103"
```

> 每个主机名或 IP 地址必须在双引号中，后跟一个逗号与空格。

键入以下命令以保存更改：

```
tsm pending-changes apply
```

“pending-changes apply”命令将显示一条提示，告知此命令将重新启动 Tableau Server（如果服务器正在运行）。即使服务器已停止，提示也会显示，但这时不会重新启动。

> 如果使用 2018.2 以下版本的 Tableau Server，请通过 tabadmin 命令行工具实现，具体步骤如下。
>
> （1）以管理员身份打开命令提示符，导航到 Tableau Server 的 bin 目录（例如 C:\Program Files\Tableau\Tableau Server\Version\bin）。
>
> 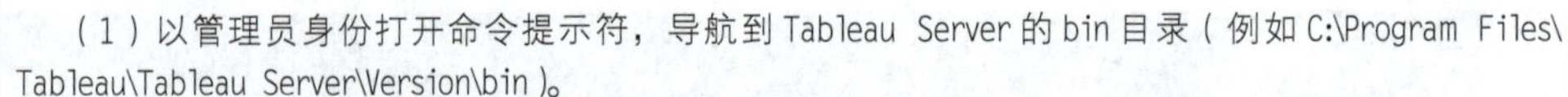
>
> （2）键入“tabadmin stop”命令停止 Tableau Server。
>
> （3）键入以下命令添加 IP：
>
> tabadmin set wgserver.trusted_hosts "192.168.1.101, 192.168.1.102"
>
> 或
>
> tabadmin set wgserver.trusted_hosts "webserv1, webserv2, webserv3"
>
> 注意：该逗号分隔列表应位于引号内，每个逗号后跟一个空格。
>
> （4）键入“tabadmin config”命令会保存对所有服务器配置文件所做的更改。
>
> （5）键入“tabadmin start”命令重新启动服务器。

15.5.2 请求票证

在向 Tableau Server 中添加了受信任的 IP 地址之后，可以将 Web 服务器配置为通过 POST 请求从 Tableau Server 获取票证。

1. 如何从 Tableau Server 获取票证

（1）POST 请求必须发送至“https://<server name>/trusted”。

> 如果启用了 SSL，则应使用 https 而不是 http，例如：https://tabserver/trusted。

（2）在发送的 POST 请求中必须包括 username=<username> 与 target_site=<site id>。

其中，<username> 是 Tableau Server 的用户名。如果使用本地身份验证，则可以是简单字符串（如，username=ada）；如果将 Active Directory 用于多个域，则其中必须包含域名（如，username=DKM\ada）。

如果 Tableau Server 运行在多个站点中，且视图位于默认站点外的其他站点上（如 target_site=Sales），则需要指定包含该视图的站点。<site id> 应为在创建该站点时所提供的站点 ID，需要区分大小写（如果站点 ID 为 DKMeco，则 target_site=DKMeco）。

另外，可以选填 client_ip=<IP address>，用于指定 Web 浏览器要访问该视图的计算机的 IP 地址（如 client_ip=123.45.67.891）。

该地址不是向 Tableau Server 发出 POST 请求的 Web 服务器的 IP 地址。

2. 测试是否成功获取票证

（1）创建一个 HTML 测试页面，其内容代码如下：

```
<html>
<head>
<title> 受信任请求 </title>
<script type="text/javascript">
 function submitForm(){
  document.getElementById('form1').action =
  document.getElementById('server').value + "/trusted";
 }
</script>
<style type="text/css">
 .style1 {width: 100%;}
 .style2 {width: 100px;}
 #server {width: 254px;}
</style>
</head>
<body>
<form method="POST" id="form1" onSubmit="submitForm()">
<table class="style1">
<tr><td class="style2"> 用户名 </td><td><input type="text" name="username"
value="" /></td></tr>
<tr><td class="style2"> 服务器 </td><td><input type="text" id="server"
name="server" value="https://" /></td></tr>
<tr><td class="style2"> 客户端 IP</td><td><input type="text" id="client_ip"
name="client_ip" value="" /></td></tr>
```

```
        <tr><td class="style2"> 站点 </td><td><input type="text" id="target_site"
name="target_site" value="" /></td></tr>
        <tr><td class="style2"><input type="submit" name="submittable" value="
获取票证 " /></td></tr>
        </table>
        </form>
        </body>
        </html>
```

（2）打开刚创建的 HTML 测试网页，在弹出的对话框中输入：用户名、Tableau Server 的地址、客户端 IP（可选）、站点，然后单击“获取票证”按钮，如图 15-27 所示。

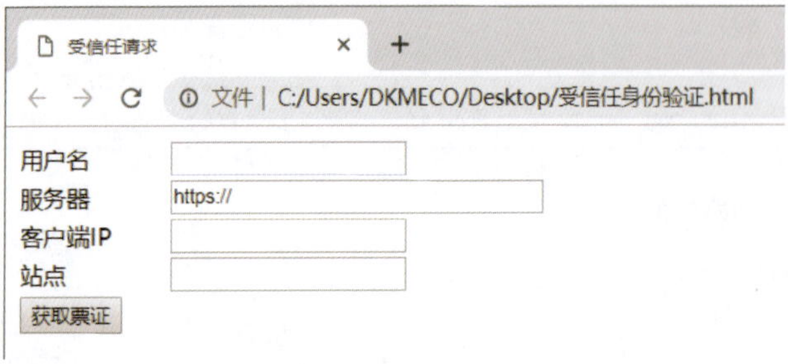

图 15-27

若返回唯一的票证，则说明已成功配置。

受信任票证是一个由 base64 编码 UUID 和 24 字符随机字符串组成的字符串，例如，9D1O1xmDQmSIOyQpKdy4Sw==:dg62gCsSE0QRArXNTOp6mlJ5。如果返回值为“-1”，则说明在配置中包含错误。

15.5.3 消费票证

若要在 Web 服务器中显示 Tableau Server 的视图，则需要向 Web 服务器提供来自 Tableau Server 的视图的位置和票证。可以在创建 POST 请求之后通过编写一段代码来实现。在代码中指定视图取决于两个条件：①视图是否为嵌入式视图，② Tableau Server 是否运行了多个站点。

具体情况如下：

1. 非嵌入式视图

（1）若 Tableau Server 只有一个站点，则可通过以下代码消费票证：

```
http://tabserver/trusted/<ticket>/views/<workbook>/<view>
```

（2）若 Tableau Server 存在多个站点，且该视图不在默认站点上，则需要添加 t/<site ID> 指定站点，代码如下：

```
http://tabserver/trusted/<ticket>/t/Sales/views/<workbook>/<view>
```

2. 嵌入式视图

若是嵌入式视图，则可以采用以下两种方法来编写嵌入代码。不管使用哪种方法，都必须提供受信任的身份验证所特有的一些信息，这里用 <x> 表示票证值。

方法一：用 JavaScript 脚本标记示例。

对于单站点 Tableau Server，使用 ticket 对象传参，代码如下：

```
<script type="text/javascript" src="http://myserver/javascripts/api/viz_v1.js"></script>
<object class="tableauViz" width="800" height="600" style="display:none;">
<param name="name" value="MyCoSales/SalesScoreCard" />
<param name="ticket" value="<x>" />
</object>
```

对于多站点 Tableau Server，视图是在 Sales 站点上发布的，则代码如下：

```
<script type="text/javascript" src="http://myserver/javascripts/api/viz_v1.js"></script>
<object class="tableauViz" width="800" height="600" style="display:none;">
<param name="site_root" value="/t/Sales" />
<param name="name" value="MyCoSales/SalesScoreCard" />
<param name="ticket" value="<x>" />
</object>
```

也可以使用 path 参数显式声明视图的完整路径，而不是分开声明，代码如下：

```
<script type="text/javascript" src="http://myserver/javascripts/api/viz_v1.js"></script>
<object class="tableauViz" width="900" height="700" style="display:none;">
<param name="path" value="trusted/<x>/views/MyCoSales/SalesScoreCard" />
</object>
```

方法二：Iframe 标记示例。

```
<iframe
src="http://tabserver/trusted/<x>/views/workbookQ4/SalesQ4?:embed=yes"
width="800" height="600"></iframe>
```

第 16 章 Tableau 中的 API

Tableau 中的 API 可帮助开发者根据组织的具体需求，对 Tableau 进行集成、自定义、自动化和拓展。例如，通过 Tableau API，可以将视图与企业门户进行集成，可以将未提供原生接口的数据来源转换为 Tableau 支持的数据提取格式，可以实现服务器自动化等。

16.1 嵌入 API

使用 JavaScript API 可对单个或多个视图进行嵌入集成。本节主要介绍什么是 JavaScript API，以及使用 JavaScript API 完成嵌入集成的实例操作。

如果需要批量嵌入视图，则可以使用 Javascript API 与 16.2.1 节中的 REST API 来共同实现。

16.1.1 JavaScript API

JavaScript API 是 Tableau 最早的 API 之一，它可以对 Tableau 进行定制化的开发。

在企业中，为了方便使用和管理，通常希望所有的系统仅有一个的登录入口，且所有系统都采用相同的 UI。即，用户不需要单独登录 Tableau Server 就可以查看到 Tableau 的视图内容。

借助 JavaScript API 便可实现上述需求。通过编写 JavaScript 代码将相关视图嵌入门户应用程序中，可以用自定义的样式来创建按钮和其他控件，从而控制 Tableau 仪表板上的各种元素。例如：过滤可视化中显示的数据、选择标记、切换视图、导出图像或 PDF 等。

使用 Tableau JavaScript API 的具体操作如下：

1. 获取 JavaScript API 文件

将以下代码添加到网页中以获取 JavaScript API 文件：

```
<script src="https://YOUR-SERVER/javascripts/api/tableau-version.min.js"></script>
```

在 Tableau Server 上，将 JavaScript API 文件存储在以下位置：

Program Files\Tableau\Tableau Server\ 版本号 \wgserver\public\javascripts\api

2. 初始化 API

创建一个 Viz 对象，调用 Viz 构造函数并将引用传递给 HTML 页面中的 div 容器，并从 Tableau Server 上获取可视化文件的 URL 及相关选项。

3. 应用筛选器

使用按钮进行筛选有两种情况：在可视化加载前进行筛选、在可视化加载后进行筛选。

- 要在加载可视化前进行筛选，则需要在初始化时指定筛选。使用以下代码初始化视图：

```
var containerDiv = document.getElementById("vizContainer"),
url = "http://YOUR-SERVER/views/YOUR-VIEW",
options = {
" 产品类型 ": " 家具 "
};
viz = new tableau.Viz(containerDiv, url, options);
```

- 要在加载可视化后筛选，则需要使用applyFilterAsync()函数（及其变体）。加入以下代码进行过滤：

```
worksheet.applyFilterAsync(" 产品类型 ", " 家具 ",
  tableau.FilterUpdateType.REPLACE);
```

4. 导出内容

使用 showDownloadWorkbookDialog 下载原始工作簿的副本。

使用 showExportPDFDialog 导出 PDF。

使用 showExportImageDialog 导出图像。

使用 showExportDataDialog 导出数据。

使用 showExportCrossTabDialog 导出交叉表。

使用 showExportPowerPointDialog 导出 PPT。

使用 exportCrossTabToExcel 导出到 Excel。

16.1.2 【实例 75】嵌入视图

嵌入单个视图的步骤如下。

（1）创建一个包含 JavaScript API 文件的网页：

```
<script src="https://YOUR-SERVER/javascripts/api/tableau-2.min.js"></script>
```

（2）使用 div 在 body 中创建要插入 Tableau 视图的元素：

```
<div id="vizContainer"></div>
```

（3）在 JavaScript 文件中编写函数以显示视图：

```
function initViz() {
    var containerDiv = document.getElementById("vizContainer"),
url = "https://YOUR-SERVER/views/YOUR-VISUALIZATION";
    var viz = new tableau.Viz(containerDiv, url);
}
```

（4）在加载页面时调用该函数：

```
initViz();
```

综合上述步骤，完整的代码如下：

```
<!DOCTYPE html>
<html>
<head>
<title> 基本嵌入 </title>
<script type="text/javascript"
    src="https://public.tableau.com/javascripts/api/tableau-2.min.js"></script>
<script type="text/javascript">
        function initViz() {
            var containerDiv = document.getElementById("vizContainer"),
url= "https://public.tableau.com/views/hiphop_1/hiphop?:embed=y&:display_count=yes";
            var viz = new tableau.Viz(containerDiv, url);
            // 创建一个可视化，并将其嵌入容器中
        }
</script>
</head>
<body onload="initViz();">
<div id="vizContainer" style="width:800px; height:700px;"></div>
</body>
</html>
```

16.1.3 【实例 76】切换视图

请参考如下代码：

```
<!DOCTYPE html>
<html>
<head>
<title> 动态加载 </title>
<script type="text/javascript"
        src="https://public.tableau.com/javascripts/api/tableau-2.min.js"></script>
<script type="text/javascript">
        var vizList = ["https://public.tableau.com/views/1297/sheet0?:embed=y&:display_count=yes",
            "https://public.tableau.com/views/4617/sheet0?:embed=y&:display_count=yes"];
        var viz,
            vizLen = vizList.length,
```

```
        vizCount = 0;
    function createViz(vizPlusMinus) {
        var vizDiv = document.getElementById("vizContainer");
        vizCount = vizCount + vizPlusMinus;
        if (vizCount >= vizLen) {
        // 将可视化的数量保留在数组索引的范围内
            vizCount = 0;
        } else if (vizCount < 0) {
            vizCount = vizLen - 1;
        }
        if (viz) { // 如果存在可视化，则将其删除
            viz.dispose();
        }
        var vizURL = vizList[vizCount];
        viz = new tableau.Viz(vizDiv, vizURL);
    }
</script>
</head>
<body onload="createViz(0);">
<div id="vizContainer" ></div>
<div id="controls" style="padding:20px;">
<button style="width:100px;" onclick="javascript:createViz(-1);"> 上一个 </button>
<button style="width:100px;" onclick="javascript:createViz(1);"> 下一个 </button>
</div>
</body>
</html>
```

最终结果如图 16-1 所示。

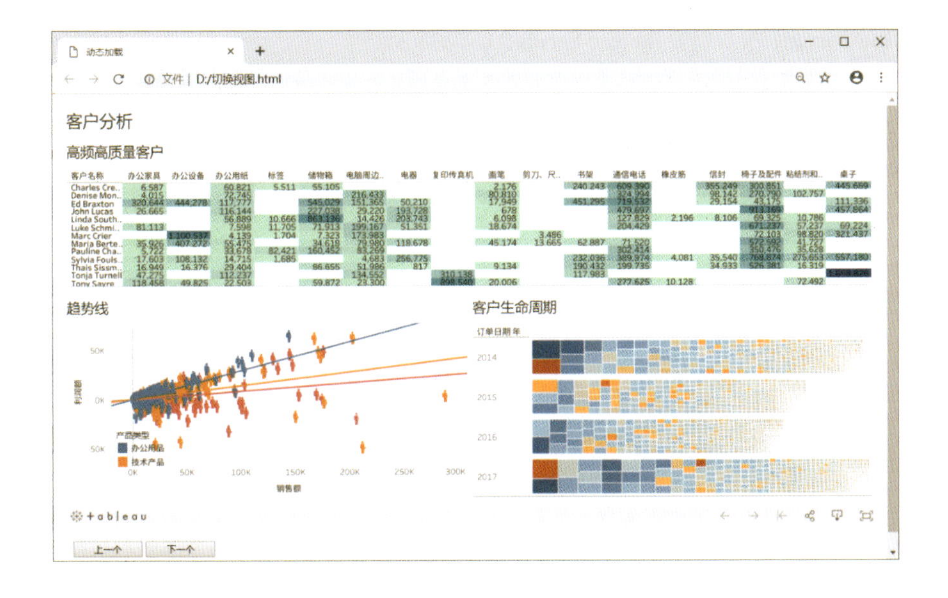

图 16-1

16.2 自动化 API

本节将介绍 REST API 与 Document API，以及如何借助它们实现 Tableau 的自动化处理。

16.2.1 REST API

REST API 可以理解为内容管理 API，它是通过 HTTP 编程方式来创建、读取、更新、删除和管理 Tableau Server 中的内容。

REST API 在门户的工作流集成和服务器内容管理集成上非常有帮助，它可以配合 JavaScriptAPI 创建更自动化的定制化应用程序，实现与 Tableau Server 的资源交互。如果在门户上添加了 Tableau 许可，则开发人员可以自动执行管理流程，让这些许可立即成为 Tableau Server 中的用户。使用 REST API 就可以自动完成相关的工作，避免手动进行设置管理。

如果要使用 REST API，则可以选择任何你熟悉的编程语言发出 HTTP 请求，为特定 URL 设置 GET、POST、DELETE（每个 URL 都表示服务器上的唯一资源）。

若使用 Python 语言编程，则可以使用 Tableau Server Client（TSC）——一个用于 Tableau Server REST API 的 Python 库——提高使用 REST API 的工作效率，从而更方便地管理和更改服务器上的内容。

1. 使用 Tableau Server REST API 的要求

要使用 REST API 进行编程应具有以下要求。

- Tableau Server版本：需要Tableau Server 9.0或更高版本。
- 启用API：在默认情况下，REST API会自动启用，但可以禁用它。使用“tsm configuration set”命令，可以禁用或启用REST API。将api.server.enabled设置为true表示启用API，设置为false表示禁用API。

只有启动了 REST API 或者使用 Catalog（或 Metadata API）执行一系列任务，才能将 Tableau Prep 的清洗流程发布到 Tableau Server 中。

2. 使用 TSC 代码示例

（1）运行以下代码可以获取 Tableau Server 上的信息列表：

```
import tableauserverclient as TSC
tableau_auth = TSC.TableauAuth('USERNAME', 'PASSWORD')
server = TSC.Server('http://SERVER_URL')
# 获取数据源列表
with server.auth.sign_in(tableau_auth):
    all_datasources, pagination_item = server.datasources.get()
print("\n 站点上有 {} 个数据源 : ".format(pagination_item.total_available))
```

```
print([datasource.name for datasource in all_datasources])
# 获取用户列表
with server.auth.sign_in(tableau_auth):
    all_users, pagination_item = server.users.get()
print("\n 站点上有 {} 个用户 : ".format(pagination_item.total_available))
print([user.name for user in all_users])
```

（2）运行以下代码管理用户：

```
# 创建一个新的用户对象，并将用户添加到站点
  newU = TSC.UserItem('Iris', 'Creator')
  newU = server.users.add(newU)
print(newU.name, newU.site_role)
# 移除用户
with server.auth.sign_in(tableau_auth):
    server.users.remove('001')
```

（3）运行以下代码创建计划：

```
# 创建一个每小时计划，上午 8 点到下午 6 点每两个小时执行一次
hourly_interval = TSC.HourlyInterval(start_time=time(8, 00),
                                     end_time=time(18, 0),
                                     interval_value=2)
hourly_schedule = TSC.ScheduleItem(" 小时计划 ",100,
TSC.ScheduleItem.Type.Extract,
TSC.ScheduleItem.ExecutionOrder.Parallel, hourly_interval)
hourly_schedule = server.schedules.create(hourly_schedule)
# 创建一个每月计划，每月 15 号 8 点开始执行
monthly_interval = TSC.MonthlyInterval(start_time=time(8, 00),
                                       interval_value=15)
monthly_schedule = TSC.ScheduleItem(" 月计划 ", 80,
TSC.ScheduleItem.Type.Subscription,
TSC.ScheduleItem.ExecutionOrder.Parallel, monthly_interval)
monthly_schedule = server.schedules.create(monthly_schedule)
```

16.2.2　Document API

通过 Document API 的编程语言可以对 Tableau 工作簿和数据源文件进行修改。

Document API 支持 Tableau 9.X 版本和 10.X 版本的工作簿和数据源文件，包括打包数据源（.tdsx）和打包工作簿（.twbx）。

使用 Document API，可直接通过修改 XML 来调整工作簿或数据源文件。

1.Document API 的功能

它可以实现以下功能：

- 从数据源和工作簿中获取连接信息，包括服务器名称、用户名、数据库名称、验证类型、连接类型。
- 更新工作簿和数据源中的连接信息，包括：服务器名称、用户名、数据库名称。
- 获取数据源中的所有字段、获取工作簿中工作表上正在使用的所有字段等。

2. 使用 Document API

使用此 Document API，需确保已安装 Python 2.7.X 或 3.3 及更高版本。

安装 Document API 使用如下代码：

```
pip install tableaudocumentapi
```

在安装后即可使用 Document API，例如，使用 Document API 复制工作簿、调取 CSV 文件中的数据库列表及用户、复制生成不同用户的工作簿。

请根据表 16-1 进行练习：

表 16-1

数据库名（DBName）	服务器（Server）	数据库（Database）	用户（User）
DB–001	SQL.SERVER.120	DKMSZ–001	Iris
DB–002	SQL.SERVER.127	DKMSH–002	Mason
DB–003	SQL.SERVER.193	DKMBJ–003	Eric
DB–004	SQL.SERVER.126	DKMHK–004	Simon
DB–005	SQL.SERVER.173	DKMGZ–005	Maryan

```
import csv #导入 CSV 文件，以便使用此文件中的数据库列表
from tableaudocumentapi import Workbook # 在 Document API 中使用工作簿对象
sourceWB = Workbook('sales.twb') # 打开要复制的工作簿
with open('databases.csv') as csvfile:
  databases = csv.DictReader(csvfile, delimiter=',', quotechar='"')
  for row in databases: # 使用循环数据库列表，并使用它们设置创建新的 .twb
    sourceWB.datasources[0].connections[0].server = row['Server']
    sourceWB.datasources[0].connections[0].dbname = row['Database']
    sourceWB.datasources[0].connections[0].username = row['User']
    sourceWB.save_as(row['DBName '] + ' - Sales' + '.twb') # 用新文件名保存新创建的 .twb
```

16.3 连接数据

除通过 ODBC 或 JDBC 驱动程序连接数据外，Tableau 还支持以下两种方式连接数据：

（1）通过“数据提取 API”以编程的方式创建 Tableau 所支持的数据提取格式从而连接数据。

（2）通过“Web 数据连接器”创建 Java Script 代码访问数据。

16.3.1　通过“Tableau Hyper API”实现

借助 Hyper API，可以完成这些工作：从 Tableau 不支持的数据源中提取数据；定制 ETL 的处理过程；从提取文件中读取数据。

1. 支持的语言、平台和硬件要求

Hyper API 只支持 64 位系统，提供以下语言的 API：Python 3.6+、C++、Java 8+、C#/.NET（.NET Standard 2.0）。

Hyper API 支持的平台：

- Microsoft Windows Server 2016, 2012, 2012 R2, 2008 R2, 2019
- Amazon Linux 2, Red Hat Enterprise Linux (RHEL) 7.3+, CentOS 7.3+, Oracle Linux 7.3+, Ubuntu 16.04 LTS and 18.04 LTS
- Microsoft Windows 7 或更新(64-bit)
- macOS 10.13 或更新

Hyper API 需求的最小硬件配置：

- Intel Nehalem or AMD Bulldozer 处理器或者更新的处理器
- 2 GB 内存
- 1.5 GB 最小剩余磁盘空间

2. 在 Python 中使用 Hyper API

（1）安装 Python 3.6 或者 3.7 的环境。

（2）使用 pip 安装 tableauhyperapi 模块。

```
pip install tableauhyperapi
```

（3）如果以前安装了 tableauhyperapi，可以使用以下命令升级。

```
pip install --upgrade tableauhyperapi
```

3. 示例：创建数据提取

本示例使用 Python 创建数据提取。具体流程如下：

（1）引入 Python API 库

```
from tableauhyperapi import HyperProcess, Telemetry, Connection, CreateMode, NOT_NULLABLE, NULLABLE,
SqlType, TableDefinition, Inserter, escape_name, escape_string_literal, HyperException, print_exception, TableName
```

（2）启动 HyperProcess

启动 Hyper 数据库服务，一次只能启动一个服务实例，程序关闭时必须关闭服务。

启动命令如下：

```
with HyperProcess(telemetry=Telemetry.SEND_USAGE_DATA_TO_TABLEAU) as hyper:
```

（3）打开 Hyper 文件连接

一个 Hyper 文件就是一个 Hyper 数据库，可以创建多个到 Hyper 数据库的连接。

```
with Connection(hyper.endpoint, 'TrivialExample.hyper', CreateMode.CREATE_AND_REPLACE) as        connection:
```

（4）定义表结构

使用 TableDefinition 方法定义表结构。可以在数据库中使用架构（schema）来组织和区分数据表，默认的架构是 public，Tableau 数据提取的默认架构是 Extract，下面代码在 Extract 架构创建 Extract 表结构：

```
connection.catalog.create_schema('Extract')
example_table = TableDefinition( TableName('Extract','Extract'), [
   TableDefinition.Column('rowID', SqlType.big_int()),
   TableDefinition.Column('value', SqlType.big_int()),
])
```

（5）创建表

使用上一步的表结构创建表：

```
connection.catalog.create_table(example_table)
```

（6）添加数据

```
with Inserter(connection, example_table) as inserter:
   for i in range (1, 101):
      inserter.add_row(
         [ i, i ]
      )
   inserter.execute()
```

（7）关闭连接和 Hyper 数据库实例

上面步骤的完整代码如下：

```
from tableauhyperapi import Connection, HyperProcess, SqlType, TableDefinition, \
    escape_string_literal, escape_name, NOT_NULLABLE, Telemetry, Inserter, CreateMode, TableName

with HyperProcess(Telemetry.SEND_USAGE_DATA_TO_TABLEAU) as hyper:
    print("The HyperProcess has started.")

    with Connection(hyper.endpoint, 'TrivialExample.hyper', CreateMode.CREATE_AND_REPLACE) as connection:
        print("The connection to the Hyper file is open.")
        connection.catalog.create_schema('Extract')
        example_table = TableDefinition(TableName('Extract','Extract'), [
            TableDefinition.Column('rowID', SqlType.big_int()),
            TableDefinition.Column('value', SqlType.big_int()),
        ])
        print("The table is defined.")
        connection.catalog.create_table(example_table)
        with Inserter(connection, example_table) as inserter:
            for i in range (1, 101):
                inserter.add_row(
                    [ i, i ]
                )
            inserter.execute()
        print("The data was added to the table.")
    print("The connection to the Hyper extract file is closed.")
print("The HyperProcess has shut down.")
```

16.3.2 通过“Web 数据连接器”实现

在 Tableau 数据源连接列表中有一个“Web 数据连接器”，它允许用户连接到可通过 Web 访问的数据世界。

使用 Web 数据连接器可以连接到可以通过 HTTP 访问且还没有连接器的数据。Web 数据连接器是一个包含 JavaScript 代码的 HTML 文件。可以创建自己的 Web 数据连接器，也可以使用其他人已创建的连接器。Web 数据连接器必须托管在本地计算机上运行的 Web 服务器、域中的 Web 服务器或第三方 Web 服务器。

Web 数据连接器是一个包含 JavaScript 代码的 HTML 文件，它将数据转换为 JSON 格式传递给 Tableau。用户可以创建自定义的 Web 数据连接器，也可以使用其他人已创建的连接器。在 SDK 中可以找到一些示例代码，建议从已有的 WDC 中创建自定义的 Web 数据连接器。

1. 创建 Web 数据连接器

在创建 Web 数据连接器前，需要确保安装了 Git（分布式版本控制系统）且已获取 WDC SDK，还需要一个可以托管 WDC 的 Web 服务器，如 Tomcat 或 WAMP。另外还可以准备一个模拟器，用于测试 WDC（须确保 node 与 npm 正常运行）。

具体步骤如下。

（1）在存放 WDC SDK 的目录中打开命令窗口，然后运行以下命令来复制 WDC 的 Git 存储库获取 WDC SDK。

```
git clone https://github.com/tableau/webdataconnector.git
```

切换到下载存储库的目录：

```
cd webdataconnector
```

（2）运行模拟器。

安装依赖项 npm：

```
npm install --production
```

必须使用 administrator 或 sudo 权限运行该命令。

启动测试 Web 服务器：

```
npm start
```

打开浏览器并导航到以下 URL，进入 WDC 模拟器。

```
http://localhost:8888/Simulator/index.html
```

以上步骤便完成了 Web 数据连接器创建前的准备工作。

Web 数据连接器包括 HTML 页面与 JavaScript 代码两部分，因此，创建 Web 数据连接器实际上是创建 HTML 文件和 JavaScript 文件，并将它们保存在 webdataconnector 存储库中与 README 相同的目录中。

2. 示例

下面来看一个创建 Web 数据连接器的示例——连接到 USGS 地震源。

具体操作步骤如下。

（1）创建 HTML 页面。

HTML 页面是用户界面（即用户使用时会看到的界面）。代码如下：

```
<html>
<head>
<title>USGS 地震源 </title>
<meta http-equiv="Cache-Control" content="no-store" />#meta 可防止浏览器缓存该页面
<link href="https://maxcdn.bootstrapcdn.com/bootstrap/3.3.6/css/bootstrap.min.css" rel="stylesheet"
crossorigin="anonymous">
<script src="https://ajax.googleapis.com/ajax/libs/jquery/1.11.1/jquery.min.js" type="text/javascript"></script>
<script src="https://maxcdn.bootstrapcdn.com/bootstrap/3.3.6/js/bootstrap.min.js" crossorigin="anonymous"></
script>
#bootstrap.min.css 和 bootstrap.min.js 文件用于简化样式和格式。jquery.min.js 文件将被作为连接器的工具包
（例如，连接器使用 jQuery 来获取 JSON 数据。）
<script src="https://connectors.tableau.com/libs/tableauwdc-2.3.latest.js" type="text/javascript"></script>
#tableauwdc-2.3.latest.js 文件是 WDC API 的主库
<script src="../js/earthquakeUSGS.js" type="text/javascript"></script>
</head>
#earthquakeWDC.js 文件中存放的是连接器的 JavaScript 代码
<body># 一个按钮元素，用于说明用户在获取数据之前如何与连接器进行交互
<div class="container container-table">
<div class="row vertical-center-row">
<div class="text-center col-md-4 col-md-offset-4">
<button type = "button" id = "submitButton" class = "btn btn-success" style = "margin: 10px;">Get Earthquake
Data!</button>
</div>
</div>
</div>
</body>
</html>
```

（2）编写 JavaScript 代码。

创建用户界面，需要编写连接器的 JavaScript 代码。以下代码将创建连接器：

```
(function() {
    var myConnector = tableau.makeConnector();// 创建连接器对象
    // 定义架构
    myConnector.getSchema = function(schemaCallback) {
        var cols = [{
```

```
            id: "id",
            dataType: tableau.dataTypeEnum.string
        }, {
            id: "mag",
            alias: "magnitude",
            dataType: tableau.dataTypeEnum.float
        }, {
            id: "title",
            alias: "title",
            dataType: tableau.dataTypeEnum.string
        }, {
            id: "location",
            dataType: tableau.dataTypeEnum.geometry
        }];
        var tableSchema = {
            id: "earthquakeFeed",
            alias: "Earthquakes with magnitude greater than 4.5 in the last seven days",
            columns: cols
        };
        schemaCallback([tableSchema]);
    };
    // 获取数据并将其传递给 Tableau
    myConnector.getData = function(table, doneCallback) {
        $.getJSON("https://earthquake.usgs.gov/earthquakes/feed/v1.0/summary/4.5_wee k.geojson", function(resp) {
            var feat = resp.features,
                tableData = [];
            // 反复运算 JSON 对象
for (var i = 0, len = feat.length; i < len; i++) {
tableData.push({
                    "id": feat[i].id,
                    "mag": feat[i].properties.mag,
                    "title": feat[i].properties.title,
                    "location": feat[i].geometry
                });
            }
            table.appendRows(tableData);
            doneCallback();
        });
    };
    tableau.registerConnector(myConnector);
    // 添加事件侦听器，用来响应 HTML 页面中添加的单击按钮
    $(document).ready(function() {
        $("#submitButton").click(function() {
            tableau.connectionName = "USGS Earthquake Feed";
```

```
            tableau.submit(); // This sends the connector object to Tableau
        });
    });
})();
```

16.4 扩展 API

Tableau 工具栏中的“智能显示”按钮是用户在做可视化分析时经常用到的一个功能，它提供了 24 种可视化图表模型，可以满足日常分析需求。但“智能显示”中提供的图表模型并非 Tableau 所能绘制的全部图形。

在 Tableau Public 社区中会发现很多视觉上具有冲击力的可视化图形，如桑基图、组织架构图等，但这些图表对数据结构的要求较高，在制作过程中的计算逻辑处理也相对复杂。为解决这个问题，Tableau 在仪表板中提供了扩展 API。

通过 Tableau 仪表板扩展 API，可以嵌入多种效果并与仪表板进行双向通信。它可以支持各种场景，比如在仪表板中创建自定义可视化、修改可视化的数据等。

16.4.1 认识 Extensions API

Extensions API 是一个 JavaScript 库，可以从 Web 应用链接到该库。Extensions API 库使应用程序可以访问 Tableau 仪表板内容，包括工作表、筛选器、标记和参数。在 JavaScript 代码中可以设置事件侦听器，以便在仪表板上发生事件时收到通知。使用 Extensions API 应用筛选器，可以从工作表中的选定标记中获取数据。

1. Extensions API 的功能

可以创建仪表板扩展程序，让用户能够直接在 Tableau 中集成来自其他应用程序的数据并与之交互。例如：

- 与仪表板内的第三方API集成。
- 使用第三方图表库D3.js来添加自定义可视化。
- 创建具有回写功能的扩展程序，以便用户可以修改可视化中的数据，同时实现自动更新数据库或Web应用程序中的源数据。
- 构建自定义的可视化和交互类型，例如使用自定义接口和新颖的可视化形式等。

JavaScript API 与 Extensions API 都是允许与 Tableau 交互的 JavaScript 库，是用 JavaScript 编写的。

Extensions API 用于将其他 Web 应用程序引入 Tableau（如 TableauDesktop、TableauServer，以及 TableauOnline 或嵌入式的仪表板）中，作为可重复使用的仪表板组件。

JavaScript API 用于将 Tableau 仪表板嵌入 Web 应用程序中。

2. 使用仪表板扩展程序

仪表板扩展程序使用 Tableau Extensions API 库（一个 JavaScript 库）与数据进行交互。如果要使用扩展程序，则需要确保在仪表板的安全设置中启用了 JavaScript（默认为启用），启动的方法是：单击菜单栏中的“帮助”-“设置和性能”-“设置仪表板 Web 视图安全性”-“启用 JavaScript”命令。

若要添加扩展程序，首先需要下载相关的 .trex 文件，该文件用于指定扩展程序的属性，其中包括基于 Web 应用的 URL。将该文件下载保存至本地，便可以在分析中随时使用它，具体步骤如下。

（1）在 Tableau 工作簿中打开一个仪表板，从仪表板左下角的“对象”窗格将“扩展程序”拖曳至仪表板中。

（2）在“选择扩展程序”对话框中单击“我的扩展程序”按钮，并导航到之前下载的 .trex 文件。

（3）允许或拒绝仪表板扩展程序访问工作簿中的数据。按照程序配置说明进行操作即可。

在打印及导出的 PDF 和图像（包括订阅电子邮件中的图像）中，扩展程序对象将显示为空白。

16.4.2 【实例 77】用扩展 API 创建桑基图

素材文件	\第 16 章\示例 – 超市 .xls
结果文件	\第 16 章\实例 77.twbx

本实例将来用扩展库（Beta）中的扩展程序“Show Me More”来创建高阶图形桑基图。

（1）连接“示例 - 超市 .xls”素材文件，新建并制作一个基础工作表——“信息表”，如图 16-2 所示。

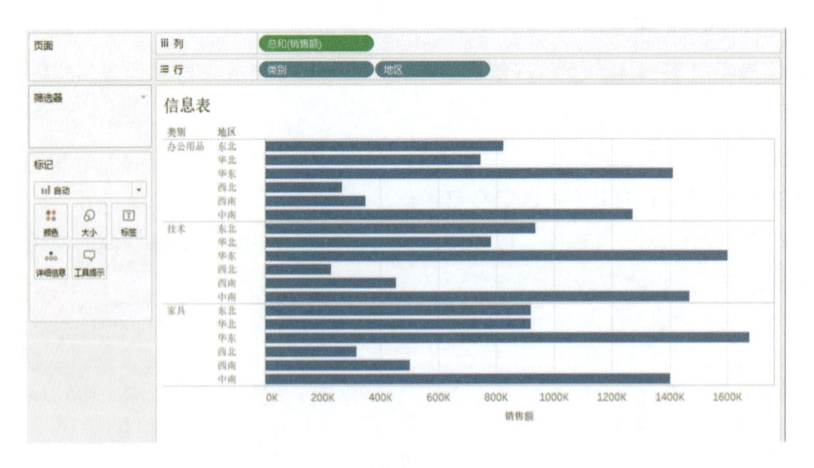

图 16-2

（2）新建仪表板，进入仪表板，将“信息表”通过拖曳添加到仪表板视图中。在“仪表板”窗格的“对象”模块中，将“扩展”对象拖曳至仪表板视图中，如图 16-3 所示。

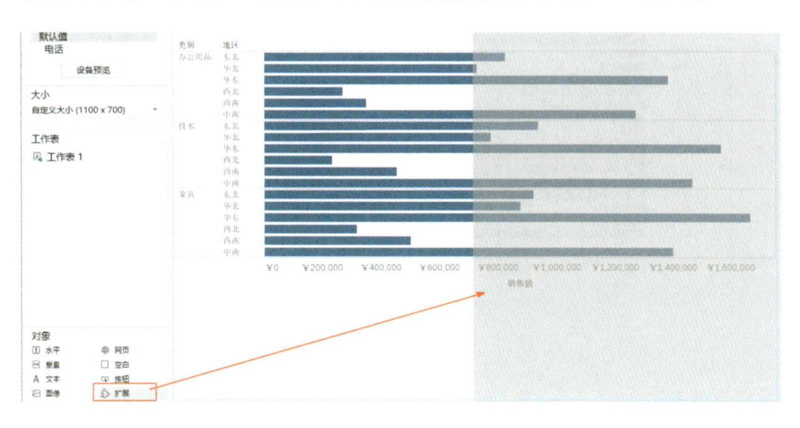

图 16-3

（3）在弹出的“选择扩展”对话框中单击“扩展程序库”按钮，找到“ShowMeMore”程序，单击下载并保存到本地路径中。返回 Tableau 仪表板中的“选择扩展”对话框，单击“我的扩展程序”按钮打开此程序，如图 16-4 所示。这款插件由 Infotopics 公司开发，用于扩展“智能显示”中的图表类型。

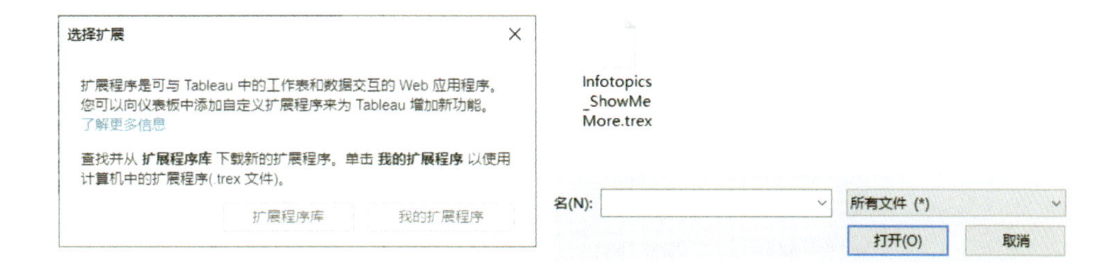

图 16-4

（4）在画面加载完毕后单击“Get started”按钮，弹出扩展程序配置对话框，如图 16-5 所示。

在首次使用 Tableau 扩展程序时，需要在扩展程序配置对话框中填写注册信息。填写完毕后才可以正式进入配置页面。

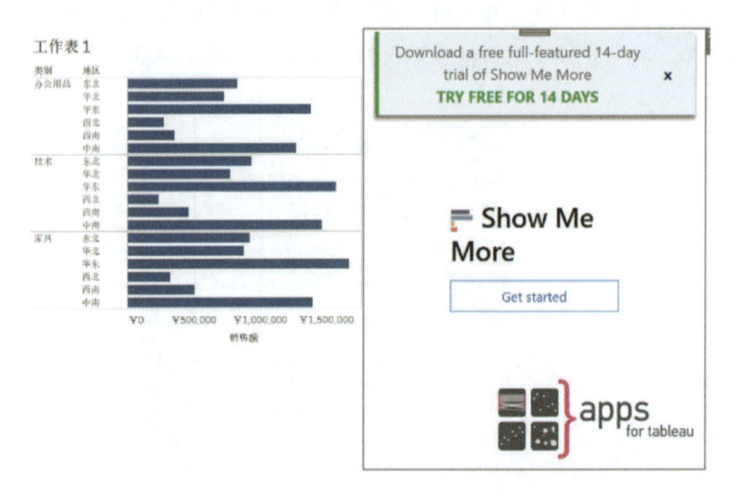

图 16-5

（5）在 Select Data Sheet 面板中单击“信息表”按钮，并在下方选择图形“Sankey Diagram”，如图 16-6 所示。这部分的网页编辑区是由第三方开发者设计的，所以整体风格和编辑方式跟 Tableau Desktop 略有不同。

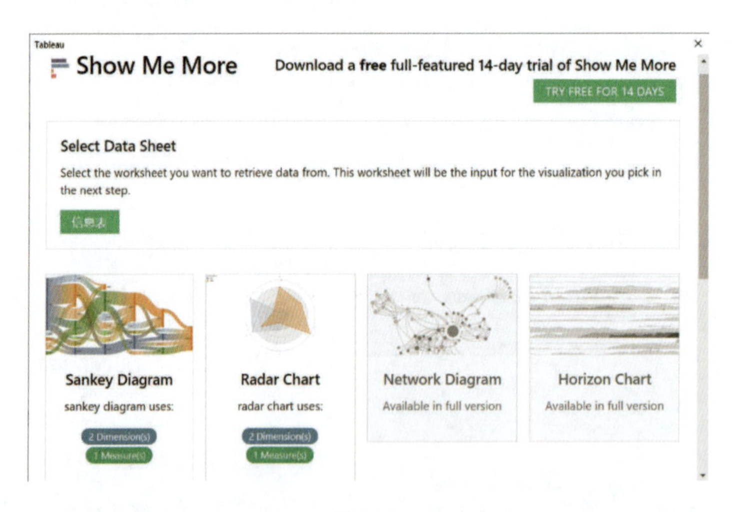

图 16-6

（6）在选择图形后进入图形的编辑界面，这时可以根据展示方式进行编辑：将 Level 1 选择为“类别”，Level 2 选择为“地区”，Measure 选择为“总和（销售额）”，单击“OK”按钮，如图 16-7 所示。

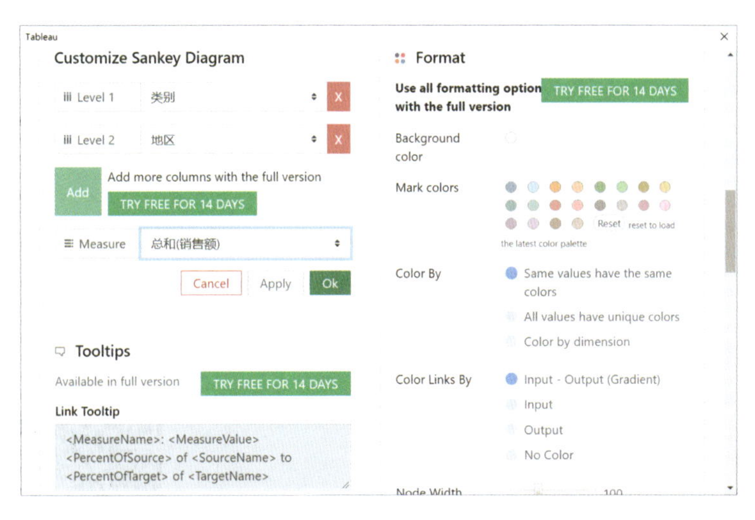

图 16-7

可以看到，在仪表板右侧的扩展程序窗口中出现了一个桑基图，如图 16-8 所示。如果对左侧“信息表”中的“类别”字段信息进行筛选，则右侧的桑基图会出现联动变化。

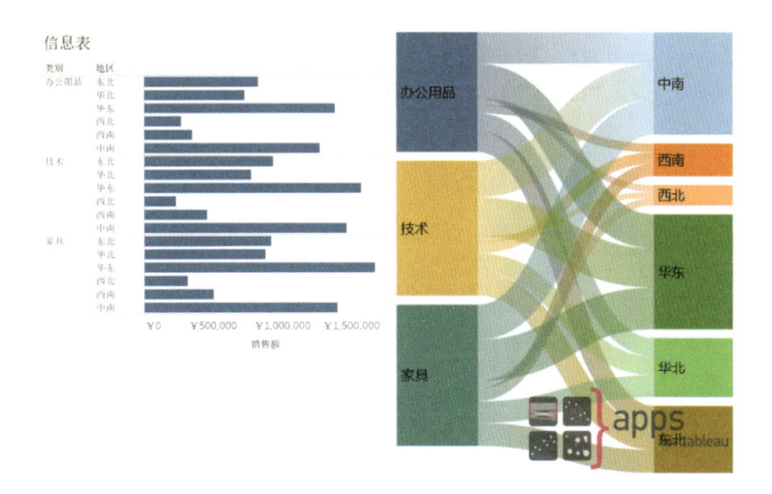

图 16-8

通过上述步骤便完成了通过 Tableau 仪表板扩展制作桑基图。

京东购买二维码

《34 招精通商业智能数据分析：Power BI 和 Tableau 进阶实战》

本书介绍了商业数据分析中常用的 34 种方法，包括趋势分析、排名分析、分类分析、差异分析、分布分析、占比分析、相关性分析，及其在 Power BI 和 Tableau 中的实现方法。其中不仅涉及 Power BI 和 Tableau 的工具特色及对比，还涉及数据分析的方法与思想，相当于用一条线将散落的珍珠串成一条美丽的项链。

君子不器，纵使 Power BI 和 Tableau 是商业数据分析的利器，最终的商业价值也是由挖掘者的智慧所决定的。本书教你如何像商业分析师一样思考，挖掘商业数据背后的价值。

京东购买二维码

《商业智能数据分析：从零开始学 Power BI 和 Tableau 自助式 BI》

本书以实际业务为背景，介绍市面上流行的两种自助式商业分析工具—— Power BI 和 Tableau 的功能和特色。全书主要内容包括商业数据分析基础知识、BI 基础知识、数据库的搭建、数据建模、发布 Power BI 和 Tableau 报表，并重点介绍使用 Power BI 和 Tableau 进行商业数据分析的方法。通过使用这两种工具所做的商业数据分析案例，使读者快速掌握商业数据分析的基本要领。

京东购买二维码

本书主要介绍如何将原始数据变为自动化报表，主要内容包括 Excel Power BI 中的两大核心功能——Power Query 和 Power Pivot 的关键知识点，通过一个又一个的案例，以期让普通的 Excel 用户，能快速掌握 Power Query 和 Power Pivot 的核心知识，从而将其有效地应用到实际工作中，提升工作效率。

京东购买二维码

《从 Excel 到 Power BI：商业智能数据分析》

本书以 Excel 基础 +Power BI 为方法论，使用平易近人的语言讲解 Power BI 的技术知识，让零基础读者也能快速上手操作 Power BI。

本书以读者的兴趣阅读为出发点，首先通过介绍可视化模块让读者全面体验 Power BI 的操作并掌握让数据飞起来的秘籍；然后再迈上一个大台阶，让读者学习 Power Query 数据查询功能，瞬间解决耗费时间且附加值低的工作；全力攻克 Power BI 的核心价值模块 Power Pivot（数据建模）和 DAX 语言，让读者直达商业智能数据分析的上峰，站到 Excel 的肩膀上。